机器学习实战

基于Python SKlearn的解析

屈希峰　党武娟 

中国铁道出版社有限公司
CHINA RAILWAY PUBLISHING HOUSE CO., LTD.

内容简介

本书前6章介绍基础准备、数据探索、数据预处理、机器学习模型（分类、回归、聚类）、集成学习、模型评估及持久化；第7章介绍机器学习在土木工程中的应用场景，并以五个工程案例系统化讲解SKlearn库的应用。

本书“轻原理、重实践”，适合广大对机器学习有兴趣，并且想系统学习数理统计的读者；也可用作机器学习培训、高校教材或作为学习SKlearn库的工具书。

图书在版编目（CIP）数据

机器学习实战：基于Python SKlearn的解析 / 屈希峰, 党武娟编著. —北京：中国铁道出版社有限公司, 2023.6

ISBN 978-7-113-29169-3

Ⅰ.①机… Ⅱ.①屈… ②党… Ⅲ.①机器学习 Ⅳ.①TP181

中国版本图书馆CIP数据核字（2022）第090121号

书　　名：机器学习实战——基于 Python SKlearn 的解析

JIQI XUEXI SHIZHAN: JIYU Python SKlearn DE JIEXI

作　　者：屈希峰　党武娟

责任编辑：张　丹　　**编辑部电话：**（010）51873028　　**电子邮箱：**232262382@qq. com

封面设计：宿　萌

责任校对：安海燕

责任印制：赵星辰

出版发行：中国铁道出版社有限公司（100054，北京市西城区右安门西街 8 号）

印　　刷：北京盛通印刷股份有限公司

版　　次：2023 年 6 月第 1 版　2023 年 6 月第 1 次印刷

开　　本：787 mm×1 092 mm 1/16　**印张：**14.25　**字数：**350 千

书　　号：ISBN 978-7-113-29169-3

定　　价：89.80 元

前言

近些年，机器学习广泛应用于计算机、医疗、金融、智能设备等领域。目前，关于机器学习的书籍种类繁多，有科普性质的初级系列，也有深度解析原理、手写算法系列，但以工程案例为背景的系统化图书较少，尤其在土木工程等传统行业，乏善可陈；笔者查询了一些有关土木领域的科研论文及毕业论文，关于机器学习的论文数量也有限。然而公众号以及知乎上的土木同行对 Python，尤其是机器学习在行业中的应用非常期待，寄希望于降低日常重复性工作环节（诸如设计、施工、科研等）。

因此，笔者从自己熟悉的岩土领域，本着“轻原理、重实践”的原则，避开复杂的机器学习原理，从参数调用（调包）的角度，解析机器学习库 SKlearn 的常用模型。本书适合零基础的读者，以便快速入门并掌握 SKlearn 的精髓。

■本书构架

章名	主要内容
第 1 章	主要介绍机器学习的基本理论、相关 Python 库和必要的编程环境配置
第 2 章	介绍如何使用 Pandas 库加载数据，并对数据进行探索性分析。例如，查看数据的统计特征、分布、相关性等
第 3 章	介绍数据预处理方法。通常我们拿到的数据或多或少都存在一些瑕疵和不足，也就是常说的“脏”数据，这就需要对数据进行清洗。例如，对数据进行变换、降维、特征选取等操作
第 4 章	介绍 SKlearn 中常用的分类、回归、聚类模型。其中，分类模型包括 DecisionTree、Bayes、KNN、SVM；回归模型包括 Ridge Regression、Lasso Regression、SVR；聚类模型包括 K-means、Spectral Clustering、Mean Shift 等
第 5 章	介绍常用的集成学习算法，包括自适应增强算法、梯度提升树、随机森林。利用集成学习算法组合多个弱监督模型，得到一个更好更全面的强监督模型
第 6 章	介绍模型评估方法及指标。分类问题中的评估指标包括准确率、精确率、召回率、F1 值；回归问题中的评估指标包括绝对误差平均值、误差平方平均值、验证曲线、学习曲线等。在确定最优模型后，需要进一步优化模型参数，并对训练好的模型进行持久化保存
第 7 章	通过五个工程案例分析，分别系统化解析了二分类、多分类、回归、聚类算法的具体应用

■ 本书特点

系统：以“轻原理、重实践”为原则，详细解析机器学习库 SKlearn；

通俗：从参数调用的角度，适合零基础读者快速入门并掌握 SKlearn；

深入：由浅及深熟悉数据探索、预处理、模型选择、集成学习、模型评估流程；

案例：用五个工程案例系统化讲解 SKlearn 库分类、回归、聚类，实用性强。

■ 本书目的

希望阅读本书的读者能够掌握机器学习 SKlearn 库常用模型的调用方式，将其应用到自身行业中，创造出属于自己的研究成果。

■ 素材资源下载

由于笔者的水平有限，书中难免会出现错误或者不准确的地方，恳请读者批评指正。为此方便读者学习，本书配套资源下载地址为 http://www.m.crphdm.com/2023/0406/14573.shtml。

笔者

2023 年 2 月

目　录

第 3 章　数据预处理

第 4 章　机器学习模型

第1章 基础准备

本章将介绍机器学习的基本理论和必要的编程环境配置。首先，对机器学习进行简单介绍，说明笔者之所以选择 Python 搭建机器学习平台的原因和优势，同时为读者朋友推荐一系列用于快速搭建机器学习系统的 Python 编程库，这些编程库都会在本书的后续章节中详加讨论。最后，笔者将教会大家如何在 Windows 操作系统上配置所需的编程环境。

1.1 机器学习

机器学习是什么？对于很多初学者，时常分不清楚数据科学、数据分析、数据挖掘、深度学习、机器学习之间的关系及界限。下面对机器学习的发展历程、主要任务、经验及性能进行概述。

1.1.1 机器学习概述

我们先来了解数据科学、数据分析、数据挖掘、机器学习和深度学习的定义。

（1）数据科学是用于处理和监视大量数据或“大数据”的概念。数据科学包括数据清洗、准备和分析之类的过程。数据科学家从调查、物理数据图等多个来源收集数据，然后通过严格的算法传递数据，以从数据中提取关键信息并建立数据集。该数据集可以进一步提供给分析算法，以从中获得更多含义。

（2）如果数据科学是一所包括所有工具和资源的房子，那么数据分析（Data Analysis）将是一个特定的房间。就功能和应用而言，它更为具体。数据分析师不仅在数据科学领域寻找联系，还具有特定的目的和目标。通常我们使用数据分析来搜索其增长趋势，使用数据洞察力通过将趋势和模式之间的点连接起来而产生影响，而数据科学更多的只是洞察力。

（3）数据挖掘一般是指从大量的数据中通过算法搜索隐藏于其中信息的过程。数据挖掘通常与计算机科学有关，并通过统计、在线分析处理、情报检索、机器学习、专家系统（依靠过去的经验法则）和模式识别等诸多方法来实现上述目标。

（4）机器学习 (Machine Learning) 的核心是“使用算法解析数据，从中学习，然后对世界上的某件事情作出决定或预测”。这意味着，与其显式地编写程序来执行某些任务，不如教计算机如何开发一个算法来完成任务。机器学习就是计算机利用已有的数据（经验），得出了某种模型（迟到的规律），并利用此模型预测未来（是否迟到）的一种方法。

（5）深度学习（Deep Learning）是机器学习中一种基于对数据进行表征学习的方法。观测值（例如一幅图像）可以使用多种方式来表示，如每个像素强度值的向量，或者更抽象地表示成一系列边、特定形状的区域等。而使用某些特定的表示方法更容易从实例中学习任务（例如，人脸识别或面部表情识别）。

我们可以看到机器学习是一门既古老又新兴的计算机科学技术，隶属于人工智能研究与应用的一个分支。早在计算机发明之初，一些科学家就开始构想拥有一台可以具备人类智慧的机器。这其中就包括图灵在 1950 年发表的论文《计算机器与智能》中提出了具有开创意义的“图灵测试”，用来判断一台计算机是否达到具备人工智能的标准。

机器学习作为人工智能的分支，从20世纪50年代开始，也历经了几次具有标志性的事件，这其中包括：前 IBM 员工塞缪尔开发了一个国际象棋程序。这个程序可以在与人类棋手对弈的过程中，不断改善自己的棋艺。四年之后，该程序战胜了设计者本人；又过了三年，战胜了一位保持八年常胜不败的专业棋手。1997 年，IBM 公司的深蓝超级计算机在国际象棋比赛中力压专业大师卡斯帕罗夫，引起了全世界从业者的瞩目。同样是 IBM 公司，于 2011 年，沃森深度问答系统在一个知名的百科知识问答电视节目中一举击败多位优秀的人类选手成功夺冠，又使得我们朝着达成“图灵测试”更近了一步。最近的一轮浪潮来自深度学习的兴起，Deep Mind 研究团队创造和编写的机器学习程序 AlphaGo 以 4∶1 的总比分击败了世界顶级围棋选手李世石，见证了人工智能的极大进步。

1.1.2 机器学习任务

机器学习的任务种类有很多，本书侧重于对两类经典的任务进行讲解与实践：监督学习和无监督学习。其中，监督学习关注对事物未知表现的预测，一般包括分类问题和回归问题；无监督学习则倾向于对事物本身特性的分析，常用的技术包括数据降维和聚类问题等。

分类问题，即对数据组所归属的类别进行预测。类别既是离散的，同时也是预先知道数量的。例如，根据一个人的身高、体重和三围等数据，预测其性别；性别不仅是离散的（男、女），同时也是预先知晓数量的。或者，根据一朵鸢尾花的花瓣、花萼的长宽等数据，判断其属于哪个鸢尾花亚种；鸢尾花亚种的种类与数量也满足离散和预先知晓这两项条件，因此也是一个分类预测问题。回归同样是预测问题，只是预测的目标往往是连续变量。如，根据房屋的面积、地理位置、建筑年代等进行销售价格的预测，销售价格就是一个连续变量。

在本书第 7 章的项目实践中，根据边坡岩土参数等预测边坡稳定性（稳定、不稳定），即二分类问题；根据隧道围岩参数和埋深预测岩爆分级（三级），即多分类问题；根据混凝土水灰比、骨料强度等预测混凝土的强度，则是回归问题。

数据降维是对事物的特性进行压缩和筛选，在机器学习领域，其主要是指采用某种映射方法，将原高维空间中的数据点映射到低维度的空间中。数据降维的本质是学习一个映射函数：$y=f(x)$。其中，x 是原始数据点的表达，目前较多使用向量表达形式；y 是数据点映射后的低维向量表达，通常 y 的维度小于 x 的维度。函数 $f(x)$ 可能是显式的或隐式的、线性的或非线性的。

之前，如果我们没有特定业务领域的知识或经验，是无法预先确定采样哪些数据；现在，传感设备的采样成本相对较低，筛选有效信息的成本较高。例如，在识别任务中，我们可以直接读取到图像的像素点阵数据。若是直接使用这些数据，那么数据的维度会非常高，特别是在图像分辨率越来越高的今天。为此，我们通常会利用数据降维的技术对图像进行降维，保留最具有区分度的特征像素组合。

聚类则是依赖于数据的相似性，把相似的数据样本划分为一个簇。不同于分类问题，我们在大多数情况下不会预先知道簇的数量和每个簇的具体含义。现实生活中，大型电子商务网站经常对用户的信息和购买习惯进行聚类分析，一旦找到数量不菲并且背景相似的客户群，便可以针对他们的兴趣投放广告或促销信息。在本书第 7 章项目实践一章中，我们会根据膨胀土的力学参数，聚类分析膨胀性等级。

1.1.3　机器学习经验

我们习惯性地把数据视作经验，事实上，只有那些对学习任务有用的特定信息才会被视作经验。而我们通常把这些反映数据内在规律的信息叫作特征。例如，在前面提到的图像识别任务中，我们很少直接把图像最原始的像素点阵数据交给学习系统；而是进一步通过降维，甚至一些更为复杂的数据处理方法得到更加有助于人脸识别的轮廓特征。

对于监督学习问题，我们所拥有的经验包括特征和标记 / 目标两个部分。一般地，特征向量用来描述一个数据样本；标记 / 目标的表现形式则取决于监督学习的种类。

无监督学习问题没有标记 / 目标，因此也无法从事预测任务，却更加适合对数据结构的分析。正是这个区别，我们经常可以获得大量的无监督数据；而监督数据的标注因为经常耗费大量的时间、金钱和人力，所以数据量相对较少。

另外，更为重要的是，除了标记 / 目标的表现形式存在离散、连续变量的区别，从原始数据到特征向量转化的过程中也会遭遇多种数据类型：类别型特征、数值型特征，甚至是缺失数据等。在实际的操作过程中，需要把这些特征转化为具体的数值参与运算，这里暂不过多叙述，在后续章节中遇到时再进行说明。

1.1.4　机器学习性能

使用性能度量指标来判断机器学习模型质量的好坏，了解各种评估方法的优点和缺点，这在实际应用中选择正确的评估方法是十分重要的。为了评价学习模型完成任务的质量，需要具备相同特征的数据，并将模型的预测结果同相对应的正确答案进行比对。我们称这样的数据集为测试集。注意，出现在测试集中的数据样本一定不能被用于模型训练。简而言之，训练集与测试集之间是彼此互斥的。

对待预测性质的问题，我们经常关注预测的精度。具体来讲，对于分类问题，要根据预测正确类别的百分比来评价其性能，这些指标通常有准确率、精确率、召回率、F1 值等；对于回归而言，模型性能的好坏主要体现在拟合的曲线与真实曲线的误差，主要的评价指标包括绝对误差平均值、误差平方平均值、验证曲线、学习曲线、R2 等。

1.2 Python 编程

本节主要向读者简单介绍Python以及与机器学习相关的编程库。本书将围绕这些编程库，教会大家如何快速搭建机器学习的系统。

1.2.1 Python

Python 是一种面向对象的解释型计算机程序设计语言。由荷兰人 Guido van Rossum 于 1989 年发明，第一个公开发行版于 1991 年发行。

Python 将许多高级编程语言的优点集于一身：不仅可以像脚本语言一样，用非常精练易读的寥寥几行代码来完成一个需要使用 C 语言通过复杂编码才能完成的程序任务；而且还具备面向对象编程语言的各式各样的强大功能。不同于 C 语言等编译型语言，Python 作为一门解释型语言，也非常便于调试代码。同时，Python 具有的免费使用和跨平台执行的特性，也为这门编程语言带来了越来越多开源库的贡献者和使用者。许多著名的公司，甚至将 Python 纳入其内部最为主要的开发语言。因此，对于初涉计算机编程的读者，学习 Python 语言无疑是明智之选；而本书使用 Python 编程语言来深入介绍机器学习的话题，也显得更为高效与易读。

其次，Python 具有丰富而强大的库。它常被昵称为胶水语言，能够把用其他语言制作的各种模块（尤其是 C/C++）很轻松地连接在一起。常见的一种应用情形是，使用 Python 快速生成程序的原型（有时甚至是程序的最终界面），然后对部分特别需求，用更合适的语言改写。比如 3D 游戏中的图形渲染模块，其对性能的要求特别高，就可以用 C/C++ 重写，而后封装为 Python 可以调用的扩展类库。注意，在使用扩展类库时，某些平台可能不提供跨平台的实现。

知乎平台上有不少土木从业者讲述，他们在学习了 Python 基本语法和爬虫之后，不知道如何将 Python 编程用在数据分析和数据挖掘领域，更不知道如何将其与工程实际相结合。不少知友认为，市面已有各种各样优秀的 Python 基础教程或视频，建议笔者尽可能通过工程项目实践，让初学者能够拿来即用，独立完成一些小项目，或写一篇科研论文。

图 1-1 所示的是 TIOBE 编程语言社区排行榜。

Jan 2023	Jan 2022	Change	Programming Language	Ratings	Change
1	1		Python	16.36%	+2.78%
2	2		C	16.26%	+3.82%
3	4	↑	C++	12.91%	+4.62%
4	3	↓	Java	12.21%	+1.55%
5	5		C#	5.73%	+0.05%
6	6		Visual Basic	4.64%	-0.10%
7	7		JavaScript	2.87%	+0.78%
8	9	↑	SQL	2.50%	+0.70%
9	8	↓	Assembly language	1.60%	-0.25%
10	11	↑	PHP	1.39%	-0.00%

图 1-1　TIOBE 编程语言社区排行榜（2023 年 1 月）

1.2.2　NumPy 和 SciPy

（1）NumPy 是 Python 语言的一个扩展程序库，支持大量的维度列表与矩阵运算，此外也针对列表运算提供大量的数学函数库。NumPy 的前身为 Numeric，由 Jim Hugunin 与其他协作者共同开发；2005 年，Travis Oliphant 在 Numeric 中结合了另一个同性质的程序库 Numarray 的特色，并加入了其他扩展而开发了 NumPy。NumPy 为开放源代码并且由许多协作者共同维护开发。NumPy 旨在提供一个比传统 Python 列表快 50 倍的数组对象，与 Python 列表不同，NumPy 数组存储在内存中的一个连续位置，因此进程可以非常有效地访问和操纵它们；此外，NumPy 部分用 Python 编写，但是大多数需要快速计算的部分都是用 C 或 C++ 编写。

（2）SciPy 是一个用于数学、科学、工程领域的常用软件包，可以处理插值、积分、优化、图像处理、常微分方程数值解的求解、信号处理等问题。作为科学计算中的中流砥柱，自 2001 年至今，SciPy 为科研分析人员提供了好用且高效的开源库。SciPy 库依赖于 NumPy，NumPy 提供了方便和快速的 n 维数组操作。

SciPy 常用函数见表 1-1。

表 1-1　SciPy 常用函数

函 数 名	用　途
scipy.cluster	Vector quantization / Kmeans
scipy.constants	物理和数学常数
scipy.fftpack	傅里叶变换
scipy.integrate	积分
scipy.interpolate	插值
scipy.io	文件
scipy.linalg	线性代数
scipy.ndimage	多维图像处理
scipy.odr	Orthogonal(正交) distance regression

续表

函 数 名	用 途
scipy.optimize	优化
scipy.signal	信号处理
scipy.sparse	稀疏矩阵
scipy.spatial	Spatial data structures and algorithms
scipy.special	特殊函数
scipy.stats	统计

1.2.3 Matplotlib

Matplotlib 是一个 Python 的 2D 绘图库，它以各种硬拷贝格式和跨平台的交互式环境生成具有出版质量级别的图形。通过 Matplotlib，开发者可以仅需要几行代码，便可以生成绘图。一般可绘制折线图、散点图、柱状图、饼图、直方图、子图等。

NumPy 通常与 SciPy 和 Matplotlib 一起使用，这种组合广泛用于替代 MATLAB，是一个强大的科学计算环境。相比 MATLAB，Python 系的库功能更强大、编程更容易，有助于我们通过数据科学或者机器学习。该组合作为 MATLAB 的替代品已经成为趋势。

1.2.4 Pandas

Pandas是 Python 的一个数据分析包，最初由 AQR Capital Management 于 2008 年 4 月开发，并于 2009 年底开源出来，目前由专注于 Python 数据包开发的 PyData 开发小组继续开发和维护，属于 PyData 项目的一部分。Pandas 最初被作为金融数据分析工具而开发出来，因此，Pandas 为时间列表分析提供了很好的支持。Pandas 的名称来自面板数据（Panel Data）和 Python 数据分析（Data Analysis）。Panel Data 是经济学中关于多维数据集的一个术语，在 Pandas 中也提供了 Panel 的数据类型（新版本中已经取消该数据类型）。Pandas 常用的数据类型如下所述：

（1）Series：一维列表，与 Numpy 中的一维 Array 类似。二者与 Python 基本的数据结构 List 也很相近，其区别是：List 中的元素可以是不同的数据类型，而 Array 和 Series 中则只允许存储相同的数据类型，这样可以更有效地使用内存，提高运算效率。

（2）Time Series：以时间为索引的 Series。

（3）DataFrame：二维的表格型数据结构。很多功能与 R 语言中的 data.frame 类似。可以将 DataFrame 理解为 Series 的容器。

（4）Panel：三维的列表，可以理解为 DataFrame 的容器。

1.2.5 SKlearn

SKlearn（Scikit-learn）是一个开源的基于 Python 语言的机器学习工具包。它通过 Numpy、Scipy 和 Matplotlib 等 Python 数值计算的库实现高效的算法应用，并且涵盖了几乎所有主流机器学习算法。

在工程应用中，用 Python 手写代码来从头实现一个算法的可能性非常低，这样不仅耗时耗力，还不一定能够写出构架清晰、稳定性强的模型。更多情况下，是分析采集到的数据，根据数据特征选择适合的算法，在工具包中调用算法，调整算法的参数，获取需要的信息，从而实现算法效率和效果之间的平衡。而 SKlearn 正是这样一个可以帮助我们高效实现算法应用的工具包，也是本书讲述的核心。图 1-2 所示为 SKlearn 知识图谱。

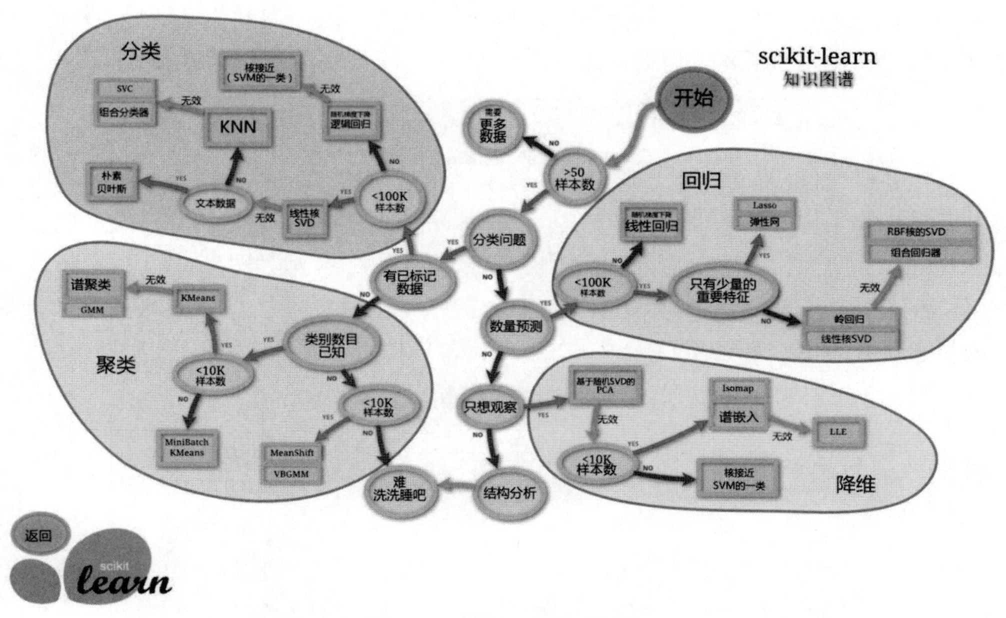

图 1-2　SKlearn 知识图谱

1.2.6　Yellowbrick

Yellowbrick 是一组名为 Visualizers（可视器）的可视化诊断套件。它在 SKlearn 的 API 基础上做了扩展，能让大家更容易地驾驭模型优化阶段。简而言之，Yellowbrick 将 SKlearn 和 Matplotlib 有机结合起来，通过可视化方式帮助我们快速进行模型优化。

由于 Yellowbrick 是在 SKlearn 基础上做的封装，Visualizers（可视器）实际上就是 SKlearn 中的 Estimator（评估器），Visualizers 可以从数据中学习规律并通过可视化来增进我们对于数据的理解，进而优化模型。从 SKlearn 角度看，当我们对数据特征空间进行可视化操作，Visualizers 功能类似于 scikit 的 Transformer。为便于初学者熟悉 Matplotlib，本书的前 5 章大多采用 Matplotlib 库进行可视化操作；第 6 章模型评估、第 7 章项目实践采用 Yellowbrick，该库可以让读者把有限的精力放在数据处理而非可视化上，以大幅提高工作效率。

1.3　Python 环境配置

为了便于初学者快速进入开发模式，避免各种烦琐的系统环境配置及虚拟环境设置，推荐使用 Anaconda 进行学习。Anaconda 是 Python 的一个科学计算发行版，支持 Linux、Mac 和 Windows 系统，其中内置了上千个 Python 经常会用到的库，包括 SKlearn、Numpy、Scipy、Pandas 等。

1.3.1 安装 Anaconda

Anaconda 是跨平台的，在官网下载与计算机系统对应版本，默认安装即可，如图 1-3 所示。下面以 Win10 对应版本为例进行介绍。

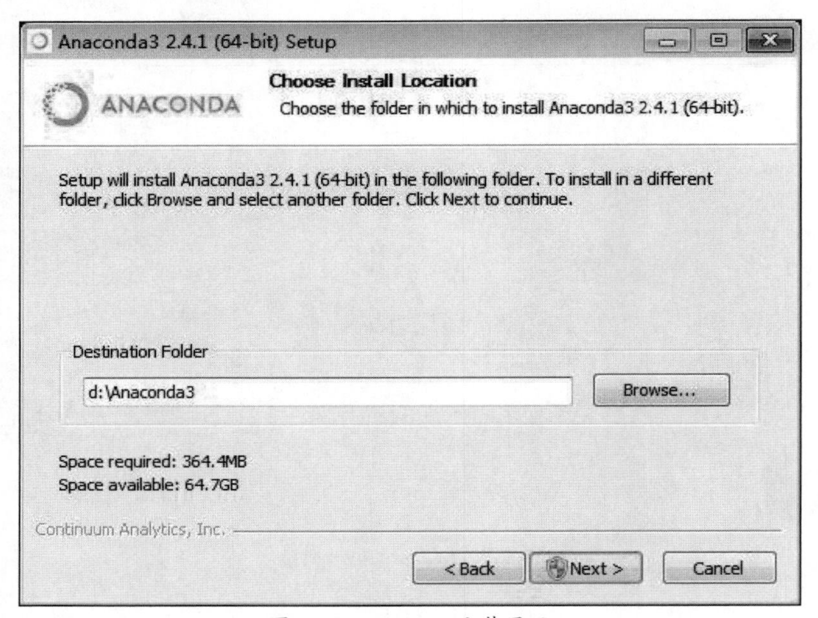

图 1-3　Anaconda 安装界面

除 Yellowbrick 以外较新版本的 Anaconda 包含了本书将使用到的数据分析相关库，按【Win+R】快捷键运行 CMD，执行下面一行代码，可以查看已经集成在 Anaconda 的库。

```
conda list
```

为 Anaconda 添加国内镜像源，以便快速下载并安装 Python 库。代码如下：

```
conda config --add channels https: //mirrors.tuna.tsinghua.edu.cn/anaconda/pkgs/free/
```

安装 Yellowbrick 库（可覆盖更新）, 按【Win+R】快捷键运行 CMD，代码如下：

```
conda install yellowbrick
```

1.3.2 运行 Jupyter Notebook

Jupyter Notebook 是一个非常强大的工具，常用于交互式地开发和展示数据科学项目。它将代码和它的输出集成到一个文档中，并且结合了可视的叙述性文本、数学方程和其他媒体。它直观的工作流促进了迭代和快速的开发，使得 Notebook 在当代数据科学、分析和越来越多的科学研究中越来越受欢迎。最重要的是，作为开源项目的一部分，它们是完全免费的。它具有以下优势：

（1）可选择语言：支持超过 40 种编程语言，包括 Python、R、Julia、Scala 等。

（2）分享笔记本：可以使用电子邮件、Dropbox、GitHub 和 Jupyter Notebook Viewer 与他人共享。

（3）交互式输出：代码可以生成丰富的交互式输出，包括 HTML、图像、视频、LaTeX 等。

（4）大数据整合：通过 Python、R、Scala 编程语言使用 Apache Spark 等大数据框架工具。支持使用 pandas、scikit-learn、ggplot2、TensorFlow 来探索同一份数据。

在 Win10 系统下，使用快捷键【Win+R】运行 CMD，并执行如下代码：

```
jupyter notebook --notebook-dir= 工作文件夹绝对路径
```

推荐扩展包，nb_conda 用来管理虚拟环境，如图 1-4 所示。

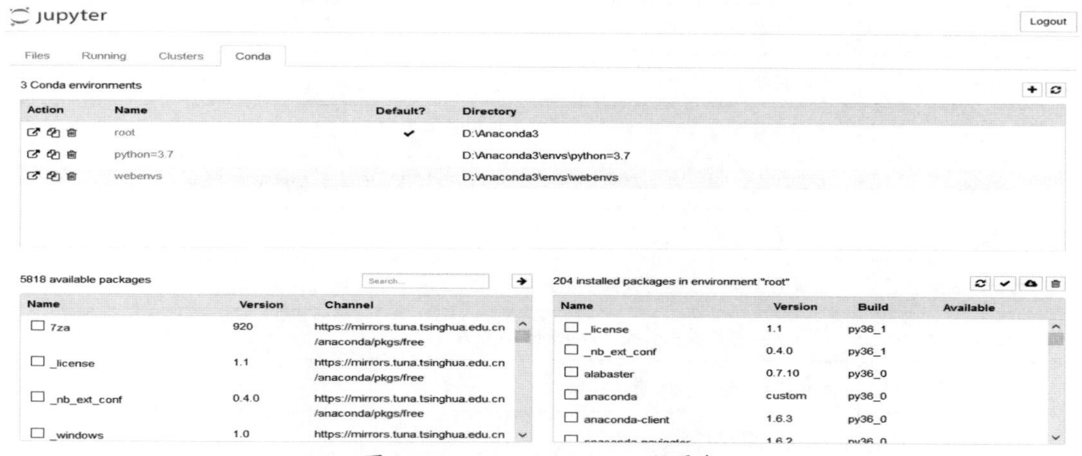

图 1-4　Anaconda nb_conda 扩展包

jupyter_contrib_nbextensions 包含各种插件，如图 1-5 所示。

在 CMD 中运行下面的代码，安装 jupyter_contrib_nbextensions 扩展：

```
conda install -c conda-forge jupyter_contrib_nbextensions
```

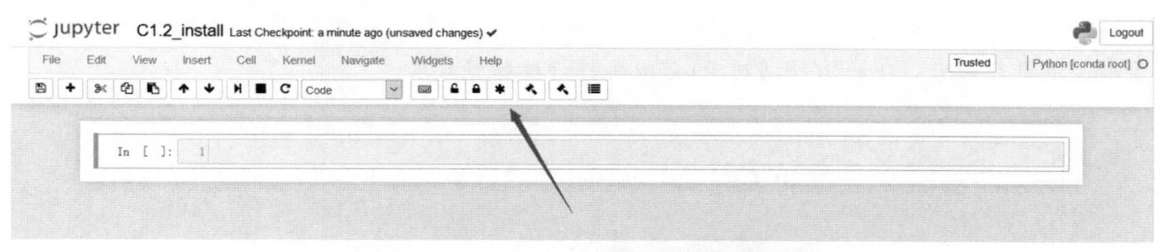

图 1-5　Jupyter_contrib_nbextensions 扩展包

Jupyter notebook 的使用技巧以及上述插件的说明可以自行搜索，如使用 *? 及 ? 等魔法命令可以事半功倍，见表 1-2。

表 1-2　Jupyter 魔法命令

魔法命令	用　　途
%%writefile	调用外部 Python 脚本
%run	调用外部 Python 脚本
%timeit	测试单行语句的执行时间
%%timeit	测试整个单元中代码的执行时间
matplotlib inline	显示 Matplotlib 生成的图形
%%writefile	写入文件
%pdb	调试程序
%pwd	查看当前工作目录
%Is	查看目录文件列表
%reset	清除全部变量
%who	查看所有全局变量的名称，若给定类型参数，只返回该类型的变量列表
%whos	显示所有的全局变量名称、类型、值 / 信息
%xmodePlain	设置为当异常发生时只展示简单的异常信息
%xmode Verbose	设置为当异常发生时展示详细的异常信息
%debug	bug 调试，输入 quit 退出调试
%env	列出全部环境变量

本章小结

本章主要介绍了机器学习的基本理论和必要的环境配置，如本书将要用的 Python 库以及 Anaconda 库的配置、Jupyter Notebook 的启动。一般项目中，我们获取数据后，第一步先要对数据进行探索，下一章将通过 Pandas 库进行数据预处理。

第 2 章

数据探索

本章将介绍如何使用 Pandas 库加载数据，并对数据的基本特征进行分析。在得到原始数据后，一般要进行数据探索性分析，主要查看数据的统计特征、分布、相关性等。

2.1 数据读取和保存

一般情况下，项目数据大多保存于文件中，Python 数据分析库 Pandas 支持复杂的 I/O 操作，Pandas 的 API 支持众多的文件格式，如 TXT、CSV、XLS、JSON、HDF5、SQL、NOSQL。本节主要对常见的 TXT、CSV、XLS 数据进行读取和保存。

2.1.1 TXT 数据

本节将针对 Iris 数据集进行探索，该数据集是常用的分类试验数据集，由 Fisher 在 1936 年收集整理。Iris 也称鸢尾花卉数据集，是一类多重变量分析的数据集。数据集包含 150 个数据样本，分为三类，每类 50 个数据，每个数据包含四个属性。可通过花萼长度、花萼宽度、花瓣长度、花瓣宽度四个属性预测鸢尾花卉属于（Setosa、Versicolour、Virginica）三个种类中的哪一类。读取 TXT 数据的代码如下：

```
1. import pandas as pd
2. df=pd.read_csv('data/iris.txt',sep='\t')
3. df.head()
```

运行结果：

```
   sepal_length  sepal_width  petal_length  petal_width      species
0           5.1          3.5           1.4          0.2  Iris-setosa
1           4.9          3.0           1.4          0.2  Iris-setosa
2           4.7          3.2           1.3          0.2  Iris-setosa
3           4.6          3.1           1.5          0.2  Iris-setosa
4           5.0          3.6           1.4          0.2  Iris-setosa
```

（1）第 2 行代码通过 pd.read_csv() 函数读取 txt 数据，代码及具体参数的含义如下：

```
    pd.read_csv(filepath_or_buffer: Union[str,pathlib.Path,IO[~AnyStr]],sep=',',d
elimiter=None,header='infer',names=None,index_col=None,usecols=None,squeeze=Fals
e,prefix=None,mangle_dupe_cols=True,dtype=None,engine=None,converters=None,true_
values=None,false_values=None,skipinitialspace=False,skiprows=None,skipfooter=0,nro-
ws=None,na_values=None,keep_default_na=True,na_filter=True,verbose=False,skip_blank_
lines=True,parse_dates=False,infer_datetime_format=False,keep_date_col=False,date_
parser=None,dayfirst=False,cache_dates=True,iterator=False,chunksize=None,compressi
```

```
on='infer',thousands=None,decimal: str='.',lineterminator=None,quotechar='',quoting=0,doublequote=True,escapechar=None,comment=None,encoding=None,dialect=None,error_bad_lines=True,warn_bad_lines=True,delim_whitespace=False,low_memory=True,memory_map=False,float_precision=None)
```

上述代码中常用参数的含义：

filepath_or_buffer：文件路径。可以是 URL，URL 类型包括 http、ftp、s3 和文件。

sep：指定分隔符，默认逗号‘,’。也可以是其他分隔符，如制表符‘\t’。

delimiter：字符串，默认为 None。定界符，备选分隔符（如果指定该参数，则 sep 参数失效）。

header：整型或由整型组成的列表，默认‘infer’。指定哪一行作为表头，默认设置为 0（即第 1 行作为表头），如果没有表头，就要修改参数，设置 header=None。

names：指定列的名称，用列表表示。一般没有表头，即当 header=None 时，用来添加列名。

index_col：指定哪一列数据作为行索引，可以是一列，也可以是多列。若为多列，则会看到一个复合索引。

prefix：给列名添加前缀。如 prefix='x'，会出来 'x1'、'x2'、'x3'。

nrows：整型，默认 None。需要读取的行数（从文件头开始算起）。

encoding：编码。当遇到乱码时，需要对此进行预定义。

skiprows：整型，默认 None。需要忽略的行数（从文件开始处算起），或需要跳过的行号列表（从 0 开始）。

parse_dates：默认 False。自动解析日期字符串，设置为 True 时，DataFrame 中的时间字符串将自动转换为时间类型数据。

（2）保存数据通过 df.to_csv(‘data/iris2.txt’) 函数读取 TXT 数据，代码及具体参数的含义如下：

```
    df.to_csv(path_or_buf:Union[str,pathlib.Path,IO[~AnyStr],NoneType]=None,sep:str=',',na_rep:str='',float_format:Union[str,NoneType]=None,columns:Union[Sequence[collections.abc.Hashable],NoneType]=None,header:Union[bool,List[str]]=True,index:bool=True,index_label:Union[bool,str,Sequence[collections.abc.Hashable],NoneType]=None,mode:str='w',encoding:Union[str,NoneType]=None,compression:Union[str,Mapping[str,str],NoneType]='infer',quoting:Union[int,NoneType]=None,quotechar:str='''',line_terminator:Union[str,NoneType]=None,chunksize:Union[int,NoneType]=None,date_format:Union[str,NoneType]=None,doublequote:bool=True,escapechar:Union[str,NoneType]=None,decimal:Union[str,NoneType]='.',errors:str='strict')
```

上述代码中常用参数的含义：

filepath_or_buffer：文件路径。可以是 URL，URL 类型包括 http、ftp、s3 和文件。

sep：指定分隔符，默认逗号‘,’。也可以是其他分隔符，比如制表符‘\t’。

na_rep：字符串，将 NaN 转换为特定值。

columns：列表，指定保存哪些列。

header：默认 header=0，如果没有表头，就设置 header=None，表示没有表头。

index：关于索引的，默认为 True，写入索引。

2.1.2　CSV 数据

下面我们读取和保存 CSV 数据的代码如下：

```
1. df=pd.read_csv('data/iris.csv')
2. df.to_csv('data/iris3.csv')
```

用系统自带的记事本打开 data 文件夹中 iris2.txt 与 iris3.csv 两个文件，比较数据格式的差别，前者使用‘,’分割数据，后者使用‘\t’分割数据。在使用 read_csv() 函数读取数据时，可以通过预定义分隔符，实现数据分割。

2.1.3　XLS 数据

XLS 数据在实践中更为常见，接下来，我们读取和保存 XLS 数据。

1. 读取 XLS 数据

通过 df = pd.read_excel('data/iris.xls') 函数来读取 XLS 数据，其代码如下：

```
pd.read_excel(io,sheet_name=0,header=0,names=None,index_col=None,usecols=None,squeeze=False,dtype=None,engine=None,converters=None,true_values=None,false_values=None,skiprows=None,nrows=None,na_values=None,keep_default_na=True,na_filter=True,verbose=False,parse_dates=False,date_parser=None,thousands=None,comment=None,skipfooter=0,convert_float=True,mangle_dupe_cols=True)
```

上述代码中常用参数的含义：

io：字符串，路径对象（pathlib.Path 或 py._path.local.LocalPath），文件类对象，pandas Excel 文件或 xlrd 工作簿。该字符串可能是一个 URL。URL 包括 http、ftp、s3 和文件。例如，本地文件可写成 file://localhost/path/to/workbook.xlsx。

sheet_name：字符串，int，字符串 / 整型的混合列表或 None，默认为 0。表名用字符串表示，索引表位置用整型表示；字符串 / 整型列表用于请求多个表；没有设置时将会自动获取所有表。可行的调用方式：Defaults，第一页作为数据文件；1，第二页作为数据文件；‘Sheet1’，第一页作为数据文件；[0,1，'SEET5']，第 1、第 2 和第 5 作为数据文件；None，所有表作为数据文件。

Sheetname：字符串，int，字符串 / 整型的混合列表或 None，默认为 0。Pandas 从版本 0.21.0 以后用 sheet_name 代替。

header：整型或者整型列表，默认为 0。行 (0 索引) 用于解析的 DataFrame 的列标签。如果一个整型列表被传递，那么这些行位置将被合并成一个多索引。如果没有标题，就使用 None。

index_col：整型，整型列表，默认为 None。列（0 索引）用作 DataFrame 的行标签。如果没有这样的列，就传递无。如果传递列表，这些列将被组合成一个 MultiIndex。如果使用 usecols 选择数据子集，那么 index_col 基于该子集。

skiprows：类列表，开始时跳过的行（0 索引）。

skip_footer：整型，默认为 0，结束时的行 (0 索引)。

names：类似列表，默认为 None。要使用的列名列表。

converters：字典 , 默认为 None。在某些列中转换值的函数的命令。键可以是整型或列标签，值是接收一个输入参数的函数和 Excel 单元格内容，并返回转换后的内容。

dtype：类型名称，默认为 None。数据或列的数据类型。如：{'a'：np.float64，'b'：np.int32} 使用对象保存 Excel 中存储的数据，而不解释 dtype。

2. 保存 XLS 数据

通过 df.to_excel('data/iris4.xls') 函数来读取 XLS 数据，其代码如下：

```
df.to_excel(excel_writer,sheet_name='Sheet1',na_rep='',float_format=None,columns=None,header=True,index=True,index_label=None,startrow=0,startcol=0,engine=None,merge_cells=True,encoding=None,inf_rep='inf',verbose=True,freeze_panes=None)
```

上述代码中常用参数的含义

excel_writer：字符串或 ExcelWriter 对象。

sheet_name：字符串，默认为 'Sheet1'，包含 DataFrame 的表的名称。

na_rep：字符串 , 默认为 ' '，即缺失数据表示方式。

float_format：字符串 , 默认为 None，格式化浮点型的字符串。

columns：列表，可选。

header：布尔或由字符串组成的列表，默认为 True。

index：布尔 , 默认为 True。

index_label：字符串或列表，默认为 None。如果需要，可以使用索引列的列标签。如果没有给出，标题和索引为 True，就使用索引名称。如果数据文件使用多索引，就需使用列表。

startrow：左上角的单元格行转储数据框。

startcol：左上角的单元格列转储数据帧。

engine：字符串，默认为 None。

merge_cells：布尔，默认为 True。编码生成的 Excel 文件。只有 xlwt 需要，其他写入本地支持 unicode。

inf_rep：字符串，默认为 True。

freeze_panes：整型的元组 (长度 2)，默认为 None。指定要冻结的基于 1 的底部行和最右边的列。

2.1.4 SQL 数据

使用 sqlalchemy 库读取保存 SQL 数据具体代码如下：

```
1. import numpy as np
2. from sqlalchemy import create_engine
3. # 生成测试数据
4. frame = pd.DataFrame(np.arange(20).reshape(4,5),
5.                     columns=[‹white›, 'red', 'blue', 'black', 'green'])
6. # 获取方式一：使用 sqlalchemy 库
7. engine= create_engine('sqlite:///test.db')
8. frame.to_sql('colors', engine)                    # 一次性存数据，无须预定义 ORM
9. frame = pd.read_sql('colors', engine)             # 读取表单所有数据
10. # 获取方式二
11. import sqlite3
12. conn = sqlite3.connect("test.db")
13. frame = pd.read_sql("select * from colors", conn)
```

```
df.to_sql(name: str,con,schema=None,if_exists: str = 'fail',index: bool = True,index_label=None,chunksize=None,dtype=None,method=None,)
```

上述代码中常用参数的含义：

name：数据库表单名。

con：连接信息。

if_exists：默认是 fail，即目标表存在就失败，另外两个选项是 replace，表示替代原表，即删除再创建；append 选项表示仅添加数据。

2.1.5　NOSQL 数据

使用 pymongo 库读取保存 NOSQL 数据，具体代码如下：

```
1. import pandas as pd
2. import pymongo
3. # 读取数据，连接 mongoDB 数据库
4. client = pymongo.MongoClient(host= host, port= port)
5. db_auth = client[mongo_db]
6. db_auth.authenticate(user, pw)
7. db = client[mongo_db]
8. # 连接 est 表单
9. collection = db['test']
10. # 读取表单数据
11. data = pd.DataFrame(list(collection.find()))
12. import json
13. # 保存数据，连接 mongoDB 数据库
14. client = pymongo.MongoClient(host= host, port= port)
15. db_auth = client[mongo_db]
16. db_auth.authenticate(user, pw)
17. db = client[mongo_db]
18. # 创建表单
19. collection = db['test']
20. # 创建测试数据
21. df = pd.DataFrame(np.arange(12).reshape((3,4)))
22. data = json.loads(df.T.to_json()).values()
23. collection.insert_many(data) # 当 df 数据较大时，可以分块处理
```

MongoDB 自身的数据类型为 Bson，其格式等同于 Json，因此，只要连接到数据库，就可以通过 Json 格式作为转换器进行读或写。

2.2　数据特征分析

对数据进行质量分析以后，接下来可通过常规统计分析、绘制图表、计算某些特征量关系等手段进行数据的特征分析。

2.2.1　描述性统计

用统计指标对定量数据进行统计描述，常从集中趋势和离中趋势两个方面进行分析。平均水平的指标是对个体集中趋势的度量，使用广泛的是均值和中位数；反映变异程度的指标则是对个体离开平均水平的度量，使用较广泛的是标准差（方差）和四分位间距。以鸢尾花

的数据集进行统计分析，具体代码如下：

```
1. import pandas as pd
2. iris=pd.read_csv('data/iris.csv')
3. iris.head()              # 数据前五行
4. iris.tail()              # 数据后五行
5. print(iris.shape)        # 数据行列数
6. print(iris.info())       # 数据整体信息
7. print(iris.describe())   # 描述性统计
```

运行结果：

```
(150, 5)
<class 'pandas.core.frame.DataFrame'>
RangeIndex: 150 entries, 0 to 149
Data columns (total 5 columns):
 #   Column        Non-Null Count  Dtype
---  ------        --------------  -----
 0   sepal_length  150 non-null    float64
 1   sepal_width   150 non-null    float64
 2   petal_length  150 non-null    float64
 3   petal_width   150 non-null    float64
 4   species       150 non-null    object
dtypes: float64(4), object(1)
memory usage: 6.0+ KB
None
       sepal_length  sepal_width  petal_length  petal_width
count    150.000000   150.000000    150.000000   150.000000
mean       5.843333     3.057333      3.758000     1.199333
std        0.828066     0.435866      1.765298     0.762238
min        4.300000     2.000000      1.000000     0.100000
25%        5.100000     2.800000      1.600000     0.300000
50%        5.800000     3.000000      4.350000     1.300000
75%        6.400000     3.300000      5.100000     1.800000
max        7.900000     4.400000      6.900000     2.500000
```

由上述代码可知：

第 5 行可以直观地看出该数据集为 150 行，5 列。

第 6 行反映了该数据集的整体信息，如列名称、缺失值、数据类型、数据集大小等。

第 7 行反映了一列数据的统计结果，数据数量、均值、标准差、最小值、百分位数、最大值等。一般情况下，百分位数 50% 即为中位数。

2.2.2 分布分析

分布分析能揭示数据的分布特征和分布类型。对于定量数据，想了解其分布形式是对称的还是非对称的，以及发现某些特大或特小的可疑值，可通过绘制频率分布表、绘制频率分布直方图、绘制茎叶图进行直观分析；对于定性分类数据，可用饼图和条形图直观显示分布情况。下面代码以鸢尾花的数据集进行分析具体如下：

```
1. from collections import Counter, defaultdict
2. import matplotlib
3. import matplotlib.pyplot as plt
4. import numpy as np
```

```
5. from sklearn import datasets
6. iris_datas = datasets.load_iris()
7. matplotlib.rcParams['font.sans-serif'] = ['SimHei']
8. style_list = ['o', '^', 's']    # 设置点的不同形状，不同形状默认颜色不同，也可自定义
9. data = iris_datas.data
10. labels = iris_datas.target_names
11. cc = defaultdict(list)
12. for i, d in enumerate(data):
13.     cc[labels[int(i/50)]].append(d)
14. p_list = []
15. c_list = []
16. for each in [0, 2]:
17.     for i, (c, ds) in enumerate(cc.items()):
18.         draw_data = np.array(ds)
19.         p = plt.plot(draw_data[: , each], draw_data[: , each+1], style_list[i])
20.         p_list.append(p)
21.         c_list.append(c)
22.
23.     plt.legend(map(lambda x:  x[0], p_list), c_list)
24.     plt.title('鸢尾花花瓣的长度和宽度 ') if each else plt.title('鸢尾花花萼的长度和宽度 ')
25.     plt.xlabel('花瓣的长度 (cm)') if each else plt.xlabel('花萼的长度 (cm)')
26.     plt.ylabel('花瓣的宽度 (cm)') if each else plt.ylabel('花萼的宽度 (cm)')
27.     plt.show()
28. iris.plot(kind='density',subplots=True,layout=(2,2), sharex=False,figsize=(8,8))
29. plt.show()
30. iris.hist()
31. plt.show()
```

运行结果的散点图如图 2-1 所示，曲线图如图 2-2 所示，直方图如图 2-3 所示。

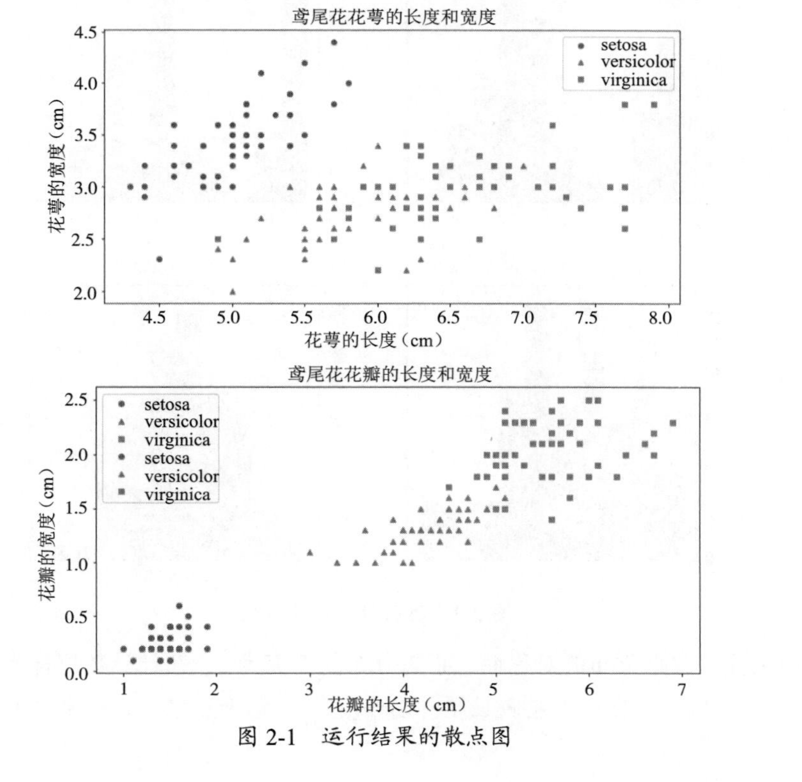

图 2-1　运行结果的散点图

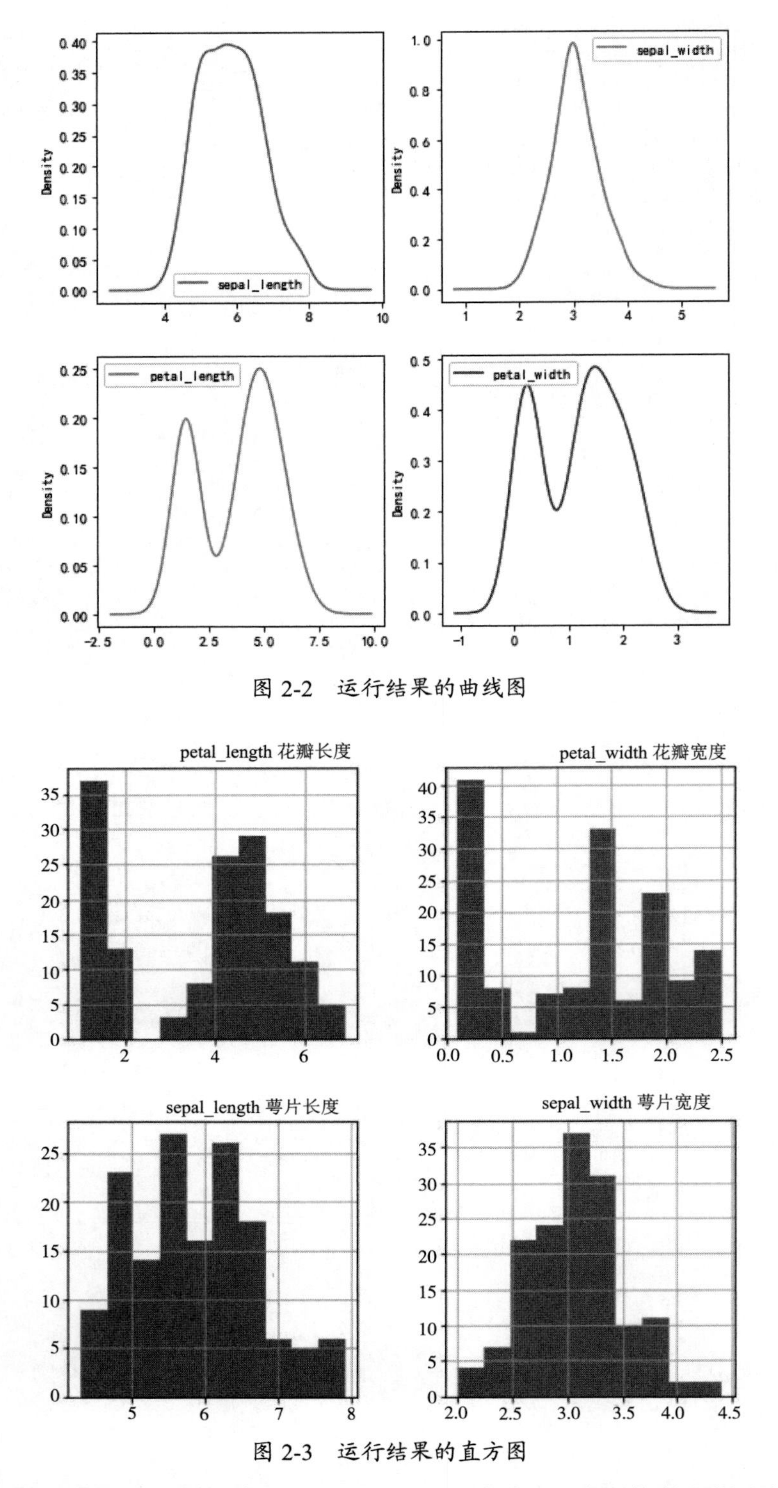

图 2-2 运行结果的曲线图

图 2-3 运行结果的直方图

偏度用来描述数据分布的对称性，正态分布的偏度为 0。在计算数据样本的偏度时，当偏度 <0，称为负偏，数据出现左侧长尾；当偏度 >0，称为正偏，数据出现右侧长尾；当偏度为 0，表示数据相对均匀地分布在平均值两侧，不一定是绝对的对称分布，此时要与正态分布偏度为 0 的情况进行区分。当偏度绝对值过大时，长尾的一侧出现极端值的可能性较高。

峰度用来描述数据分布陡峭或是平滑的情况。正态分布的峰度为 3，峰度越大，代表分布越陡峭，尾部越厚；峰度越小，分布越平滑。在很多情况下，为方便计算，将峰度值减 3，因此正态分布的峰度变为 0，方便比较。在方差相同的情况下，峰度越大，存在极端值的可能性越高。

峰度、偏度如下代码：

```
1. import pandas as pd
2. from pandas import set_option
3. iris=pd.read_csv('data/iris.csv')
4. set_option('precision', 2)     # 设置数据的精确度
5. print(iris.skew())             # 偏度
6. print(iris.kurt())             # 峰度
```

运行结果：

```
sepal_length    0.31
sepal_width     0.32
petal_length   -0.27
petal_width    -0.10
dtype:  float64
sepal_length   -0.55
sepal_width     0.23
petal_length   -1.40
petal_width    -1.34
dtype:  float64
```

从运行结果可以看出，sepal_width 的偏度为 0.32，大于 0，为正偏；峰度为 0.23，接近正态分布。

2.2.3　对比分析

对比分析是指把两个相互联系的指标进行比较，从数量上展示和说明研究对象规模的大小、水平的高低、速度的快慢，以及各种关系是否协调。特别适用于指标间的横纵向比较、时间列表的比较分析。在对比分析中，选择合适的对比标准是十分关键的步骤，只有选择合适，才能作出客观的评价；若选择不合适，则评价可能出现错误的结论。

具体对比代码如下：

```
1. import pandas as pd
2. from pandas import set_option
3. iris_data=pd.read_csv('data/iris.csv')  # 读取数据
4. # 用不同的花的类别不同分成不同的组，此数据为三组
5. grouped_data=iris_data.groupby('species')
6. group_mean=grouped_data.mean() # 求组平均值
7. group_mean.plot(kind='bar',rot=15,figsize=(8, 5))
8. plt.legend(loc='upper center',bbox_to_anchor=(0.5,1.2),ncol=2)
9. plt.show()
```

运行结果如图 2-4 所示。

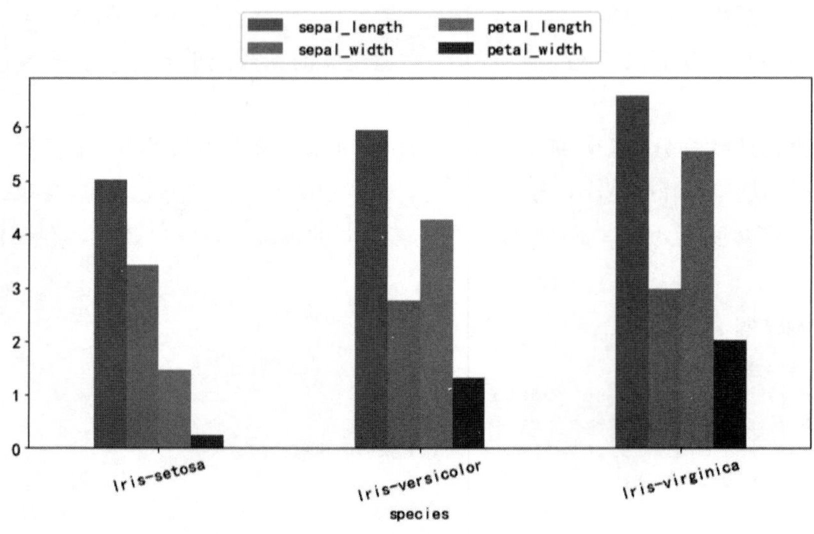

图 2-4　分组柱状图

2.2.4　相关性分析

分析连续变量之间线性相关程度的强弱，并用适当的统计指标表示出来的过程称为相关分析。皮尔森相关系数的值用下式来表示：

$$\rho(X,Y)=\frac{\mathrm{COV}(X,Y)}{\sigma_X\sigma_Y}=\frac{E[(X-\mu_X)(Y-\mu_Y)]}{\sigma_X\sigma_Y}$$

式中，COV 为两个变量的协方差；分母为两个变量标准差的乘积；μ_X 是 X 的平均值；μ_Y 是 Y 的平均值；E 为期望值。皮尔森相关系数是一个线性相关的系数，反映两组变量之间的线性相关程度。这个值常用小写字母 r 来表示。r 值范围在 −1~1 之间，绝对值越接近于 1，相关性越强（负相关 / 正相关）。接下来我们通过 Pandas 计算鸢尾花数据集的皮尔森相关系数。其代码如下：

```
1. import pandas as pd
2. from pandas import set_option
3. iris=pd.read_csv('data/iris.csv')
4. set_option('precision', 2)      # 设置数据的精确度
5. iris.corr(method='pearson')     # 皮尔森相关性
```

运行结果：

```
              sepal_length  sepal_width  petal_length  petal_width
sepal_length      1.000000    -0.117570      0.871754     0.817941
sepal_width      -0.117570     1.000000     -0.428440    -0.366126
petal_length      0.871754    -0.428440      1.000000     0.962865
petal_width       0.817941    -0.366126      0.962865     1.000000
```

从运行结果可以看出鸢尾花 5 列基本数据之间的相关性。sepal_width 与 petal_length 为负相关，petal_width 与 petal_length 为正（强）相关。其代码如下：

```
1. correlations = iris.corr(method='pearson')
2. names = correlations.columns.tolist()
```

```
3. fig = plt.figure()
4. ax = fig.add_subplot(111)
5. cax = ax.matshow(correlations, vmin=-1, vmax=1)
6. fig.colorbar(cax)
7. ticks = np.arange(0, 4, 1)
8. ax.set_xticks(ticks)
9. ax.set_yticks(ticks)
10. ax.set_xticklabels(names)
11. ax.set_yticklabels(names)
12. plt.show()
```

运行结果如图 2-5 所示。

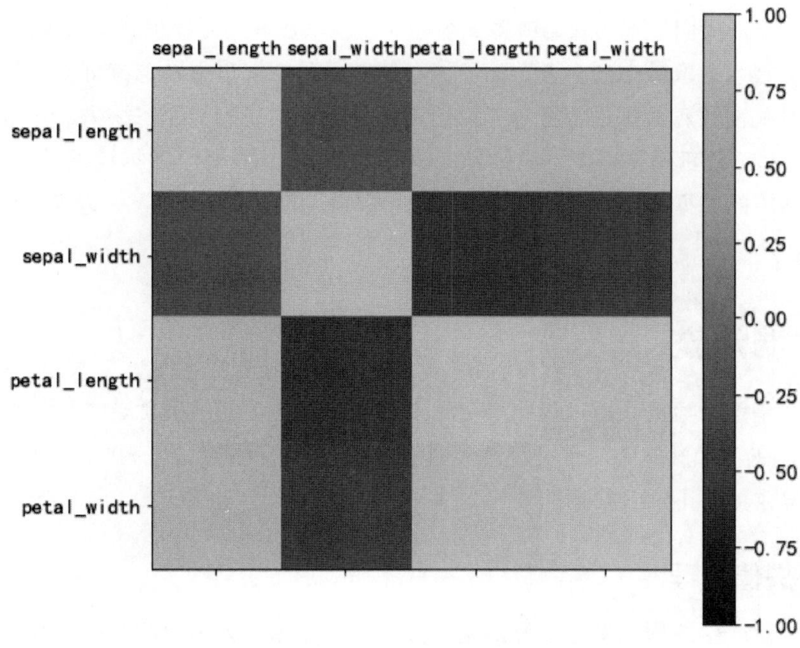

图 2-5　相关性矩阵图

从可视化结果可以直观地看到各数据列之间的相关性。

本章小结

本章学习了如何读取和保存数据，初步认识了数据质量的概念以及通过代码了解了数据的基本特征如峰度、偏度、相关性等。第 3 章我们将针对数据质量问题，对数据进行预处理。

第 3 章 数据预处理

通常情况下，我们拿到的数据或多或少存在一些瑕疵和不足，也就是常说的“脏”数据。例如采用爬虫技术获取数据，多条数据可能存储在一段字符串中，也有可能分散在多个数据文件中，这时就需要对数据进行拆分和组合。此外，数据还可能存在缺失、异常、乱码、格式不统一等问题，这都需要对数据进行预处理。数据预处理在整个数据挖掘过程中最为耗时。本章将介绍常用的数据清洗方法，并对数据进行变换、降维、特征选取，为模型训练提供“干净”的数据。

3.1 数据清洗

数据清洗是整个数据分析过程中不可缺少的一个环节，其结果质量直接关系到模型效果和最终结论。在实际操作中，数据清洗通常会占据分析过程 50% ～ 80% 的时间。本节将介绍缺失值、异常值、不一致数据的处理方法。

3.1.1 缺失值处理

数据缺失值产生的原因多种多样，主要分为客观原因和人为原因两种。其中，客观原因包括数据存储失败、存储器损坏、机械故障导致某段时间数据未能收集 (对于定时数据采集而言) 等；人为原因是人的主观失误、历史局限或有意隐瞒造成的数据缺失，比如在市场调查中，被访人拒绝透露相关问题的答案，或者回答的问题是无效的，或数据输入失误，或漏输入数据等。

缺失值的处理一般采用三种方法：直接使用含有缺失值的特征、删除含有缺失值的特征和缺失值补全。

在 Pandas 中，空值和缺失值是不同的：空值为 ''，缺失值为 nan 或者 naT（缺失时间）。接下来我们构造缺失值 DataFrame 数据帧，通过下面代码学习缺失值的处理方法。

1. 删除含有缺失值的特征

其代码如下：

```
1.import pandas as pd
2.import numpy as np
3.df = pd.DataFrame({'name':  [‹Alfred›, 'Batman', 'Catwoman'],
```

```
4.                    ‹toy›:  [np.nan, ‹Batmobile›, 'Bullwhip'],
5.                      ‹born›:  [pd.NaT, pd.Timestamp(‹1940-04-25›),pd.NaT]})
6. # 默认参数：删除行，只要有空值就会删除，不替换
7. df.dropna()
8. # 删除指定行或列
9. df.dropna(axis=1)        # 删除缺失列
10.df.dropna(axis=0)        # 删除缺失行
11.# 指定所有值全为缺失值时删除，how='all'
12.df.dropna(how='all')     # 删除缺失列
13.# 指定至少出现过两个缺失值才删除，用（thresh=2）
14.df.dropna(thresh=2)
15.# 指定删除某个分组中的含有缺失值的行或列
16.df.dropna(subset=['name','born'])
```

在 Jupyter notebook 中逐行输入运行并查看结果，读者可以自行比较不同删除方法之间的差异。

```
df.dropna(axis=0,how='any',thresh=None,subset=None,inplace=False)
```

上述代码中常用参数的含义：

axis：维度，默认 0，axis=0 表示 index 行，axis=1 表示 columns 列。

how：'all' 表示这一行或列中的元素全部缺失（为 nan）才删除这一行或列，'any' 表示这一行或列中只要有元素缺失，就删除这一行或列。

thresh：axis 中至少有 thresh 个非缺失值，否则删除。

subset：在某些列的子集中，若选择出现了缺失值的列，则删除；若不在子集中的含有缺失值的列或行，则不会删除（由 axis 决定是行还是列）。

inplace：筛选过缺失值的新数据是存为副本还是直接在原数据上进行修改。默认是 False，即创建新的对象进行修改，原对象不变，这种操作和深复制和浅复制有些类似。

2. 缺失值补全

其代码如下：

```
1.  import pandas as pd
2.  import numpy as np
3.  df = pd.DataFrame([[np.nan, 2, np.nan, 0],
4.                      [3, 4, np.nan, 1],
5.                     [np.nan, np.nan, np.nan, 5],
6.                    [np.nan, 3, np.nan, 4]],
7.                     columns=list(‹ABCD›))
8.  # 用缺失值前面的一个值代替缺失值
9.  df.fillna(axis=1,method='ffill') # 以前一列为基准
10. df.fillna(axis=0,method='ffill') # 以前一行为基准
11. # 用指定的值进行填充
12. df.fillna(0)
13. # 针对不同的列，我们用不同的值填充
14. trans={'A': 9,'B': 8,'C': 7,'D': 6}
15. df.fillna(value=trans)
16. # 替换值限制为每列只替换一次
17. trans={'A': 9,'B': 8,'C': 7,'D': 6}
18. df.fillna(value=trans,limit=1)
19. # 使用均值 mean( ) 方法进行缺失值填充
20. df.fillna(df.mean())
```

在 Jupyter notebook 中逐行输入运行并查看结果，读者可以自行比较不同替换方法之间的差异。

```
    df.fillna(value=None,method=None,axis=None,inplace=False,limit=None,downcast=
None,)
```

上述代码中常用参数的含义：

value：填充缺失值的值。

axis：维度，默认 0，若 axis=0，则表示 index 行；若 axis=1，则表示 columns 列。

method：填充缺失值所用的方法。插值方式，默认 'ffill'，表示向前填充，或是向下填充；而 'bfill' 表示向后填充，或是向上填充。

limit：确定填充的个数，如果 limit=2，就表示只填充两个缺失值。

inplace：刷选过缺失值的新数据是存为副本还是直接在原数据上进行修改。

downcast：字典类型，默认值为 None。

3.1.2 异常值处理

异常值分析也被称为离群点分析，用于校验是否有录入错误及不合理的数据。异常值也被称为离群点，是指样本中的个别值，其数值明显偏离其他的观测值。具体分析方法有以下五种。

1. 简单统计分析

在进行异常值分析时，可以先对变量做一个描述性统计，以查看哪些数据是不合理的。常用的统计量是最大值和最小值，用来判断这个变量的取值是否超出了合理范围。

2. 3σ 原则

如果数据服从正态分布，在 3σ 原则下，异常值被定义为一组测定值中与平均值的偏差超过三倍标准差的值。在正态分布的假设下，距离平局值 3σ 之外的值出现的概率为：

$$P(|X-\mu|>3\sigma) \leqslant 0.003$$

属于极个别小概率事件，即可以判定为异常值。

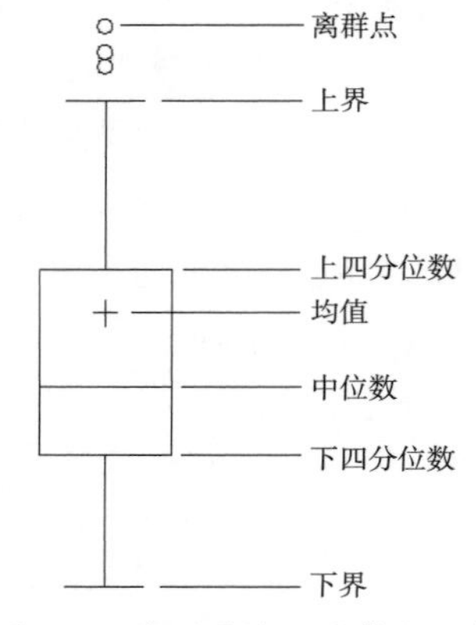

图 3-1　箱形图检测异常点示意

3. 箱形图分析

异常值定义：小于 QL−1.5IQR 或大于 QU+1.5IQR 的值。其中：QL（下四分位数），表示全部观察值中只有 1/4 的数据比它小；QU（上四分位数），表示全部观察值中只有 1/4 的数据比它大；IQR（四分位差距），是上四分位和下四分位之差，其间包含了去全部观察值的一半。图 3-1 所示的是箱形图检测异常点示意。

4. 小波变换

小波阈值去噪的基本问题包括三个方面：小波基的选择、阈值的选择和阈值函数的选择。

（1）小波基的选择：通常我们希望所选取的小波满足以下条件：正交性、高消失矩、紧支性、对称性或反对称性。但事实上具有上述性质的小波是不可能存在的，因为小波是对称或反对称的只有 Haar 小波，并且高消失矩与紧支柱是一对矛盾，所以在应用的时候，一般选取具有紧支的小波以及根据信号的特征来选取较为合适的小波。

（2）阈值的选择：直接影响去噪效果的一个重要因素就是阈值的选取，不同阈值的选取将有不同的去噪效果。目前主要有通用阈值（VisuShrink）、SureShrink 阈值、Minimax 阈值、BayesShrink 阈值等。

（3）阈值函数的选择：阈值函数是修正小波系数的规则，不同的反之函数体现了不同的处理小波系数的策略。常用的阈值函数有两种：一种是硬阈值函数；另一种是软阈值函数。还有一种介于软、硬阈值函数之间的 Garrote 函数。

5. PyOD 工具包

PyOD 是一个可扩展的 Python 工具包，用于检测多变量数据中的异常值。

（1）原则

实现原则的代码如下：

```
1. import pandas as pd
2. import numpy as np
3. import matplotlib.pyplot as plt
4. tips = pd.read_csv('data/tips.csv')
5. # 使用均值和标准差进行判断
6. tipmean=tips['tip'].mean()
7. tipstd = tips['tip'].std()
8. topnum1 =tipmean+2*tipstd
9. bottomnum1 = tipmean-2*tipstd
10.print('正常值的范围：',topnum1,bottomnum1)
11.print('是否存在超出正常范围的值：',any(tips['tip']>topnum1))
12.print('是否存在小于正常范围的值：',any(tips['tip']<bottomnum1))
13.# 使用上四中位数和下四中位数进行异常值判定
14.mean1 = tips['tip'].quantile(q=0.25)# 下四分位差
15.mean2 = tips['tip'].quantile(q=0.75)# 上四分位差
16.mean3 = mean2-mean1# 中位差
17.topnum2 = mean2+1.5*mean3
18.bottomnum2 = mean2-1.5*mean3
19.print('正常值的范围：',topnum2,bottomnum2)
20.print('是否存在超出正常范围的值：',any(tips['tip']>topnum2))
21.print('是否存在小于正常范围的值：',any(tips['tip']<bottomnum2))
22.# 可视化异常值
23.plt.boxplot(x=tips['tip'])
24.plt.show()
25.# 通常的处理方式是取数据中的最大、最小值进行异常值替换
26.replace_value1=tips['tip'][tips['tip']<topnum2].max()
27.tips.loc[tips['tip']>topnum2,'tip']=replace_value1
28.replace_value2=tips['tip'][tips['tip']>bottomnum2].min()
29.tips.loc[tips['tip']<bottomnum2,'tip']=replace_value2
30.# 可视化异常值
31.plt.boxplot(x=tips['tip'])
32.plt.show()
```

运行结果：

```
正常值的范围： 5.7655550665269555 0.23100231052222497
是否存在超出正常范围的值： True
是否存在小于正常范围的值： False
正常值的范围： 5.906249999999998 1.2187500000000004
```

```
是否存在超出正常范围的值： True
是否存在小于正常范围的值： True
```

由图3-2(a)所示可以看到，在使用最大、最小值替换异常值之后，上界之上的异常值消失了。

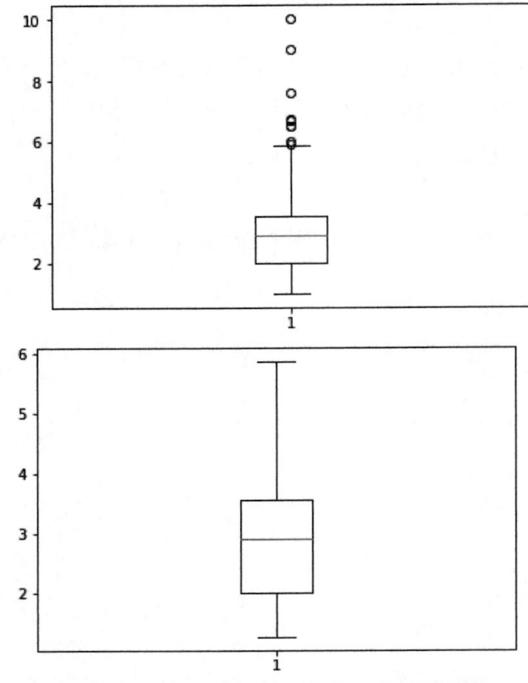

图 3-2（a） 异常值处理前、后的箱形图

（2）小波变化

实现小波变化的代码如下，注意阈值的选择：

```
1. import pywt
2. ecg = tips['tip'].values
3. def pywt_wave(ecg):
4.     index = []
5.     data = []
6.     for i in range(len(ecg)-1):
7.         X = float(i)
8.         Y = float(ecg[i])
9.         index.append(X)
10.        data.append(Y)
11.    w = pywt.Wavelet(‹db8›)                              # 选用 Daubechies8 小波
12.    maxlev = pywt.dwt_max_level(len(data), w.dec_len)
13.    print("maximum level is " + str(maxlev))
14.    threshold = 0.1                                      # 过滤（阈值）
15.    coeffs = pywt.wavedec(data, ‹db8›, level=maxlev)  # 将信号进行小波分解
16.    for i in range(1, len(coeffs)):
17.        coeffs[i] = pywt.threshold(coeffs[i], threshold*max(coeffs[i]))
                                                            # 将噪声滤波
18.    datarec = pywt.waverec(coeffs, ‹db8›)                # 将信号进行小波重构
19.    return datarec
20. datarec = pywt_wave(ecg)
21. # 可视化异常值
```

```
22. plt.boxplot(x=datarec)
23. plt.show()
```

运行结果：

```
maximum level is 4
```

由图 3-2（b）所示可以看到，在将信号进行小波分解后，上界之上的异常值消失了。

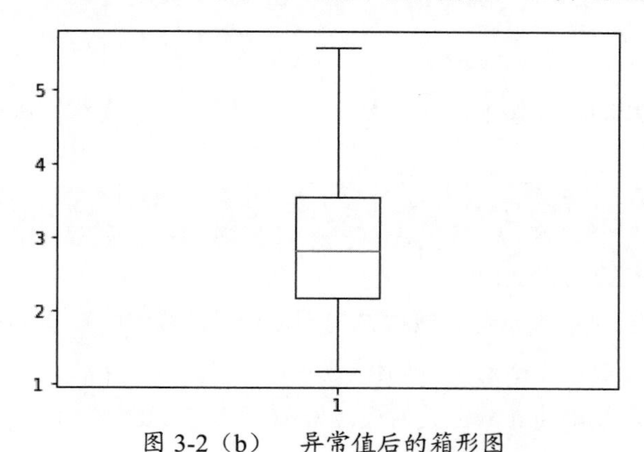

图 3-2（b）　异常值后的箱形图

（3）PyOD 库

可以通过 y_train_pred 的标签值对原始数据 tips['tip'] 进行提取或剔除。其代码如下：

```
1.  from pyod.models.knn import KNN    # imprt kNN 分类器
2.  data = tips['tip']
3.  # 训练一个 kNN 检测器
4.  clf_name = 'kNN'
5.  clf = KNN()                            # 初始化检测器 clf
6.  clf.fit(data)                          # 使用 X_train 训练检测器 clf
7.  # 返回训练数据 X_train 上的异常标签和异常分值
8.  y_train_pred = clf.labels_             # 返回训练数据上的分类标签 (0: 正常值，1: 异常值)
9.  y_train_scores = clf.decision_scores_  # 返回训练数据上的异常值 (分值越大越异常)
10. data['labels']  = y_train_pred
11. data['scores']  = y_train_scores
```

3.1.3　数据一致性处理

数据不一致性是指数据的矛盾性、不相容性。直接对不一致的数据进行挖掘，可能会产生与实际相违背的挖掘结果。

在数据挖掘过程中，不一致数据的产生主要发生在数据集成的过程中，这可能是由于被挖掘数据来自不同的数据源以及对于重复存放的数据未能进行一致性更新造成的。例如，两张表中都存储了用户的身份证号码，但在用户重新修改个人资料时，只更新了其中一张表中的数据，那么这两张表中就有了不一致的数据；又如，对不同网站的同一类型信息进行采集时，信息发布的格式可能不同，在入库的时候如未进行处理，使用时就需要统一时间的格式。其代码如下：

```
1.  import pandas as pd
2.  df = pd.DataFrame({'name':  [‹Alfred›, 'Batman', 'Catwoman'],
3.                      ‹toy›:  [np.nan, ‹Batmobile›, 'Bullwhip'],
```

```
4.                    <born>:  [<1949-10-01>,'1982-11-01 6: 00', '1990-12-31 12: 00: 00']})
5. df['born'] = pd.to_datetime(df['born']) # str 转换为 datetime 格式
6. print(df)
```

运行结果：

```
       name        toy         born
0    Alfred        NaN   1949-10-01 00: 00: 00
1    Batman  Batmobile   1982-11-01 06: 00: 00
2  Catwoman   Bullwhip   1990-12-31 12: 00: 00
```

核心函数及其参数的含义如下：（灰色背景的代码表示上面代码段中需要进行说明的核心函数）

```
pandas.to_datetime(arg,errors='raise',dayfirst=False,yearfirst=False,utc=None,format=None,exact=True,unit=None,infer_datetime_format=False,origin='unix',cache=True)
```

上述代码中常用参数的含义：

errors：参数为 raise 时，表示传入数据格式不符合时会报错；为 ignore 时，表示忽略报错，返回原数据；为 coerce 时，用 NaT 时间空值代替；

dayfirst：表示传入数据的前两位数为天。如 '030820'：2020-03-08；

yearfirst：表示传入数据的前两位数为年份。如 '030820'：2003-08-20；

format：自定义输出格式，如 '%Y-%m-%d'；

unit：可以为 ['D','h','m','ms','s','ns']；

infer_datetime_format：加速计算；

origin：自定义开始时间，默认为 1990-01-01。

3.2 数据变换

通常情况下，现实生产中的数据是杂乱的，不同的业务变量代表的含义也不同。数据变换就是对数据进行规范化处理，比如对数据进行标准化可以消除变量量纲的影响；用独热编码解决分类的唯一性等；在经过数据变换后的数据对象比较规整，基本可以满足数据分析或者数据建模的需要。

3.2.1 二元化

假设某网站需要根据年龄来进行物品推荐，如果把 50 岁以上的人分为中老年人，50 岁以下的分为非中老年人，那么根据二元化可以很简单地把 50 岁以上的定为 1，50 岁以下的定为 0，这样就方便我们后续进行推荐。Binarizer 就是根据阈值进行二元化，大于阈值的为 1.0，小于或等于阈值的为 0。下面构造一组数据进行二元化处理，具体代码如下：

```
1. from sklearn.preprocessing import Binarizer
2. def test_Binarizer():
3.     X=[    [1,2,3,4,5],
4.            [5,4,3,2,1],
5.            [3,3,3,3,3,],
6.            [1,1,1,1,1] ]
7.     print('before transform: ',X)
```

```
8.      binarizer=Binarizer(threshold=2.5)
9.      print('after transform: ',binarizer.transform(X))
10. test_Binarizer()
```

运行结果：

```
before transform:  [[1, 2, 3, 4, 5], [5, 4, 3, 2, 1], [3, 3, 3, 3, 3], [1, 1, 1, 1, 1]]
after transform:  [[0 0 1 1 1] [1 1 1 0 0] [1 1 1 1 1] [0 0 0 0 0]]
```

由运行结果可以看到，在二元化后，所有小于 2.5 的属性的值都转换为 0；所有大于 2.5 的属性的值都转换为 1。

```
Binarizer(threshold=0.0,copy=True)
```

（1）上述代码中参数的含义

threshold：浮点型，它指定了属性阈值。低于此阈值的属性转换为 0，高于此阈值的属性转换为 1。对于稀疏矩阵，该参数必须大于或等于 0。

copy：布尔值，如果为 True，则执行原地修改 (节省空间，但修改了原始数据)。

（2）二元化方法

fit(X[,y])：求训练集 X 均值、方差、最大值、最小值等固有属性，主要用于流水线 Pipeline。

transform(X[,y,copy])：在 fit 的基础上，进行二元化。

fit_transform(X[,y])：fit 和 transform 的组合，表示直接将样本二元化。

3.2.2 独热码

在机器学习算法中，我们经常会遇到分类特征，例如：人的性别有男女，国家有中国、美国、法国等。这些特征值并不是连续的，而是离散的、无序的。对其进行特征数字化，就需要用到独热码。

独热码又称为一位有效编码，主要是采用 N 位状态寄存器来对 N 个状态进行编码，每个状态都有独立的寄存器位，并且在任意时候都只有一位有效。独热码是分类变量作为二进制向量的表示。首先要求将分类值映射到整型值；然后，每个整型值被表示为二进制向量，除了整型的索引之外，它都是零值，并被标记为 1。下面构造一组数据进行独热码编码处理，代码如下：

```
1. from sklearn.preprocessing import OneHotEncoder
2. def test_OneHotEncoder():
3.      X=[   [1,2,3,4,5],
4.            [5,4,3,2,1],
5.            [3,3,3,3,3,],
6.            [1,1,1,1,1] ]
7.      print('before transform: ',X)
8.      encoder=OneHotEncoder(sparse=False)
9.      encoder.fit(X)
10.     print('active_features_: ',encoder.active_features_)
11.     print('feature_indices_: ',encoder.feature_indices_)
12.     print('n_values_: ',encoder.n_values_)
13.     print('after transform: ',encoder.transform( [[1,2,3,4,5]]))
14. test_OneHotEncoder()
```

运行结果：

```
before transform: [[1, 2, 3, 4, 5], [5, 4, 3, 2, 1], [3, 3, 3, 3, 3], [1, 1, 1, 1, 1]]
active_features_: [ 1  3  5  7  8  9 10 12 14 16 17 18 19 21 23 25]
feature_indices_: [ 0  6 11 15 20 26]
n_values_: [6 5 4 5 6]
after transform: [[1. 0. 0. 0. 1. 0. 0. 0. 1. 0. 0. 0. 1. 0. 0. 1.]]
```

第 10 行，encoder.active_features_ 给出了激活特征。可以看到：第一个原始特征没有出现数值 0，2，4，因此转换后的 26 个特征中，对应编码的特征未激活(转换后的特征下标为 0，2，4)；第二个原始特征没有出现数值 0，因此转换后的 26 个特征中，对应编码的特征未激活(转换后的特征下标为 6)；第三个原始特征没有出现数值 0，2，因此转换后的 26 个特征中，对应编码的特征未激活(转换后的特征下标为 11，13)；第四个原始特征没有出现数值 0，因此转换后的 26 个特征中，对应编码的特征未激活(转换后的特征下标为 15)；第五个原始特征没有出现数值 0，2，4，因此转换后的 26 个特征中，对应编码的特征未激活(转换后的特征下标为 20，22，24)。因此，激活特征列表为 [1 3 5 7 8 9 10 12 14 16 17 18 19 21 23 25]。

第 11 行，encoder. feature_ indices_ 给出了每个原始特征在转换后特征的起始区间：第一个原始特征在转换后的特征区间为 [0，6)；第二个原始特征在转换后的特征区间为 [6，11)；第三个原始特征在转换后的特征区间为 [11，15)；第四个原始特征在转换后的特征区间为 [15，20)；第五个原始特征在转换后的特征区间为 [20，26)。

第 12 行，n_values_ 给出了每个原始属性的取值的种类，这里为 6，5，4，5，6。

第 13 行，样本 [1，2，3，4，5] 经过独热编码之后的值为 [[1.0.0.0.1.0.0.0.1.0.0.0.1.0.0.1.1]]。这里本应该为 26 位编码，但是考虑到剔除未激活特征，只给出了激活特征，因此这里只有 16 位编码。

```
OneHotEncoder(n_values=None,categorical_features=None,categories=None,sparse=True,dtype=<class 'numpy.float64'>,handle_unknown='error',)
```

（1）上述代码中参数的含义

n_values：字符串 'auto'，或者整型，或由整型组成的列表，它指定了每个属性取值的上界。'auto'：自动从训练数据中推断属性值取值的上界；整型：指定了所有属性取值的上界；整型的列表：每个元素依次指定了取值的上界。

categorical_features：字符串 'all'，或者下标的列表，或者是 'mask'，指定哪些属性需要编码独热码。'all'：所有的属性都将编码为独热码。

sparse：布尔值，指定结果是否稀疏。

dtype：指定独热码编码的数值类型，默认为 np.float。

handle_unknown：字符串，如果进行数据转换时，遇到了某个集合类型的属性，但是该属性未列入 categorical_features 时，可以指定为 'error' 表示抛出异常；'ignore' 为忽略。

（2）独热码的属性

active_features_：列表，给出激活特征。元素的意义：如果原始数据的某个属性的某个取值在转换后数据的第 i 个属性中被激活，则 i 是列表的元素。该属性仅当 n_values='auto' 时有效。

feature_indices_：列表，元素的意义：原始数据的第 i 个属性对应转换后数据的 [feature_

indices_[i]，feature_indices_[i+1]) 之间的属性。

n_values_：列表，存放每个属性取值的种类(一般为训练数据中该属性取值的最大值加 1)。

（3）独热码编码的方法

fit(X,y)：训练 One Hot Encoder。

transform(X)：对原始数据执行独热码编码，最终结果值由选取 active_ features 下标中的元素组成。

fit_transform(X,y)：训练 One Hot Encoder, 然后对原始数据执行独热码编码。

3.2.3　标准化

对于同一个特征，不同样本中的取值可能相差较大，一些异常小或异常大的数据会误导模型的正确训练；另外，如果数据的分布很分散也会影响训练结果。此时，我们可以将特征中的值进行标准差标准化，即转换为均值为 0、方差为 1 的正态分布。如果特征非常稀疏，并且有大量的 0（现实应用中很多特征都具有这个特点），Z-score 标准化的过程几乎就是一个除 0 的过程，结果不可预料。所以在训练模型之前，一定要对特征的数据分布进行探索，并考虑是否有必要将数据进行标准化。基于特征值的均值（Mean）和标准差（Standard Deviation）进行数据的标准化。

如果机器学习模型使用梯度下降法求最优解时，标准化往往非常有必要，否则很难收敛甚至不能收敛。一些分类器需要计算样本之间的距离（如欧几里得距离），如 KNN。如果一个特征值域范围较大，那么距离计算就主要取决于这个特征值，从而与实际值相悖，这就需要标准化，可以有效提高求解速度。

1. MinMaxScaler

MinMaxScaler 本质上是将数据点映射到了 [0,1] 区间（默认），在实际使用中也可以指定参数 feature_range，映射到其他区间，代码如下：

```
1. from sklearn.preprocessing import MinMaxScaler,MaxAbsScaler,StandardScaler
2. def test_MinMaxScaler():
3.     X=[    [1,5,1,2,10],
4.       [2,6,3,2,7],
5.       [3,7,5,6,4,],
6.       [4,8,7,8,1] ]
7.     print('before transform: ',X)
8.     scaler=MinMaxScaler(feature_range=(0,2))
9.     scaler.fit(X)
10.    print('min_ is : ',scaler.min_)
11.    print('scale_ is : ',scaler.scale_)
12.    print('data_max_ is : ',scaler.data_max_)
13.    print('data_min_ is : ',scaler.data_min_)
14.    print('data_range_ is : ',scaler.data_range_)
15.    print('after transform: ',scaler.transform(X))
16. test_MinMaxScaler()
```

运行结果：

```
before transform :  [[1, 5, 1, 2, 10], [2, 6, 3, 2, 7], [3, 7, 5, 6, 4], [4, 8, 7, 8, 1]]
min_ is :  [-0.66666667 -3.33333333 -0.33333333 -0.66666667 -0.22222222]
```

```
scale_ is :  [0.66666667 0.66666667 0.33333333 0.33333333 0.22222222]
data_max_ is :  [ 4.   8.   7.   8. 10.]
data_min_ is :  [1. 5. 1. 2. 1.]
data_range_ is :  [3. 3. 6. 6. 9.]
after transform:  [[0.         0.         0.         0.         2.        ]
 [0.66666667 0.66666667 0.66666667 0.         1.33333333]
 [1.33333333 1.33333333 1.33333333 1.33333333 0.66666667]
 [2.         2.         2.         2.         0.        ]]
```

```
MinMaxScaler(feature_range=(0, 1),copy=True)
```

（1）参数

feature_range：元组 (min,max)，指定了预期变换之后属性的取值范围。

copy：布尔值，如果为 True，就执行原地修改（可节省空间，但修改了原始数据）。

（2）属性

min_：列表，给出了每个属性的原始的最小值的调整值。

scale_：列表，给出了每个属性的缩放倍数。

data_min_：列表，给出了每个属性的原始的最小值。

data_max_：列表，给出了每个属性的原始的最大值。

data a_range_：列表，给出了每个属性的原始的范围 (最大值减最小值)。

（3）方法

fit([X,y])：计算每个属性的最小值和最大值从而为后续的转换做准备。

transform()：执行属性的标准化。

fit_transform([X,y])：计算每个属性的最小值和最大值，然后执行属性的标准化。

inverse_transform(X)：逆标准化，还原成原始数据。

partialfit([X,y])：批量学习或学习部分数据。

2. MaxAbsScaler

MaxAbsScaler 是根据最大值的绝对值进行标准化。假设某列原数据为 X，则新数据为 X/|max|，代码如下：

```
1. def test_MaxAbsScaler():
2.     X=[    [1,5,1,2,10],
3.       [2,6,3,2,7],
4.       [3,7,5,6,4,],
5.       [4,8,7,8,1] ]
6.     print('before transform: ',X)
7.     scaler=MaxAbsScaler()
8.     scaler.fit(X)
9.     print('scale_ is : ',scaler.scale_)
10.    print('max_abs_ is : ',scaler.max_abs_)
11.    print('after transform: ',scaler.transform(X))
12. test_MaxAbsScaler()
```

运行结果：

```
before transform  [[1, 5, 1, 2, 10], [2, 6, 3, 2, 7], [3, 7, 5, 6, 4], [4, 8, 7, 8, 1]]
min_ is :  [-0.66666667 -3.33333333 -0.33333333 -0.66666667 -0.22222222]
scale_ is :  [0.66666667 0.66666667 0.33333333 0.33333333 0.22222222]
data_max_ is :  [ 4.   8.   7.   8. 10.]
```

```
data_min_ is :  [1. 5. 1. 2. 1.]
data_range_ is :  [3. 3. 6. 6. 9.]
after transform:  [[0.         0.         0.         0.         2.        ]
 [0.66666667 0.66666667 0.66666667 0.         1.33333333]
 [1.33333333 1.33333333 1.33333333 1.33333333 0.66666667]
 [2.         2.         2.         2.         0.        ]]
```

标准化后，每个属性值的绝对值都在 [0,1] 之间。

```
MaxAbsScaler(copy=True)
```

（1）参数

copy：布尔值，如果为 True，就执行原地修改（可节省空间，但修改了原始数据）。

（2）属性

scale_：列表，给出了每个属性的缩放倍数。

max_abs_：列表，给出了每个属性的绝对值的最大值。

n_samplesseen_：整型，给出了当前已经处理的样本的数量 (用于分批训练)。

（3）方法

fit([X,y])：计算每个属性的最小值和最大值从而为后续的转换做准备。

transform()：执行属性的标准化。

fit_transform([X,y])：计算每个属性的最小值和最大值，然后执行属性的标准化。

inverse_transform(X)：逆标准化，还原成原始数据。

partialfit([X,y])：批量学习，学习部分数据。

3. StandardScaler

经 StandardScaler 处理的数据符合标准正态分布，即均值为 0，标准差为 1。StandardScaler 针对每一个特征维度去均值和方差归一化，而不是针对样本，代码如下：

```
1. def test_StandardScaler():
2.     X=[    [1,5,1,2,10],
3.        [2,6,3,2,7],
4.        [3,7,5,6,4,],
5.        [4,8,7,8,1] ]
6.     print('before transform: ',X)
7.     scaler=StandardScaler()
8.     scaler.fit(X)
9.     print('scale_ is : ',scaler.scale_)
10.    print('mean_ is : ',scaler.mean_)
11.    print('var_ is : ',scaler.var_)
12.    print('after transform: ',scaler.transform(X))
13. test_StandardScaler()
```

运行结果：

```
before transform  [[1, 5, 1, 2, 10], [2, 6, 3, 2, 7], [3, 7, 5, 6, 4], [4, 8, 7, 8, 1]]
scale_ is :  [1.11803399 1.11803399 2.23606798 2.59807621 3.35410197]
mean_ is :  [2.5 6.5 4.  4.5 5.5]
var_ is :  [ 1.25   1.25   5.     6.75 11.25]
after transform:  [[-1.34164079 -1.34164079 -1.34164079 -0.96225045  1.34164079]
 [-0.4472136  -0.4472136  -0.4472136  -0.96225045  0.4472136 ]
 [ 0.4472136   0.4472136   0.4472136   0.57735027 -0.4472136 ]
 [ 1.34164079  1.34164079  1.34164079  1.34715063 -1.34164079]]
```

```
StandardScaler(copy=True,with_mean=True,with_std=True)
```

（1）参数

copy：布尔值，如果为 True，就执行原地修改 (可节省空间，但修改了原始数据)。

withmean：布尔值，如果为 True，就在缩放之前先将数据中心化 (即属性值减去该属性的均值)。如果元素数据是稀疏矩阵的形式，就不能指定 with_mean=True。

with_std：布尔值，如果为 True，就缩放数据到单位方差。

（2）属性

scale_：列表，给出了每个属性的缩放倍数的倒数。

mean_：列表，给出了原始数据的每个属性的均值。

var_：列表，给出了原始数据的每个属性的方差。

n_samples_seen_：整型，给出了当前已经处理的样本的数量 (用于分批训练)。

（3）方法

fit([X,y])：计算每个属性的最小值和最大值从而为后续的转换作准备。

transform()：执行属性的标准化。

fit_transform([X,y])：计算每个属性的最小值和最大值，然后执行属性的标准化。

inverse_transform(X)：逆标准化，还原成原始数据。

partialfit([X,y])：批量学习，学习部分数据。

注意，MinMaxScaler、MaxAbsScaler 缩放仅仅跟最大值、最小值的差别有关（归一化）。StandardScaler（标准化）缩放和每个点都有关系，通过方差体现出来。与归一化对比，后者中所有数据点都有贡献，也可以将归一化看作标准化的一个特例。

3.2.4　正则化

正则化的主要思想是对每个样本计算其 p- 范数，然后对该样本中每个元素除以该范数，这样处理的结果是使得每个处理后样本的 p- 范数（L1-norm 对每个样本的每一个元素都除以该样本的 L1 范数，L2-norm 对每个样本的每一个元素都除以该样本的 L2 范数）等于 1。正则化主要应用于文本分类和聚类中。例如，对于两个 TF-IDF 向量的 L2-norm 进行点积运算，就可以得到这两个向量的余弦相似性，代码如下：

```
1. from sklearn.preprocessing import Normalizer
2. def test_Normalizer():
3.     X=[    [1,2,3,4,5],
4.            [5,4,3,2,1],
5.            [1,3,5,2,4,],
6.            [2,4,1,3,5] ]
7.     print('before transform: ',X)
8.     normalizer=Normalizer(norm=›l2›)
9.     print('after transform: ',normalizer.transform(X))
10. test_Normalizer()
```

运行结果：

```
before transform:  [[1, 2, 3, 4, 5], [5, 4, 3, 2, 1], [1, 3, 5, 2, 4], [2, 4, 1, 3, 5]]
```

```
after transform:  [[0.13483997 0.26967994 0.40451992 0.53935989 0.67419986]
 [0.67419986 0.53935989 0.40451992 0.26967994 0.13483997]
 [0.13483997 0.40451992 0.67419986 0.26967994 0.53935989]
 [0.26967994 0.53935989 0.13483997 0.40451992 0.67419986]]
```

```
Normalizer(norm='l2',copy=True)
```

（1）参数：

norm：字符串，指定正则化方法。l1：采用 L1 范数正则化；l2：采用 L2 范数正则化；max：采用 L 范数正则化。

copy：布尔值，如果为 True，就执行原地修改 (可节省空间，但修改了原始数据)。

（2）方法

fit([X,y])：计算每个属性的最小值和最大值从而为后续的转换作准备。

transform()：执行属性的标准化。

fit_transform([X,y])：计算每个属性的最小值和最大值，然后执行属性的标准化。

3.2.5　数据变换应用

在 SKlearn 中常用的三种数据变化函数作用及区别如下：

fit()：简单来说，就是求得训练集 X 的均值、方差、最大值和最小值这些训练集 X 固有的属性。

transform()：在 fit 的基础上，对数据进行标准化、降维、归一化等操作（如 StandardScaler、PCA 等）。

fit_transform()：是 fit 和 transform 的组合，既包括了训练又包含了转换。

transform() 和 fit_transform() 二者的功能都是对数据进行某种统一处理（比如标准化 ~N(0,1)，将数据缩放 (映射) 到某个固定区间、归一化、正则化等）。其中，fit_transform(trainData) 对部分数据先拟合 fit，找到该 part 的整体指标，如均值、方差、最大值和最小值等（根据具体转换的目的），然后对该 trainData 进行转换 transform，从而实现数据的标准化、归一化。

注意，必须先用 fit_transform(trainData)，之后再使用 transform(testData)；如果直接使用 transform(testData)，程序会报错；针对测试集，如果直接使用 fit_transform(testData) 而非 transform(testData)，虽然也能归一化，但是两个结果不是在同一个“标准”下的，结果会有明显差异。

对于外部新的预测数据，需要对其进行同等训练“标准”的预处理，这个时候就要用到 inverse_transform() 函数查看变换“标准”（规则）。例如训练集及测试集采用二元化处理，新的预测数据就需要进行二元化预处理。

3.3　数据降维

机器学习模型拟合的输入数据往往是多维数据，这个维度可能会非常庞大。比如统计一篇文章中的单词频率，就可以把文章看成单词的向量。而单词的数量又非常庞大，且每个单词都是一个维度，这样大维度的数据在拟合时会非常耗费计算资源。也就是说，出现了维度灾难。遇到维度灾难，我们一般都会使用降维算法来压缩数据量，以减少模型训练消耗的存储资源和计算资源。

对于维度大的数据，维度之间往往会存在相关性，这种相关性导致数据产生了冗余。比如两条信息，第一条说这个人是男的，第二条说这个人不是女的，那这两条信息就是相关的，就可以灭掉一条。降维的作用就是消除这种冗余信息。降维还可以剔去信息量小的信息，以实现信息的压缩。比如图片就可以使用降维算法来实现压缩。

3.3.1 主成分分析

主成分分析（Principal Component Analysis，PCA）是较常用的无监督降维算法。其原理是寻找方差最大维度，最大化类间样本的方差（如图 3-3 所示），代码如下：

```
1. import numpy as np
2. import matplotlib.pyplot as plt
3. from sklearn import   datasets,decomposition
4. # 加载数据集
5. iris=datasets.load_iris()# 使用 scikit-learn 自带的 iris 数据集
6. X,y = iris.data,iris.target
7. def test_PCA(*data):
8.     X,y=data
9.     pca=decomposition.PCA(n_components=None) # 使用默认的 n_components
10.    pca.fit(X)
11.    print('explained variance ratio :  %s'% str(pca.explained_variance_ratio_))
12. def plot_PCA(*data):
13.    X,y=data
14.    pca=decomposition.PCA(n_components=2) # 目标维度为二维
15.    pca.fit(X)
16.    X_r=pca.transform(X) # 原始数据集转换到二维
17.    ###### 绘制二维数据 ########
18.    fig=plt.figure()
19.    ax=fig.add_subplot(1,1,1)
20.    colors=((1,0,0),(0,1,0),(0,0,1),(0.5,0.5,0),(0,0.5,0.5),(0.5,0,0.5),
21.         (0.4,0.6,0),(0.6,0.4,0),(0,0.6,0.4),(0.5,0.3,0.2),) # 颜色集合，不同标
记的样本染不同的颜色
22.    for label ,color in zip( np.unique(y),colors):
23.        position=y==label
24.        ax.scatter(X_r[position,0],X_r[position,1],label=›target= %d›%label,
color=color)
25.
26.    ax.set_xlabel(‹X[0]›)
27.    ax.set_ylabel(‹Y[0]›)
28.    ax.legend(loc=›best›)
29.    ax.set_title(‹PCA›)
30.    plt.show()
31. test_PCA(X,y)   # 调用 test_PCA
32. plot_PCA(X,y)   # 调用 plot_PCA
```

运行结果：

```
explained variance ratio :  [0.92461872 0.05306648 0.01710261 0.00521218]
```

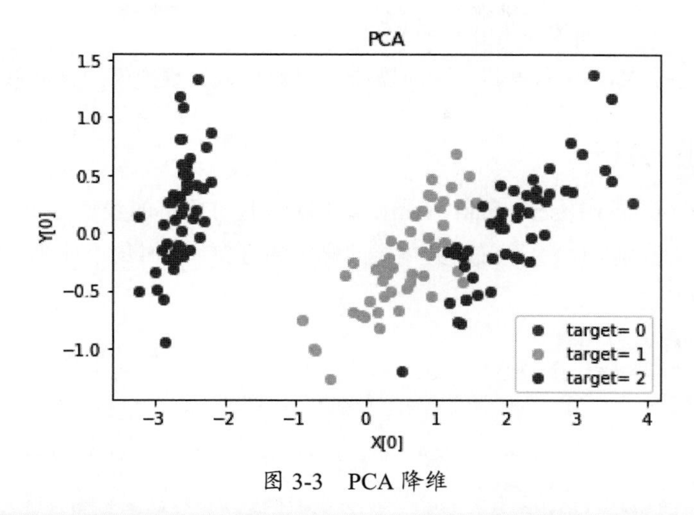

图 3-3　PCA 降维

```
decomposition.PCA(n_components=None,copy=True,whiten=False,svd_solver=' auto' ,tol=0.0,iterated_power=' auto' ,random_state=None,)
```

（1）参数

n_components：整型，指定降维后的维数。若为 None，则选择它的值为 min(n_samples，n_features)；若为字符串 'mle'，则使用 Minka "sMLE" 法来猜测降维后的维数。如果为大于 0 且小于 1 的浮点型，就指定的是降维后的维数占原始维数的百分比。

copy：布尔值。如果为 False，就直接使用原始数据来训练，结果会覆盖原始数据所在的列表。

whiten：布尔值。如果为 True，就会将特征向量除以 samples 倍的特征值，从而保证非相关输出的方差为 1。

svd_solver：指定奇异值分解 SVD 的方法，由于特征分解是奇异值分解 SVD 的一个特例，一般的 PCA 库都是基于 SVD 实现的。有 4 个可以选择的值：{'auto','full','arpack','randomized'}。其中，randomized 一般适用于数据量大、数据维度多同时主成分数目比例又较低的 PCA 降维，它使用了一些加快 SVD 的随机算法；full 则是传统意义上的 SVD，使用了 scipy 库对应的实现；arpack 和 randomized 的适用场景类似，区别是 randomized 使用的是 SKlearn 自己的 SVD 实现，而 arpack 直接使用了 scipy 库的 sparse SVD 实现。默认是 auto，即 PCA 类会自己在前面讲到的三种算法里面去权衡，选择一个合适的 SVD 算法来降维。

（2）属性

components_：主成分列表。

explained_variance_ratio_：列表，元素是每个主成分的 explained variance 的比例。

mean_：列表，元素是每个特征的统计平均值。

n_components_：整型，指示主成分有多少个元素。

（3）方法

fit([X,y])：训练模型。

transform(X)：执行降维。

fit_transform([X,y])：训练模型并且降维。

inverse_transform(X)：执行升维 (逆向操作), 将数据从低维空间逆向转换到原始空间。

3.3.2 线性判别分析

线性判别分析（Linear Discriminant Analysis，LDA）是有监督的线性分类器，需要 fit(X, y)。LDA 与 PCA 的最大区别：LDA 不仅最大化类间样本的方差，同时最小化类内样本的方差（如图 3-4 所示），代码如下：

```
1. import numpy as np
2. import matplotlib.pyplot as plt
3. from sklearn import   datasets,decomposition
4. # 加载数据集
5. iris=datasets.load_iris()# 使用 scikit-learn 自带的 iris 数据集
6. X,y = iris.data,iris.target
7. def plot_LDA(*data):
8.     X,y=data
9.     LDA=LDA( n_components=2)
10.    LDA.fit(X,y)
11.    X_r=LDA.transform(X) # 原始数据集转换到二维
12.    ###### 绘制二维数据 ########
13.    fig=plt.figure()
14.    ax=fig.add_subplot(1,1,1)
15.    colors=((1,0,0),(0,1,0),(0,0,1),(0.5,0.5,0),(0,0.5,0.5),(0.5,0,0.5),
16.         (0.4,0.6,0),(0.6,0.4,0),(0,0.6,0.4),(0.5,0.3,0.2),) # 颜色集合，不同标
记的样本染不同的颜色
17.    for label ,color in zip( np.unique(y),colors):
18.        position=y==label
19.        ax.scatter(X_r[position,0],X_r[position,1],label=›target= %d›%label,
color=color)
20.    ax.set_xlabel(‹X[0]›)
21.    ax.set_ylabel(‹Y[0]›)
22.    ax.legend(loc=›best›)
23.    ax.set_title(‹LDA›)
24.    plt.show()
25. plot_LDA(X,y)   # 调用 plot_LDA
```

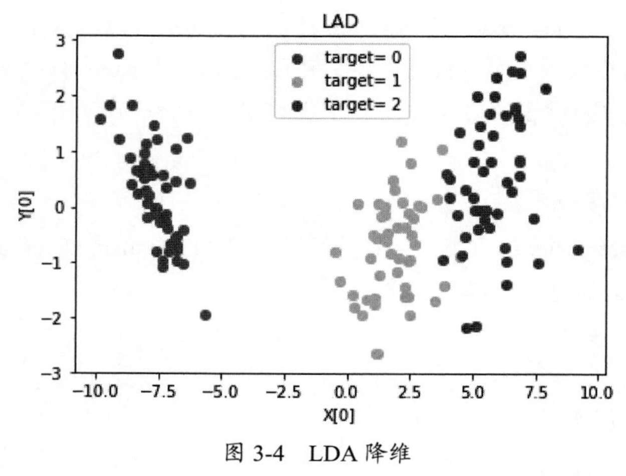

图 3-4　LDA 降维

```
LDA(solver='svd',shrinkage=None,priors=None,n_components=None,store_
covariance=False,tol=0.0001,)
```

（1）参数

solver：指定求解最优化问题的算法。其中，'svd' 表示使用奇异值分解求解，不用计算协方差矩阵，适用于特征数量很大的情形，无法使用参数收缩（shrinkage）；'lsqr' 表示最小平方差算法，可以结合 shrinkage 参数；'eigen' 表示特征值分解算法，可以结合 shrinkage 参数。

shrinkage：字符串或浮点型，是否使用参数收缩。

priors：用于 LDA 中贝叶斯规则的先验概率，当为 None 时，每个类 priors 为该类样本占总样本的比例；当为自定义值时，如果概率之和不为 1，就按照自定义值进行归一化。

n_components：整型，指定降维后的维数。如果为 None，就选择它的值为 min(n_samples，n_features)；如果为字符串 'mle'，就使用 Minka"sMLE" 法来猜测降维后的维数。如果为大于 0 且小于 1 的浮点型，就指定的是降维后的维数占原始维数的百分比。None 表示不适用参数收缩。

store_covariance：是否计算每个类的协方差矩阵，0.19 版本删除。

tol：计算精度。浮点型，默认为 1e-3。

（2）属性

components_：主成分列表。

priors_：归一化的先验概率。

mean_：列表，元素是每个特征的统计平均值。

rotations_：LDA 分析得到的主轴。

scalings_：数组列表，每个高斯分布的方差。

（3）方法

fit([X,y])：训练模型。

transform(X)：执行降维。

fit_transform([X,y])：训练模型并且降维。

（4）参数测评

①参数 solver 的测评代码如下：

```
1. from sklearn.model_selection import train_test_split
2. from sklearn import discriminant_analysis
3. def test_LinearDiscriminantAnalysis_solver(*data):
4.     X_train,X_test,y_train,y_test=data
5.     solvers=[‹svd›,'lsqr','eigen']
6.     for solver in solvers:
7.         if(solver=='svd'):
8.             lda=discriminant_analysis.LinearDiscriminantAnalysis(solver=solver)
9.         else:
10.             lda=discriminant_analysis.LinearDiscriminantAnalysis(solver=solv
              er,shrinkage=None)
11.         lda.fit(X_train,y_train)
12.         print('Score at solver=%s:%.2f'%(solver,lda.score(X_test,y_test)))
13.X_train,X_test,y_train,y_test=train_test_split(X,y,test_size=0.25,random_
   state=0,stratify=y)
```

```
14. test_LinearDiscriminantAnalysis_solver(X_train,X_test,y_train,y_test)
```

运行结果：

```
Score at solver=svd:1.00
Score at solver=lsqr:1.00
Score at solver=eigen:1.00
```

② 参数 shrinkage 的测评代码如下：

```
1. def test_LinearDiscriminantAnalysis_shrinkage(*data):
2.     X_train,X_test,y_train,y_test=data
3.     shrinkages=np.linspace(0.0,1.0,num=20)
4.     scores=[]
5.     for shrinkage in shrinkages:
6.         lda=discriminant_analysis.LinearDiscriminantAnalysis(solver=›lsqr›,
7.         shrinkage=shrinkage)
8.         lda.fit(X_train,y_train)
9.         scores.append(lda.score(X_train,y_train))
10.    # 绘图
11.    fig=plt.figure()
12.    ax=fig.add_subplot(1,1,1)
13.    ax.plot(shrinkages,scores)
14.    ax.set_xlabel(r›shrinkage›)
15.    ax.set_ylabel(r›score›)
16.    ax.set_ylim(0,1.05)
17.    ax.set_title(‹LinearDiscriminantAnalysis›)
18.    plt.show()
19. X_train,X_test,y_train,y_test=train_test_split(X,y,test_size=0.25,random_
    state=0,stratify=y)
20. test_LinearDiscriminantAnalysis_shrinkage(X_train,X_test,y_train,y_test)
```

图 3-5 所示的 shrinkage 参数对模型的影响。

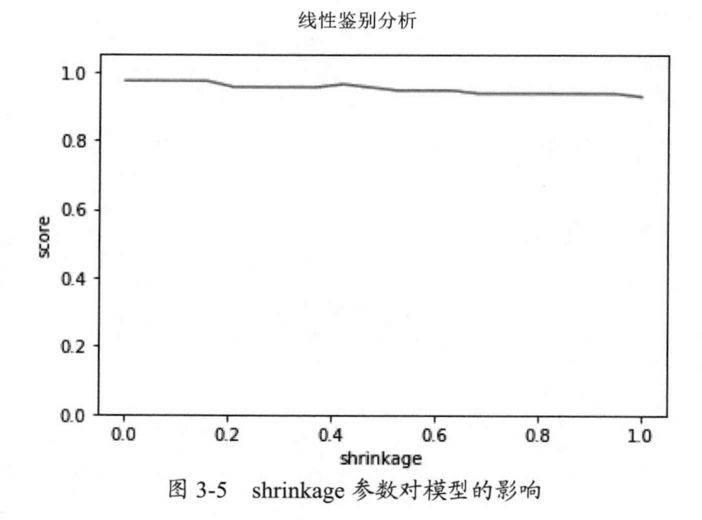

图 3-5　shrinkage 参数对模型的影响

3.3.3　多维缩放降维

多维缩放降维（Multi-dimensional Scaling，MDS）的原理就是保持新空间与原空间的相对位置关系不变。常用于市场调研和心理学数据分析。

多维缩放降维的代码如下：

```
1. from sklearn import  manifold
2. def test_MDS(*data):
3.     X,y=data
4.     for n in [4,3,2,1]:  # 依次检查降维目标为 4 维、3 维、2 维、1 维
5.         mds=manifold.MDS(n_components=n)
6.         mds.fit(X)
7.         print('stress(n_components=%d) :  %s'% (n, str(mds.stress_)))
8. def plot_MDS(*data):
9.     X,y=data
10.    mds=manifold.MDS(n_components=2)
11.    X_r=mds.fit_transform(X) #原始数据集转换到二维
12.
13.    ### 绘制二维图形
14.    fig=plt.figure()
15.    ax=fig.add_subplot(1,1,1)
16.    colors=((1,0,0),(0,1,0),(0,0,1),(0.5,0.5,0),(0,0.5,0.5),(0.5,0,0.5),
17.         (0.4,0.6,0),(0.6,0.4,0),(0,0.6,0.4),(0.5,0.3,0.2),)# 颜色集合，不同标记的
                                                                 样本染不同的颜色
18.    for label ,color in zip( np.unique(y),colors):
19.        position=y==label
20.        ax.scatter(X_r[position,0],X_r[position,1],label=›target= %d›%label,
           color=color)
21.
22.    ax.set_xlabel(‹X[0]›)
23.    ax.set_ylabel(‹X[1]›)
24.    ax.legend(loc=›best›)
25.    ax.set_title(‹MDS›)
26.    plt.show()
27.
28. test_MDS(X,y)    # 调用 test_MDS
29. plot_MDS(X,y)    # 调用 plot_MDS
```

运行结果（见图 3-6）：

```
stress(n_components=4) :  12.656453998214413
stress(n_components=3) :  13.6214782759209
stress(n_components=2) :  162.43726835791094
stress(n_components=1) :  30587.98079801432
```

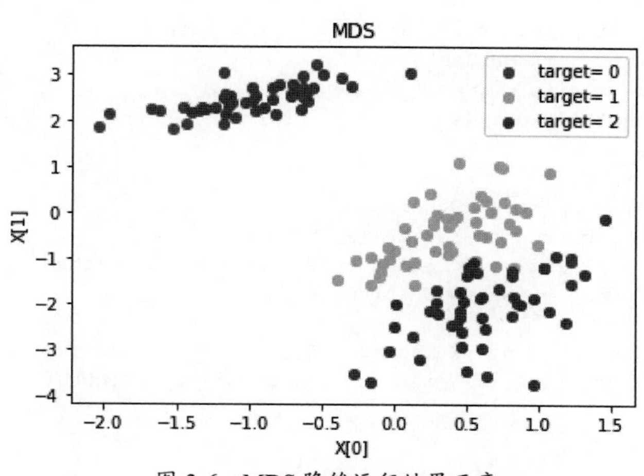

图 3-6　MDS 降维运行结果示意

核心函数及其参数、属性和方法如下：

```
manifold.MDS(n_components=2,metric=True,n_init=4,max_iter=300,verbose=0,eps=0.001,n_jobs=None,random_state=None,dissimilarity='euclidean')
```

（1）参数

n_components：整型，指定低维空间。

metric：布尔值。若为 True，则使用距离度量；否则使用非距离度量 SMACOF。

n_init：整型，指定初始化的次数。在使用 SMACOF 算法时，会选择 init 次不同的初始值，然后选择这些结果中最好的那个作为最终结果。

maxiter：整型。指定在使用 SMACOF 法时，得到一轮结果需要的最大迭代次数。

eps：浮点型，用于指定收敛阈值。

njobs：整型，指定并行性。默认为 -1，表示派发任务到所有计算机的 CPU 上。

randomstate：整型或者 RandomState 实例，或者 none。

dissimilarity：字符串，用于定义如何计算相似度。'euclidean' 表示使用欧氏距离；'precomputed' 表示由使用者提供距离矩阵。

（2）属性

embedding_：给出了原始数据集在低维空间中的嵌入矩阵。

stress_：浮点型，给出了不一致的距离的总和。

（3）方法

fit([X,y])：训练模型。

fit_transform([X,y])：训练模型并返回转换后的低维坐标。

3.3.4 流形学习

流形学习即 Isomap 算法是等距映射（Isometric Mapping）的缩写。Isomap 可以被视为多维缩放（Multi-dimensional Scaling，MDS）或核主成分分析的扩展。Isomap 寻求一个较低维度的嵌入，并保持所有点之间的测量距离。Isomap 可以通过对象执行。

执行 Isomap 对象的代码如下：

```
1. import matplotlib.pyplot as plt
2. from sklearn import datasets
3. from sklearn.manifold import Isomap
4. iris = datasets.load_iris()
5. X = iris.data
6. y = iris.target
7. fig, ax = plt.subplots(1,3,figsize=(15, 5))
8. for idx, neighbor in enumerate([2, 20, 100]):
9.     isomap = Isomap( n_components=2, n_neighbors=neighbor)
10.    new_X_isomap = isomap.fit_transform(X)
11.
12.    ax[idx].scatter(new_X_isomap[:,0], new_X_isomap[:,1], c=y)
13.    ax[idx].set_title(«Isomap (n_neighbors=%d)»%neighbor)
14. plt.show()
```

运行结果（如图 3-7 所示）：

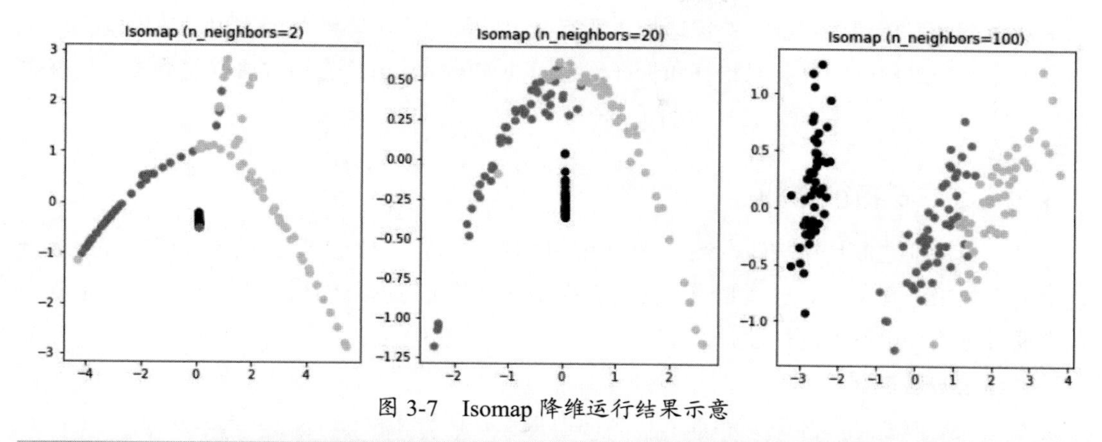

图 3-7　Isomap 降维运行结果示意

```
Isomap(n_neighbors=5,n_components=2,eigen_solver='auto',tol=0,max_iter=None,path_method='auto',neighbors_algorithm='auto',n_jobs=None,)
```

（1）以上代码的参数的含义

n_neighbors：近邻参数 k。

n_components：整型，指定低维空间。

eigen_solver：指定求解特征值的算法。'auto'：由算法自动选取；'arpack'：Arpack 分解算法；'dense'：使用一个直接求解特征值的算法（如 LAPACK）。

tol：求解特征算法的收敛阙值。

max_iter：整型。指定在使用 SMACOF 法时，得到一轮结果需要的最大迭代次数。

path_method: 指定寻找最短路径的算法。'auto'：由算法自动选取；'FW'：使用 Floyd_Warshall 算法；'D'：使用 Dijkstra 算法。

neighbors_algorithm：指定计算最近邻的算法。'ball_tree'：使用 BallTree 算法；'kd_tree'：使用 KDTree 算法；'brute'：使用暴力搜索法。

（2）属性

embedding_：给出了原始数据集在低维空间中的嵌入矩阵。

trainingdata_：存储了原始训练数据。

distmatrix_：存储了原始训练数据的距离矩阵。

（3）方法

fit([X,y])：训练模型。

transform(X)：转换 X 到低维空间。

fit_transform([X,y])：训练模型并返回转换后的低维坐标。

reconstruction_error()：计算重构误差。

3.4　特征选取

特征工程是将原始数据转化为特征，以更好地表示预测模型处理的实际问题，提升对于未知数据的准确性。它是用目标问题所在的特定领域知识或者自动化的方法来生成、提取、删减或者组合变化得到特征。特征选择主要有减少特征数量和降维两个作用：使模型泛化能力更强，减少过拟合；增强对特征和特征值之间的理解。常用的选择方法有过滤式、包裹式和嵌入式。

3.4.1 过滤式特征选取

过滤式特征选取是指按照发散性或者相关性对各个特征进行评分，设定阈值或者待选择阈值的个数来选择特征。也就是说，先对数据集进行特征选择，然后再训练学习器。主要方法有通过方差和单变量进行过滤。

1. 通过方差过滤

方差很小的属性意味着该属性的识别能力很差。在极端情况下，方差为 0，意味着该属性在所有样本上的值都是一个常数，可以通过 SKlearn VarianceThreshold 进行剔除。其代码如下：

```
1. from sklearn.feature_selection import  VarianceThreshold,SelectKBest,f_
classif
2. # 通过方差过滤特征
3. def test_VarianceThreshold():
4.     X=[[100,1,2,3],
5.        [100,4,5,6],
6.        [100,7,8,9],
7.        [101,11,12,13]]
8.     selector=VarianceThreshold(1)
9.     selector.fit(X)
10.    print('Variances is %s'%selector.variances_)
11.    print('After transform is %s'%selector.transform(X))
12.    print('The surport is %s'%selector.get_support(True))
13.    print('After reverse transform is %s'%
14.            selector.inverse_transform(selector.transform(X)))
15. test_VarianceThreshold()
```

运行结果：

```
Variances is [ 0.1875 13.6875 13.6875 13.6875]
After transform is [[ 1  2  3]
 [ 4  5  6]
 [ 7  8  9]
 [11 12 13]]
The surport is [1 2 3]
After reverse transform is [[ 0  1  2  3]
 [ 0  4  5  6]
 [ 0  7  8  9]
 [ 0 11 12 13]]
```

```
VarianceThreshold(threshold=0.0)
```

（1）以上代码中参数的含义

threshold：浮点型，指定方差的阈值，低于此阈值的属性将被剔除。

（2）属性

variances_：列表，成员分别是各属性的方差。

（3）方法

fit([X,y])：从样本数据中学习方差。

transform(X)：执行特征选择，即删除低于指定阈值的属性。

fit_transform([X,y])：从样本数据中学习方差，然后执行特征选择。

get_support([indices])：如果 indices=True，就返回被选出的特征的下标；如果 indices=False，就返回一个由布尔值组成的列表，该列表指示哪些特征被选择。

inverse_transform(X)：根据被选出来的特征还原原始数据（特征选取的逆操作），但是对于被删除的属性值全部用 0 代替。

2. 通过单变量特征过滤

其代码如下：

```
1. def test_SelectKBest():
2.     X=[    [1,2,3,4,5],
3.            [5,4,3,2,1],
4.            [3,3,3,3,],
5.            [1,1,1,1,1] ]
6.     y=[0,1,0,1]
7.     print('before transform: ',X)
8.     selector=SelectKBest(score_func=f_classif,k=3)
9.     selector.fit(X,y)
10.    print('scores_: ',selector.scores_)
11.    print('pvalues_: ',selector.pvalues_)
12.    print('selected index: ',selector.get_support(True))
13.    print('after transform: ',selector.transform(X))
14. test_SelectKBest()
```

运行结果：

```
before transform [[1, 2, 3, 4, 5], [5, 4, 3, 2, 1], [3, 3, 3, 3, 3], [1, 1, 1, 1, 1]]
scores_:  [0.2 0.  1.  8.  9. ]
pvalues_:  [0.69848865 1.   0.42264974 0.10557281 0.09546597]
selected index:  [2 3 4]
after transform:  [[3 4 5]  [3 2 1]  [3 3 3]  [1 1 1]]
```

```
SelectKBest(score_func=<function f_classif at 0x00000198F0EEC598>,k=10)
```

（1）以上代码中参数的含义

score_func：给出统计指标的函数，其参数为列表 x 和列表 y，返回值为 (scores，pvalues)。默认为 f_classif，即利用 ANOVA 方法（方差分析，又称 F 检验）来给特征打分。除此之外，还有基于互信息（mutual_info_classif）和卡方检验（chi2）的方法来给特征打分后进行特征选择，这三种是常用的过滤法。f_regression 和 mutual_info_regression 可以用于回归问题。

k：整型或者字符串‘all’，指定要保留最佳的几个特征。如果为‘all’，就保留所有的特征。

（2）属性

scores_：列表，给出了所有特征的得分。

pvalues_：列表，给出了所有特征得分的 p-values。

（3）方法

fit(X,y)：从样本数据中学习统计指标得分。

transform()：执行特征选择。

fit_transform(X,y)：从样本数据中学习统计指标得分，然后执行特征选择。

get_support([indices])：如果 indices=True，就返回被选出的特征的下标；如果 indices=False，就返回一个布尔值组成的列表。该列表指示哪些特征被选择。

inverse_transform(X)：根据被选出来的特征还原原始数据（特征选取的逆操作）；对于被删除的属性值则全部用 0 代替。

3.4.2 包裹式特征选取

典型的包裹式特征选取算法为递归特征删除 (recursive feature elimination，RFE)，就是把特征选择看作一个特征子集搜索问题，筛选各种特征子集，用模型评估效果。其代码如下：

```
1. from sklearn.feature_selection import  RFE
2. from sklearn.svm import LinearSVC
3. from sklearn.datasets import  load_iris
4. from sklearn.model_selection import train_test_split
5. def test_RFE():
6.
7.     iris=load_iris()
8.     X=iris.data
9.     y=iris.target
10.    estimator=LinearSVC()
11.    selector=RFE(estimator=estimator,n_features_to_select=2)
12.    selector.fit(X,y)
13.    print('N_features %s'%selector.n_features_)
14.    print('Support is %s'%selector.support_)
15.    print('Ranking %s'%selector.ranking_)
16. def test_compare_with_no_feature_selection():
17.    ### 加载数据
18.    iris=load_iris()
19.    X,y=iris.data,iris.target
20.    ### 特征提取
21.    estimator=LinearSVC()
22.    selector=RFE(estimator=estimator,n_features_to_select=2)
23.    X_t=selector.fit_transform(X,y)
24.    #### 切分测试集与验证集
25.    X_train,X_test,y_train,y_test=train_test_split(X, y,
26.                test_size=0.25,random_state=0,stratify=y)
27.    X_train_t,X_test_t,y_train_t,y_test_t=train_test_split(X_t, y,
28.                test_size=0.25,random_state=0,stratify=y)
29.    ### 测试与验证
30.    clf=LinearSVC()
31.    clf_t=LinearSVC()
32.    clf.fit(X_train,y_train)
33.    clf_t.fit(X_train_t,y_train_t)
34.    print('Original DataSet:  test score=%s'%(clf.score(X_test,y_test)))
35.    print('Selected DataSet:  test score=%s'%(clf_t.score(X_test_t,y_test_t)))
36. test_RFE() # 调用 test_RFE
37. test_compare_with_no_feature_selection() # 调用 test_compare_with_no_feature_selection
```

运行结果：

```
N_features 2
Support is [False  True False  True]
Ranking [3 1 2 1]
Original DataSet:  test score=0.9473684210526315
Selected DataSet:  test score=0.9473684210526315
```

```
RFE(estimator,n_features_to_select=None,step=1,verbose=0)
```

（1）以上代码中参数的含义

estimator：学习器，它必须提供 fit() 方法和 coef 属性。其中，coef 属性中存放的是学习到的各特征的权重系数。通常使用 SM 和广义线性 estimator 模型作为参数。

n_features_to_select：整型或者 None，指定要选出几个特征。如果为 None，就默认为选取一半的特征。

step：整型或者浮点型，指定每次迭代要剔除权重最小的几个特征。如果大于或等于 1，就作为整型，指定每次迭代要剔除权重最小的特征的数量。如果在 0.0~1.0 之间，就指定每次迭代要剔除权重最小的特征的比例。

estimator_params：字典，用于设定 estimator 的参数。由于该参数将被移除，所以推荐使用 Hestimator.set_params() 方法直接设定 estimator 的参数。

verbose：整型，控制输出日志。

（2）属性

n_ features_：整型，给出了被选出的特征的数量。

support_：列表，给出了被选择特征的 mask。

ranking_：特征排名，被选出特征的排名为 1。

（3）方法

fit(X,y)：训练 RFE 模型。

transform()：执行特征选择。

fit_transform(X,y)：从样本数据中学习 RFE 型，然后执行特征选择。

get_support([indices])：如果 indices=True，就返回被选出的特征的下标；如果 indices=False，则返回布尔值组成的列表，该列表指示哪些特征被选择。

inverse_transform()：根据被选出来的特征还原原始数据 (特征选取的逆操作)；对于被删除的属性值则全部用 0 代替。

predict(X)/predict_log_proba(X)/predict_proa(X)：将进行特征选择之后，再使用内部的 estimator 来预测。

score(X,y)：将 X 进行特征选择之后，再使用内部的 estimator 来评分。

3.4.3　嵌入式特征选取

SKlearn 提供了 SelectFromMode 来实现嵌入式特征选取 SelectFromModel 使用外部提供的 estimator 来工作。estimator 必须有 coef_ 或者 feature_importances_ 属性。当某个特征对应

的 coef 或者 feature_importances 低于某个阈值时，该特征将被移除。当然可以不指定阈值，而使用启发式的方法，如指定均值 mean，指定中位数 median 或者指定这些统计量的一个倍数，如 0.1×mean。其代码如下：

```
1. from sklearn.feature_selection import  SelectFromModel
2. from sklearn.svm import LinearSVC
3. from sklearn.datasets import  load_digits,load_diabetes
4. import numpy as np
5. import  matplotlib.pyplot as plt
6. from sklearn.linear_model import Lasso
7. # 加载数据
8. digits=load_digits()
9. X=digits.data
10. y=digits.target
11. def test_SelectFromModel():
12.     estimator=LinearSVC(penalty=›l1›,dual=False)
13.     selector=SelectFromModel(estimator=estimator,threshold=›mean›)
14.     selector.fit(X,y)
15.     selector.transform(X)
16.     print('Threshold %s'%selector.threshold_)
17.     print('Support is %s'%selector.get_support(indices=True))
18. #  alpha 与稀疏性的关系
19. def test_Lasso():
20.     alphas=np.logspace(-2,2)
21.     zeros=[]
22.     for alpha in alphas:
23.         regr=Lasso(alpha=alpha)
24.         regr.fit(X,y)
25.         ### 计算零的个数 ###
26.         num=0
27.         for ele in regr.coef_:
28.             if abs(ele) < 1e-5: num+=1
29.         zeros.append(num)
30.     ##### 绘图
31.     fig=plt.figure()
32.     ax=fig.add_subplot(1,1,1)
33.     ax.plot(alphas,zeros)
34.     ax.set_xlabel(r›$\alpha$›)
35.     ax.set_xscale(‹log›)
36.     ax.set_ylim(0,X.shape[1]+1)
37.     ax.set_ylabel(‹zeros in coef›)
38.     ax.set_title(‹Sparsity In Lasso›)
39.     plt.show()
40.
41. #  C  与 稀疏性的关系
42. def test_LinearSVC():
43.     Cs=np.logspace(-2,2)
44.     zeros=[]
45.     for C in Cs:
46.         clf=LinearSVC(C=C,penalty=›l1›,dual=False)
47.         clf.fit(X,y)
48.          ### 计算零的个数 ###
49.         num=0
50.         for row in clf.coef_:
51.             for ele in row:
```

```
52.                 if abs(ele) < 1e-5: num+=1
53.             zeros.append(num)
54.         ##### 绘图
55.         fig=plt.figure()
56.         ax=fig.add_subplot(1,1,1)
57.         ax.plot(Cs,zeros)
58.         ax.set_xlabel(‹C›)
59.         ax.set_xscale(‹log›)
60.         ax.set_ylabel(‹zeros in coef›)
61.         ax.set_title(‹Sparsity In SVM›)
62.         plt.show()
63. test_SelectFromModel() # 调用 test_SelectFromModel
64. test_Lasso() # 调用 test_Lasso
65. test_LinearSVC() # 调用 test_LinearSVC
```

运行结果（见图 3-8）：

```
Threshold 0.6813517379826572
Support is [ 2  3  4  5  6  9 12 13 14 16 18 19 20 21 22 24 26 27 30 33 36 38
41 42 43 44 45 53 54 55 61]
```

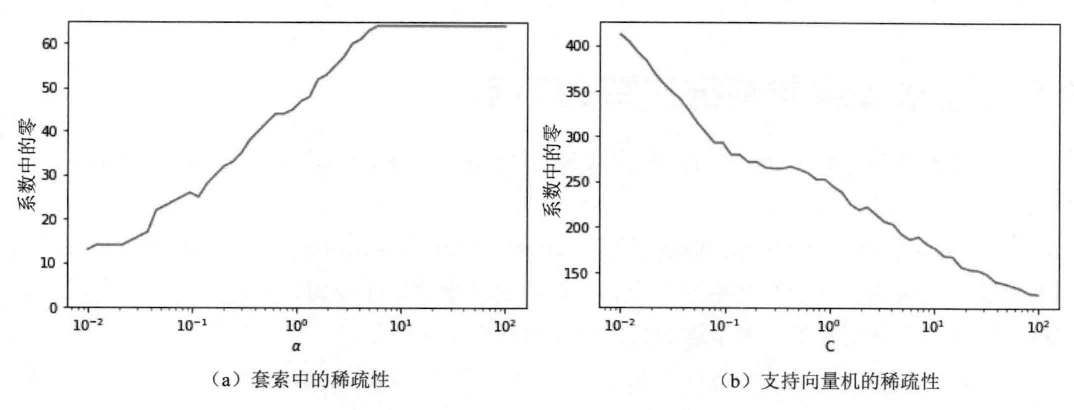

（a）套索中的稀疏性　　（b）支持向量机的稀疏性

图 3-8　嵌入式特征选择运行结果

```
SelectFromModel(estimator,threshold=None,prefit=False,norm_order=1,max_
features=None,)
```

（1）以上代码中参数的含义

estimator：学习器，它可以是未训练的 (prefit=False)，或者是已经训练好的 (prefit=True)。

threshold：字符串或者浮点型或者 one，指定特征重要性的阈值。低于此阈值的特征将被剔除。

prefit：布尔值，指定 estimator 是否已经训练好了。如果 prefit=False，那么 estimator 是未训练的。

norm_order：非零 int、inf、-inf、default 1，在估算器 threshold 的 coef_ 属性为维度 2 的情况下，用于过滤系数矢量的范数的顺序。

max_features：int or None，optional，要选择的最大功能数。若要仅基于选择 max_features，请设置 threshold=-np.inf。

（2）属性

estimator_：估算器。只有当一个不适合的估计器传递给 SelectFromModel 时，才会存储这个值，即当 prefit 为 False 时。

threshold_：float，用于特征选择的阈值。

（3）方法

fit（[X，y]）：适合 SelectFromModel 元估算器。

fit_transform（[X，y]）：适合数据，然后对其进行转换。

get_params（[deep]）：获取此估计量的参数。

get_support（[index]）：获取所选特征的掩码或整型索引。

inverse_transform（X）：反向转换操作。

partial_fit（[X，y]）：追加训练模型。该方法主要用于大规模数据集的训练。此时可以将大数据集划分成若干个小数据集，然后在这些小数据集上连续调用 partial_fit 方法来训练模型。

set_params（**）：设置此估算器的参数。

transform（X）：将 X 缩小为选定的特征。

3.5　数据降维与特征选取的差别

数据降维（Feature Extraction）和特征选取（Feature Selection）同属于降维（Dimension Reduction）。

（1）数据降维一般说的是维数约简（Dimensionality Reduction），通常的做法是将原始高维特征空间里的点向一个低维空间投影，新的空间维度低于原特征空间，所以维数减少。在这个过程中，特征发生了根本性的变化，原始的特征消失了。

（2）特征选择则是从 n 个特征中选择 d（$d<n$）个出来，而其他的 $n-d$ 个特征被舍弃。所以，新的特征只是原来特征的一个子集。没有被舍弃的 d 个特征没有发生任何变化。

—— 本章小结 ——

本章通过学习数据预处理，将“脏”数据清洗干净，并对数据进行降维（高位数据降到低纬度，数据压缩）、选择数据特征（仅选择既有特征，不压缩数据），为进一步挖掘数据奠定了基础。第 4 章我们学习相关模型，之后就可以通过已处理好的数据和模型进行分析。

第 4 章 机器学习模型

本章主要简单介绍 SKlearn 中常用的分类、回归、聚类模型。其中，分类模型用于识别某个对象属于哪个类别，常用算法包括 DecisionTree、Bayes、KNN、SVM；回归模型用于预测与对象相关联的连续值属性，常见的算法包括 Ridge Regression（岭回归）、Lasso Regression（套索回归）、SVR（支持向量机）；聚类模型主要是将相似对象自动分组，常用算法包括 K-means、SpectralClustering 和 MeanShift 等。

4.1 线性模型

线性模型非常简单，易于建模，应用广泛。有多种推广形式：常见的有广义线性模型，包括 RidgeRegression（岭回归）、LassoRegression（套索回归）、ElasticNet、逻辑回归、线性判别分析等。

给定样本 $\boldsymbol{x}$，我们用列向量表示该样本 $x=(x^{(1)},x^{(2)},\cdots,x^{(n)})^{\mathrm{T}}$，样本有 n 个特征，我们用 $x^{(i)}$ 表示样本元的第 i 个特征。线性模型 (Linear Model) 的形式为

$$f(\boldsymbol{x})=w\cdot x+b$$

其中，$w=(w^{(1)},w^{(2)},\cdots,w^{(n)})^{\mathrm{T}}$ 为每个特征对应的权重生成的权重向量，称为权重向量。权重向量直观地表达了各个特征在预测中的重要性。

接下来我们以 SKlearn 自带的糖尿病病人的数据集为分析对象，介绍线性回归模型常见的使用方法。

4.1.1 线性回归模型

1. 线性回归的基本原理

线性回归的基本原理：找到当训练数据集之中 y 的预测值和其真实值的平方差最小的时候，所对应的 w 值和 b 值，代码如下：

```
1. import matplotlib.pyplot as plt
2. import numpy as np
3. from sklearn import datasets, linear_model
4. from sklearn.model_selection import train_test_split
5. # 使用 scikit-learn 自带的一个糖尿病病人的数据集
6. diabetes = datasets.load_diabetes()
7. # 拆分成训练集和测试集，测试集大小为原始数据集大小的 1/4
```

```
8. X_train,X_test,y_train,y_test = train_test_split(diabetes.data,diabetes.
target,test_size=0.25,random_state=0)
9. regr = linear_model.LinearRegression()
10. regr.fit(X_train, y_train)
11. # 打印训练结果
12. print( 'Coefficients: %s, intercept %.2f' %(regr.coef_,regr.intercept_))
13. print( 'Residual sum of squares: %.2f' % np.mean((regr.predict(X_test) - y_
test) ** 2))
14. print( 'Score: %.2f› % regr.score(X_test, y_test))
```

运行结果：

```
Coefficients: [ -43.26774487 -208.67053951 593.39797213 302.89814903
-560.27689824 261.47657106 -8.83343952 135.93715156 703.22658427
28.34844354], intercept 153.07 Residual sum of squares: 3180.20 Score: 0.36
```

由运行结果可以看到，测试集中预测结果的均方误差为 3180.20，预测性能得分仅为 0.36(该值越大越好，1.0 为最好)。

第 8 行，将糖尿病病人的数据集随机拆分为训练集和测试集两个部分。其中，test_size 指定了测试集为原始数据集大小的比例。

在 Jupyternotebook 命令行中输入：'??regr' 或 'help(regr)'，可以查看 LinearRegression() 的相关参数。

```
LinearRegression(copy_X=True,fit_intercept=True,n_jobs=None,normalize=False)
```

（1）参数的含义

copy_X：是否对 X 复制。布尔型、可选、默认为 True。如为 False，则经过中心化、标准化后，把新数据覆盖到原数据上。

fit_intercept：是否计算该模型的截距。布尔型、可选、默认为 True。如果使用中心化的数据，可以考虑设置为 False，不考虑截距。

n_jobs：计算时设置的任务个数，这一参数的对于目标个数 >1（n_targets>1）且足够大规模的问题有加速作用。int 或 None、optional，默认为 None，如果选择 –1，就代表使用所有的 CPU。

Normalize：是否对数据进行标准化处理。布尔型、可选、默认为 False，建议将标准化的工作放在训练模型之前，通过设置 sklearn.preprocessing.StandardScaler 来实现，而在此处设置为 False。当 fit_intercept 设置为 False 的时候，这个参数会被自动忽略。如果设置为 True，回归器会标准化输入参数：减去平均值，并且除以相应的第二范数。

（2）属性

coef_：对于线性回归问题计算得到的 feature 的系数。如果输入的是多目标问题，就返回一个二维列表 (n_targets，n_features)；如果是单目标问题，就返回一个一维列表 (n_features,)。

intercept_：截距，线性模型中的独立项。若 fit_intercept=False，则 intercept_ 为 0.0。

（3）方法

fit(X,y[,sample_weight])：训练模型，sample_weight 为每个样本权重值，默认为 None。

predict(X)：模型预测，返回预测值。

score(X, y)：模型评估，返回 R^2 系数，最优值为 1。说明所有数据都预测正确。

2. 线性回归模型正则化

当模型过于复杂，一些离群点或者说噪声也完全拟合，造成模型在训练集上表现优异，在测试集或者说泛化时表现较差。因此，将经验风险最小化函数改为结构风险最小化函数，或者说将损失函数加上正则化项，可以使模型变简单，从而避免过拟合。所谓正则化，就是对模型的参数添加一些先验假设，控制模型空间，以达到使得模型复杂度较小的目的。岭回归和 LASSO 是目前较广泛使用的两种线性回归正则化方法。根据不同的正则化方式，有以下三种不同的方法：

- Ridge Regression：正则化项为 $\alpha\|\boldsymbol{w}\|_2^2, a \geqslant 0$；
- Lasso Regression：正则化项为 $\alpha\|\boldsymbol{w}\|_1, a \geqslant 0$；
- Elastic Net：正则化项为 $\alpha\rho\|\boldsymbol{w}\|_1 + a(1-\rho)/2\|\boldsymbol{w}\|_2^2, \alpha \geqslant 0, 1 \geqslant \rho \geqslant 0$

其中，正则项系数 α 的选择非常关键，建议将初始值一开始就设置为 0，先确定一个比较好的 learning rate，然后固定该 learning rate，给一个值 (比如 1.0)，然后根据 validation accuracy，将 α 增大或者减小 10 倍（增减 10 倍是粗调节，当确定了 α 合适的数量级后，比如 α=0.01，再进一步细调节，比如调节为 0.02、0.03 或 0.009）。

3. 岭回归

岭回归是一种正则化方法，通过在损失函数中加入 L2 范数惩罚项，来控制线性模型的复杂程度，从而使得模型更稳健。使用上一节的数据集进行训练，代码如下：

```
1. regr = linear_model.Ridge()
2. regr.fit(X_train, y_train)
3. print('Coefficients: %s, intercept %.2f'%(regr.coef_,regr.intercept_))
4. print('Residual sum of squares:  %.2f'% np.mean((regr.predict(X_test) - y_test) ** 2))
5. print('Score:  %.2f› % regr.score(X_test, y_test))
```

运行结果：

```
Coefficients: [  21.19927911  -60.47711393  302.87575204  179.41206395  8.90911449
-28.8080548   -149.30722541   112.67185758   250.53760873    99.57749017], intercept
152.45
Residual sum of squares:  3192.33  Score:  0.36
```

由运行结果可以看到，测试集中预测结果的均方误差为 3192.33，预测性能得分仅为 0.36（预测值越大越好，1.0 为最好）。

```
Ridge(alpha=1.0,copy_X=True,fit_intercept=True,max_iter=None,normalize=False,random_state=None, solver='auto',tol=0.001)
```

（1）参数的含义

alpha：正则化项系数，初始值为 1，数值越大，则对复杂模型的惩罚力度越大。

copy_X：是否对 X 复制，布尔型。

fit_intercept：是否计算该模型的截距，布尔型。

max_iter：共轭梯度求解器的最大迭代次数，需要与 solver 求解器配合使用。当 solver 为 sparse_cg 和 lsqr 时，默认由 scipy.sparse.linalg 确定；当 solver 为 'sag' 时，默认值为 1000。

normalize：是否对数据进行标准化处理，若不计算截距，则忽略此参数，布尔型。

random_state：随机数生成器的种子，仅在 solver 为 'sag' 时使用，整型，默认为 None。

solver：求解器，可以设置为'auto'，'svd'，'cholesky'，'lsqr'，'sparse_cg'，'sag'，'saga'。其中，'auto' 表示根据数据类型自动选择求解器；'svd' 表示使用 X 的奇异值分解计算岭系数，奇异矩阵比 'cholesky' 更稳定；'cholesky' 使用标准的 scipy.linalg.solve() 函数获得收敛的系数；'sparse_cg' 表示使用 scipy.sparse.linalg.cg 中的共轭梯度求解器，比 'cholesky' 更适合大规模数据；'lsqr' 为专用的正则化最小二乘方法 scipy.sparse.linalg.lsqr()；'sag' 表示随机平均梯度下降，仅在 fit_intercept 为 True 时支持密集数据；'saga' 为 'sag' 的改进型，无偏版采用 SAGA 梯度下降法可以使模型快速收敛。

tol：计算精度。浮点型，默认为 1e-3。

（2）属性

coef_：对于线性回归问题计算得到的 feature 的系数。如果输入的是多目标问题，就返回一个二维列表 (n_targets，n_features)；如果是单目标问题，就返回一个一维列表 (n_features)。

intercept_：截距，线性模型中的独立项。若 fit_intercept=False，则 intercept_ 为 0.0。

n_iter_：实际迭代次数。

（3）方法

fit(X,y[, sample_weight])：训练模型，sample_weight 为每个样本权重值，默认为 None。

predict(X)：模型预测，返回预测值。

score(X,y[, sample_weight])：模型评估，返回 R^2 系数，最优值为 1，说明所有数据都预测正确。

（4）参数测评

```
1. def test_Ridge_alpha(*data):
2.     X_train,X_test,y_train,y_test=data
3.     alphas=[0.01,0.02,0.05,0.1,0.2,0.5,1,2,5,10,20,50,100,200,500,1000]
4.     scores=[]
5.     for i,alpha in enumerate(alphas):
6.         regr = linear_model.Ridge(alpha=alpha)
7.         regr.fit(X_train, y_train)
8.         scores.append(regr.score(X_test, y_test))
9.     ## 绘图
10.    fig=plt.figure()
11.    ax=fig.add_subplot(1,1,1)
12.    ax.plot(alphas,scores)
13.    ax.set_xlabel(r'$\alpha$')
14.    ax.set_ylabel(r'score')
15.    ax.set_xscale('log')
16.    ax.set_title('Ridge')
17.    plt.show()
18. # Ridge 的预测性能随 alpha 参数的影响
19. test_Ridge_alpha(X_train,X_test,y_train,y_test) # 调用 test_Ridge_alpha
```

运行结果见图 4-1。可以看到，当 alpha ＞ 1 之后，随着 alpha 的增长，预测性能急剧下降。

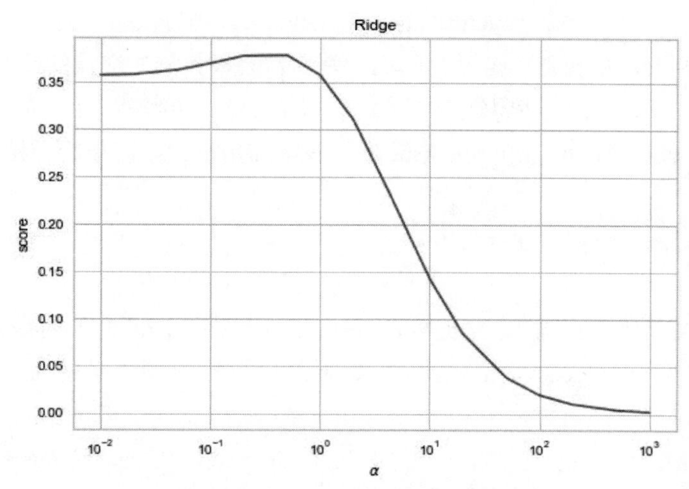

图 4-1　alpha 参数对模型得分的影响

4. 套索回归

套索回归与岭回归的区别在于，它的惩罚项是基于 L1 范数，因此，它可以将系数控制收缩到 0，从而达到变量选择的效果，这是一种非常流行的变量选择方法。其代码如下：

```
1. regr = linear_model.Lasso()
2. regr.fit(X_train, y_train)
3. print('Coefficients: %s, intercept %.2f'%(regr.coef_,regr.intercept_))
4. print('Residual sum of squares:  %.2f'% np.mean((regr.predict(X_test) - y_test) ** 2))
5. print('Score:  %.2f› % regr.score(X_test, y_test))
```

运行结果：

```
Coefficients: [  0.  -0.  442.67992538   0.  0.  0.  -0.  0.  330.76014648  0.  ], intercept 152.52
Residual sum of squares:  3583.42  Score:  0.28
```

```
Lasso(alpha=1.0,copy_X=True,fit_intercept=True,max_iter=1000,normalize=False,positive=False,precompute=False,random_state=None,selection=' cyclic' ,tol=0.0001,warm_start=False)
```

（1）参数的含义

alpha：正则化项系数，初始值为 1。数值越大，对复杂模型的惩罚力度也越大。

copy_X：是否对 X 复制，布尔型。

fit_intercept：是否计算该模型的截距，布尔型。

max_iter：共轭梯度求解器的最大迭代次数，需要与 solver 求解器配合使用。当 solver 为 sparse_cg 和 lsqr 时，默认由 scipy.sparse.linalg 确定；当 solver 为 sag 时，默认值为 1000。

normalize：是否对数据进行标准化处理，若不计算截距，则忽略此参数，布尔型。

positive：布尔型，可选。设为 True 时，强制使系数为正。

precompute：True、False、array-like，默认为 False。是否使用预计算的 Gram 矩阵来加速计算。如果设置为 'auto'，就由机器决定。Gram 矩阵也可以 pass。对于 sparse input，选项永远为 True。

random_state：随机数生成器的种子，仅在 solver='sag' 时使用，整型，默认为 None。

selection：字符串，默认为 'cyclic'。若设为 'random'，则每次循环会随机更新参数；而若按照默认设置，则会依次更新；若设为随机，则通常会极大加速交点的产生，尤其是 tol 比 1e-4 大的情况。

warm_start：布尔型，可选。当为 True 时，重复使用上次学习作为初始化，否则直接清除上次方案。

tol：计算精度。浮点型，默认为 1e-3。

（2）属性

coef_：对于线性回归问题计算得到的 feature 的系数。如果输入的是多目标问题，就返回一个二维列表 (n_targets，n_features)；如果是单目标问题，就返回一个一维列表 (n_features)。

intercept_：截距，线性模型中的独立项。若 fit_intercept=False，则 intercept_ 为 0。

（3）方法

fit(X,y[, sample_weight])：训练模型，sample_weight 为每个样本权重值，默认为 None。

predict(X)：模型预测，返回预测值。

score(X, y[, sample_weight])：模型评估，返回 R^2 系数，最优值为 1，说明所有数据都预测正确。

（4）参数测评

```
1. import numpy as np
2. from sklearn.linear_model import LassoCV
3. from yellowbrick.regressor import AlphaSelection
4. alphas = np.logspace(-10, 1, 400)
5. model = LassoCV(alphas=alphas,cv=5)
6. visualizer = AlphaSelection(model)
7. visualizer.fit(X_train, y_train)
8. visualizer.poof()
```

运行结果（见图 4-2）：

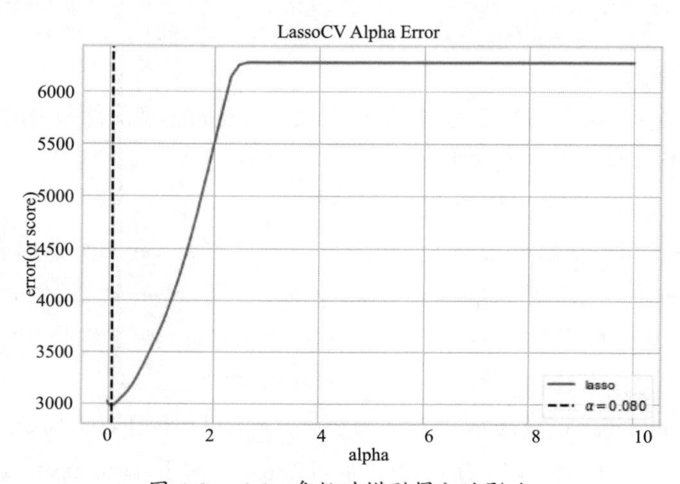

图 4-2 alpha 参数对模型得分的影响

从图 4-2 所示可以看到，最佳的 alpha 为 0.08。若 alpha=0.08，则需重新进行训练，模型评估得分为 0.36，较 0.28 有所提升。

5. 弹性网络回归

弹性网络回归是对套索回归和岭回归的融合，其惩罚项是 L1 范数和 L2 范数的一个权衡。

```
1. regr = linear_model.ElasticNet()
2. regr.fit(X_train, y_train)
3. print('Coefficients: %s, intercept %.2f'%(regr.coef_,regr.intercept_))
4. print('Residual sum of squares:  %.2f'% np.mean((regr.predict(X_test) - y_
test) ** 2))
5. print('Score:  %.2f› % regr.score(X_test, y_test))
```

运行结果：

```
Coefficients: [ 0.40560736   0.              3.76542456   2.38531508   0.58677945
0.22891647
 -2.15858149  2.33867566  3.49846121  1.98299707], intercept 151.93
Residual sum of squares:  4922.36  Score:  0.01
```

由运行结果可以看到，测试集中预测结果的均方误差为 4922.36，预测性能得分仅为 0.01（该值越大越好，1.0 为最好）。

```
ElasticNet(alpha=1.0,copy_X=True,fit_intercept=True,l1_ratio=0.5,max_iter=1000,n
ormalize=False,positive=False,precompute=False,random_state=None,selection=' cyclic
' ,tol=0.0001,warm_start=False)
```

（1）参数的含义

alpha：正则化项系数，初始值为 1。数值越大，对复杂模型的惩罚力度也越大。

copy_X：是否对 X 复制，布尔型。

fit_intercept：是否计算该模型的截距，布尔型。

l1_ratio：弹性网混合参数，浮点型。$0 \leqslant$ l1_ratio $\leqslant 1$。对于 l1_ratio=0，惩罚项是 L2 正则惩罚；对于 l1_ratio=1，惩罚项是 L1 正则惩罚。

max_iter：共轭梯度求解器的最大迭代次数，需要与 solver 求解器配合使用。当 solver 为 sparse_cg 和 lsqr 时，默认由 scipy.sparse.linalg 确定；当 solver 为 sag 时，默认值为 1000。

normalize：是否对数据进行标准化处理，若不计算截距，则忽略此参数，布尔型。

positive：布尔型，可选。设为 True 时，强制使系数为正。

precompute：True、False、array-like，默认 =False。是否使用预计算的 Gram 矩阵来加速计算。如果设置为 'auto'，就由机器决定。Gram 矩阵也可以 pass。对于 sparse input，选项永远为 True。

random_state：随机数生成器的种子，仅在 solver='sag' 时使用，整型，默认为 None。

selection：str，默认为 'cyclic'。若设为 'random'，则每次循环会随机更新参数；而若按照默认设置，则会依次更新；若设为随机，通常会极大加速交点（convergence）的产生，尤其是 tol 比 1e-4 大的情况。

tol：计算精度。浮点型，默认为 1e-3。

warm_start：布尔型，可选。设为 True 时，重复使用上次学习作为初始化，否则直接清除上次方案。

（2）属性

coef_：对于线性回归问题计算得到的 feature 的系数。如果输入的是多目标问题，就返回一个二维列表 (n_targets，n_features)；如果是单目标问题，就返回一个一维列表 (n_features，)。

intercept_：截距，线性模型中的独立项。若 fit_intercept=False，则 intercept_ 为 0.0。

n_iter_：实际迭代次数

（3）方法

fit(X, y[, sample_weight])：训练模型，sample_weight 为每个样本权重值，默认为 None。

predict(X)：模型预测，返回预测值。

score(X, y[, sample_weight])：模型评估，返回 R^2 系数，最优值为 1，说明所有数据都预测正确。

（4）参数测评（alpha、l1_ratio），代码如下：

```
1. def test_ElasticNet_alpha_rho(*data):
2.     X_train,X_test,y_train,y_test=data
3.     alphas=np.logspace(-2,2)
4.     rhos=np.linspace(0.01,1)
5.     scores=[]
6.     for alpha in alphas:
7.             for rho in rhos:
8.                 regr = linear_model.ElasticNet(alpha=alpha,l1_ratio=rho)
9.                 regr.fit(X_train, y_train)
10.                scores.append(regr.score(X_test, y_test))
11.    ## 绘图
12.    alphas, rhos = np.meshgrid(alphas, rhos)
13.    scores=np.array(scores).reshape(alphas.shape)
14.    from mpl_toolkits.mplot3d import Axes3D
15.    from matplotlib import cm
16.    fig=plt.figure()
17.    ax=Axes3D(fig)
18.    surf = ax.plot_surface(alphas, rhos, scores, rstride=1, cstride=1, cmap=cm.jet,
19.        linewidth=0, antialiased=False)
20.    fig.colorbar(surf, shrink=0.5, aspect=5)
21.    ax.set_xlabel(r'$\alpha$')
22.    ax.set_ylabel(r'$\rho$')
23.    ax.set_zlabel( 'score')
24.    ax.set_title( 'ElasticNet')
25.    plt.show()
26. test_ElasticNet_alpha_rho(X_train,X_test,y_train,y_test)
```

运行结果见图 4-3。可以看到，随着 alpha 增大，预测性能降低；l1_ratio 则影响性能下降的速度。

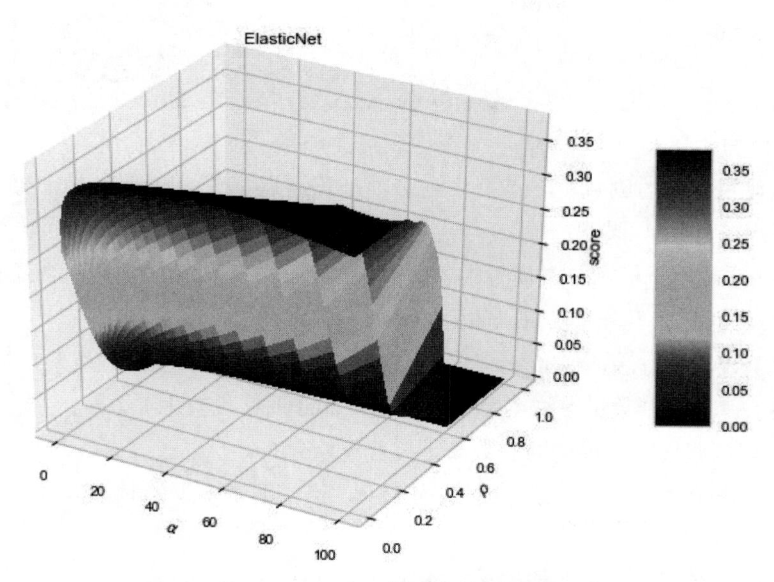

图 4-3　alpha、l1_ratio 参数对模型得分的影响

4.1.2　逻辑回归模型

下面使用逻辑回归模型对鸢尾花进行分类。鸢尾花数据集一共有 150 个数据，这些数据分为三类 (分别为 setosa, versicolor, virginica)，每类有 50 个数据，每个数据包含四个特征值：Sepal.Length（花萼长度）、Sepal.Width（花萼宽度）、Petal.Length（花瓣长度）和 Petal.Width（花瓣宽度）。这些特征值都为正浮点型，单位为 cm。目标值为鸢尾花的三个分类：Iris Setosa（山鸢尾）、Iris Versicolour（杂色鸢尾）和 Iris Virginica（维吉尼亚鸢尾），具体分析代码如下：

```
1. import matplotlib.pyplot as plt
2. import numpy as np
3. from sklearn import datasets, linear_model
4. from sklearn.model_selection import train_test_split
5. iris=datasets.load_iris()
6. X_train=iris.data
7. y_train=iris.target
8. X_train,X_test,y_train,y_test = train_test_split(X_train, y_train,test_size=0.25,random_state=0,stratify=y_train)
9. regr = linear_model.LogisticRegression()
10. regr.fit(X_train, y_train)
11. print('Coefficients: %s, intercept %s'%(regr.coef_,regr.intercept_))
12. print('Score: %.2f› % regr.score(X_test, y_test))
```

运行结果：

```
Coefficients: [[ 0.38705175  1.35839989 -2.12059692 -0.95444452]
 [ 0.23787852 -1.36235758  0.5982662  -1.26506299]
 [-1.50915807 -1.29436243  2.14148142  2.29611791]], intercept [ 0.23950369
1.14559506 -1.0941717 ]   Score: 0.97
```

由运行结果可以看到，测试集中的预测结果性能得分为 0.97（即预测准确率为 97%）。

```
    LogisticRegression(C=1.0,class_weight=None,dual=False,fit_
intercept=True,intercept_scaling=1,max_iter=100,multi_class=' warn' ,n_
jobs=None,penalty=' l2' ,random_state=None,solver=' warn' ,tol=0.0001,verbose=0,warm_
start=False)
```

（1）参数的含义

C：正则化系数 λ 的倒数，浮点型，且必须是正浮点型数，默认为 1.0。像 SVM 一样，其值越小，表示的正则化越强。

class_ weight：用于标示分类模型中各种类型的权重，可以是字典或者 'balanced' 字符串，默认为不输入，也就是不考虑权重，即为 None。

dual：对偶或原始方法，布尔型，默认为 False。对偶方法只用在求解线性多核（liblinear）的 L2 惩罚项上。当样本数量 > 样本特征的时候，dual 通常设置为 False。

l1：L1G 规范假设的是模型的参数满足拉普拉斯分布。

tol：停止求解的标准，浮点型，默认为 1e-4。当求解到多少的时候，就停止，认为已经求出最优解。

fit_intercept：是否存在截距或偏差，布尔型，默认为 True。

intercept_scaling：仅在正则化项为 'liblinear'，且 fit_intercept 设置为 True 时有用。浮点型，默认为 1。如果选择输入的话，就可以选择 balanced 并让类库计算类型权重或输入各个类型的权重。

max_iter：算法收敛的最大迭代次数，整型，默认为 10。此参数仅在正则化优化算法为 newton-cg、sag 和 lbfgs 才有用。

multi_class：分类方式选择参数，字符串型，可选参数有 ovr 和 multinomial，默认为 ovr。ovr 即前面提到的 one-vs-rest(OvR)，而 multinomial 即前面提到的 many-vs-many(MvM)。如果是二元逻辑回归，ovr 和 multinomial 并没有任何区别，区别主要在多元逻辑回归上。

n_jobs：并行数，整型，默认为 1。当为 –1 的时候，用所有 CPU 的内核运行程序。

penalty：惩罚项，字符串型，默认为 l2。newton-cg、sag 和 lbfgs 求解算法只支持 L2 规范，L2 假设的模型参数满足高斯分布。

random_state：随机数种子，整型，可选参数，默认为无。此参数仅在正则化优化算法为 sag、liblinear 时才有用。

solver：优化算法选择参数。liblinear 表示使用了开源的 liblinear 库实现，内部使用了坐标轴下降法来迭代优化损失函数；lbfgs 是拟牛顿法的一种，利用损失函数二阶导数矩阵即海森矩阵来迭代优化损失函数；newton-cg 也是牛顿法家族的一种，利用损失函数二阶导数矩阵即海森矩阵来迭代优化损失函数；sag 即随机平均梯度下降，是梯度下降法的变种，与普通梯度下降法的区别是，每次迭代仅仅用一部分的样本来计算梯度，适合于样本数据多的时候，SAG 是一种线性收敛算法，这个速度远比 SGD 快。

tol：计算精度，浮点型，默认为 1e-3。

verbose：日志冗长度，整型，默认为 0。就是不输出训练过程，当 verbose 为 1 时，偶尔输出结果，且大于 1，对于每个子模型都输出。

warm_start：热启动参数，布尔型，默认为 False。如果为 True，那么下一次训练是以追加树的形式进行，并重新使用上一次的调用作为初始化。

（2）属性

coef_：权重向量。

intercept_：b 值。

n_iter：实际迭代次数。

（3）方法

fit(X,y[,sample_weight])：训练模型。

predict(X)：用模型进行预测，返回预测值。

predict_log_proba(X)：返回列表，列表的元素依次是预测为各个类别的概率的对数值。

predict_proba(X)：返回列表，列表的元素依次是 X 预测为各个类别的概率值。

score(X,y[, sample_weight])：返回在 (X,y) 上预测的准确率 (accuracy)。

下面我们要测试 multi_class 参数对分类结果的影响。默认采用的是 one-vs-rest 策略，但是逻辑回归模型原生就支持多类分类。另外，只有 solver 为牛顿法或者拟牛顿法才可以配合 multi_class='multinomial'，否则报错。

（4）参数测评

① 对 multi_class 参数进行测评，代码如下：

```
1. regr = linear_model.LogisticRegression(multi_class='multinomial',solver='lbfgs')
2. regr.fit(X_train, y_train)
3. print('Coefficients: %s, intercept %s'%(regr.coef_,regr.intercept_))
4. print('Score:  %.2f› % regr.score(X_test, y_test))
```

运行结果：

```
Coefficients: [[-0.38357166  0.86180161 -2.2702519  -0.97432444]
 [ 0.34360497 -0.37864972 -0.0308111  -0.86902727]
 [ 0.03996669 -0.48315189  2.301063    1.84335171]], intercept [  8.76011286
2.49350758 -11.25362044]  Score:  1.00
```

可以看到在这个问题中，多分类策略进一步提升了预测准确率。这里准确率提升到 100%，说明对于测试集的数据，LogisticRegressic 分类器完全预测正确。

② 对参数 C 进行测评，代码如下：

```
1. def test_LogisticRegression_C(*data):
2.     X_train,X_test,y_train,y_test=data
3.     Cs=np.logspace(-2,4,num=100)
4.     scores=[]
5.     for C in Cs:
6.         regr = linear_model.LogisticRegression(C=C)
7.         regr.fit(X_train, y_train)
8.         scores.append(regr.score(X_test, y_test))
9.     ## 绘图
10.    fig=plt.figure()
11.    ax=fig.add_subplot(1,1,1)
12.    ax.plot(Cs,scores)
```

```
13.     ax.set_xlabel(r'C')
14.     ax.set_ylabel(r'score')
15.     ax.set_xscale('log')
16.     ax.set_title('LogisticRegression')
17.     plt.show()
18. test_LogisticRegression_C(X_train,X_test,y_train,y_test)
```

运行结果如图 4-4 所示。

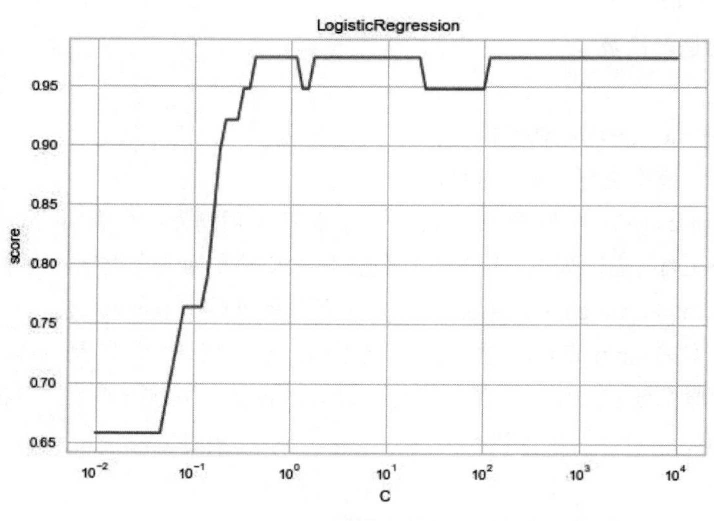

图 4-4　*C* 值对模型得分的影响

从图 4-4 所示可以看到，随着的增大 (即正则化项减小)，LogisticRegression 的预测准确率上升。当 *C* 增大到一定程度 (即正则化项减小到一定程度)，LogisticRegression 的预测准确率维持在较高的水准并保持不变。

4.2　决策树

决策树（Decision Tree）是功能强大且很受广大用户欢迎的分类和预测方法。它是一种有监督的学习算法，以树状图为基础，其输出结果为一系列简单实用的规则，故得名决策树。决策树就是一系列的 if-then 语句，决策树可以用于分类问题，也可以用于回归问题。

决策树模型基于特征对实例进行分类，它是一种树状结构。决策树的优点是可读性强，分类速度快。学习决策树时，通常采用损失函数最小化原则。在本节中，训练集用 *D* 表示，T 表示一棵决策树。

假设给定训练集 $D=\{(\boldsymbol{x}_1, y_1),(\boldsymbol{x}_2, y_2),\cdots,(\boldsymbol{x}_N, y_N)\}$。其中，$x_i=(\boldsymbol{x}_i^{(1)},x_i^{(2)},x_i^{(n)})$，为输入实例，$n$ 为特征个数；$y_i \in \{1,2,\cdots,K\}$ 为类标记，$i=1,2,\cdots,N$，N 为样本容量。构建决策树的目标是，根据给定的训练数据集学习一个决策树模型。

构建决策树时通常是将正则化的极大似然函数作为损失函数，其学习目标是损失函数为目标函数的最小化。构建决策树的算法通常是递归地选择最优特征，并根据该特征对训练数据进行分割。具体步骤如下：

（1）构建根节点。所有训练样本都位于根节点。

（2）选择一个最优特征。通过该特征将训练数据分割成子集，确保各个子集有最好的分类，但要考虑两种情况：若子集已能够被“较好地”分类，则构建叶节点，并将该子集划分到对应的叶节点去；若某个子集不能够被“较好地”分类，则对该子集继续划分。

（3）递归直至所有训练样本都被较好地分类，或者没有合适的特征为止。是否“较好地”分类，可通过后面介绍的指标来判断。

通过该步骤生成的决策树对训练样本有很好的分类能力，但是我们需要的是对未知样本的分类能力。因此通常需要对已生成的决策树进行剪枝，从而使得决策树具有更好的泛化能力。剪枝过程是去掉过于细分的叶节点，从而提高泛化能力。比较常用的决策树有 ID3、C4.5 和 CART（Classification And Regression Tree，分类和回归树），CART 的分类效果一般优于其他决策树。SKlearn 中有两类决策树（DecisionTreeRegressor 和 DecisionTreeClassifier），它们均采用优化的 CART 决策树算法。

4.2.1 回归决策树

使用决策树模型进行回归分析的代码如下：

```
1. import numpy as np
2. from sklearn.tree import DecisionTreeRegressor
3. from sklearn import  datasets
4. from sklearn.model_selection import train_test_split
5. import matplotlib.pyplot as plt
6. #  生成回归问题的数据集
7. def creat_data(n):
8.     np.random.seed(0)
9.     X = 5 * np.random.rand(n, 1)
10.    y = np.sin(X).ravel()
11.    noise_num=(int)(n/5)
12.    # 在每第 5 个样本上添加噪声
13.    y[: : 5] += 3 * (0.5 - np.random.rand(noise_num))
14.    # 拆分原始数据集为训练集和测试集，其中测试集大小为元素数据集大小的 1/4
15.    return train_test_split(X, y,test_size=0.25,random_state=1)
16.
17.# DecisionTreeRegressor 的用法
18.def test_DecisionTreeRegressor(*data):
19.    X_train,X_test,y_train,y_test=data
20.    regr = DecisionTreeRegressor()
21.    regr.fit(X_train, y_train)
22.    print('Training score: %f'%(regr.score(X_train,y_train)))
23.    print('Testing score: %f'%(regr.score(X_test,y_test)))
24.    ## 绘图
25.    fig=plt.figure()
26.    ax=fig.add_subplot(1,1,1)
27.    X = np.arange(0.0, 5.0, 0.01)[: , np.newaxis]
28.    Y = regr.predict(X)
29.    ax.scatter(X_train, y_train, label='train sample',c='g')
30.    ax.scatter(X_test, y_test, label='test sample',c='r')
31.    ax.plot(X, Y, label='predict_value', linewidth=2,alpha=0.5)
32.    ax.set_xlabel('data')
```

```
33.     ax.set_ylabel('target')
34.     ax.set_title('Decision Tree Regression')
35.     ax.legend(framealpha=0.5)
36.     plt.show()
37. X_train,X_test,y_train,y_test=creat_data(100) # 产生用于回归问题的数据集
38. test_DecisionTreeRegressor(X_train,X_test,y_train,y_test) #  调 用 test_
DecisionTreeRegressor
```

运行结果（如图 4-5 所示）：

```
Training score: 1.000000
Testing score: 0.789107
```

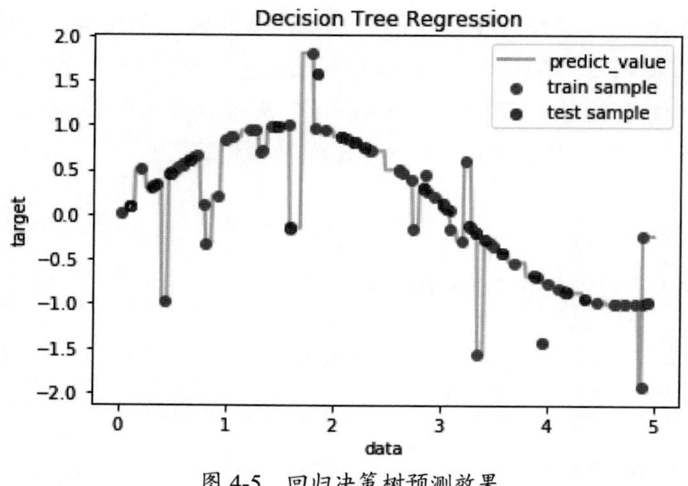

图 4-5　回归决策树预测效果

从图 4-5 所示可以看到，对于训练样本的拟合相当好，但是对于测试样本的拟合就差强人意。

```
DecisionTreeRegressor(criterion=' mse' ,max_depth=None,max_features=None,max_leaf_nodes=None,min_impurity_decrease=0.0,min_impurity_split=None,min_samples_leaf=1,min_samples_split=2,min_weight_fraction_leaf=0.0,presort=False,random_state=None,splitter=' best' )
```

（1）参数的含义

criterion：gini 或者 entropy，前者是基尼系数，后者是信息熵。这两种算法差异不大，对准确率无影响。其中，信息墒运算效率低一点，因为它有对数运算。一般来说，使用默认的基尼系数 'gini' 就可以了，即 CART 算法。除非你更喜欢类似 ID3 和 C4.5 的最优特征选择方法。

max_depth：整型或 None，optional (default=None)。一般来说，数据少或者特征少的时候可以不管这个值。在模型样本量多、特征也多的情况下，推荐为限制这个最大深度。其具体取值取决于数据的分布。常用的取值为 10~100 之间。常用来解决过拟合。

max_features: None（所有特征）。当 log2、sqrt 和 N 特征小于 50 的时候，一般使用所有的。

max_leaf_nodes：通过限制最大叶子节点数，可以防止过拟合，默认是 'None'，即不限制最大的叶子节点数。如果加了限制，算法会建立在最大叶子节点数内的最优决策树。如果特征不多，可以不考虑这个值；但是如果特征分成多的话，可以加以限制，具体的值可以通过交叉验证得到。

min_impurity_split：这个值限制了决策树的增长。若某节点的不纯度 (基尼系数、信息增益、均方差和绝对差) 小于这个阈值，则该节点不再生成子节点，即为叶子节点。

min_samples_leaf：叶子节点所需最少样本数，默认为 1。如果达不到这个阈值，那么同一父节点的所有叶子节点均被剪枝，这是一个防止过拟合的参数。可以输入一个具体的值（int），或小于 1 的数（浮点型，会根据样本量计算百分比）。

min_samples_split：如果某节点的样本数少于 min_samples_split，就不会继续再尝试选择最优特征来进行划分；如果样本量不大，就默认这个值。如果样本量的数量级较大，就推荐增大这个值。

min_weight_fraction_leaf：这个值限制了叶子节点所有样本权重合的最小值，若小于这个值，则会和兄弟节点一起被剪枝，默认是 0，即不考虑权重问题。一般来说，如果我们有较多样本有缺失值，或者分类树样本的分布类别偏差很大，就会引入样本权重，这时我们就要注意这个值了。

presort：是否排序，默认为 False。

random_state：随机数生成种子，默认为 None。设置随机数生成种子是为了保证每次随机生成的数是一致的（即使是随机的）；如果不设置，那么每次生成的随机数都是不同的。

splitter：'best' 或 'random'。前者是在所有特征中找最好的切分点；后者是在部分特征中默认的 'best'，适合样本量不大的时候。而如果样本数据量较大，那么决策树构建推荐 'random'。

（2）属性

feature_importances_：给出了特征的重要程度。该值越高，该特征越重要 (也称为 Gini importance。

max_features_：max_features 的推断值。

n_features_：当执行 fit 之后，特征的数量。

n_outputs_：当执行 fit 之后，输出的数量。

tree_：底层的决策树。

（3）方法

fit(x,y[, sample_weight, check_input,)：训练模型。

predict(x, check_input])：用模型进行预测，返回预测值。

score(x,y[, sample_weight])：返回预测性能得分。若 score ＜ 1，有可能为负值，则预测效果太差；score 越大，预测性能越好。

（4）参数测评

① 对参数 splitter 进行测评的代码如下：

```
1. def test_DecisionTreeRegressor_splitter(*data):
2.     X_train,X_test,y_train,y_test=data
3.     splitters=['best','random']
4.     for splitter in splitters:
5.         regr = DecisionTreeRegressor(splitter=splitter)
6.         regr.fit(X_train, y_train)
7.         print('Splitter %s'%splitter)
```

```
8.          print('Training score: %f'%(regr.score(X_train,y_train)))
9.          print('Testing score: %f'%(regr.score(X_test,y_test)))
10. test_DecisionTreeRegressor_splitter(X_train,X_test,y_train,y_test)
```

运行结果：

```
Splitter best
Training score: 1.000000
Testing score: 0.789107
Splitter random
Training score: 1.000000
Testing score: 0.641796
```

可以看到对于本问题，最优划分预测性能较强，但是相差不大。而对于训练集的拟合，二者都拟合得相当好。

② 对参数 max_depth 进行的代码如下：

```
1. def test_DecisionTreeRegressor_depth(*data,maxdepth):
2.      X_train,X_test,y_train,y_test=data
3.      depths=np.arange(1,maxdepth)
4.      training_scores=[]
5.      testing_scores=[]
6.      for depth in depths:
7.          regr = DecisionTreeRegressor(max_depth=depth)
8.          regr.fit(X_train, y_train)
9.          training_scores.append(regr.score(X_train,y_train))
10.         testing_scores.append(regr.score(X_test,y_test))
11.
12.     ## 绘图
13.     fig=plt.figure()
14.     ax=fig.add_subplot(1,1,1)
15.     ax.plot(depths,training_scores,label='traing score')
16.     ax.plot(depths,testing_scores,label='testing score')
17.     ax.set_xlabel('maxdepth')
18.     ax.set_ylabel('score')
19.     ax.set_title('Decision Tree Regression')
20.     ax.legend(framealpha=0.5)
21.     plt.show()
22. test_DecisionTreeRegressor_depth(X_train,X_test,y_train,y_test,maxdepth=20)
```

运行结果（如图 4-6 所示）：

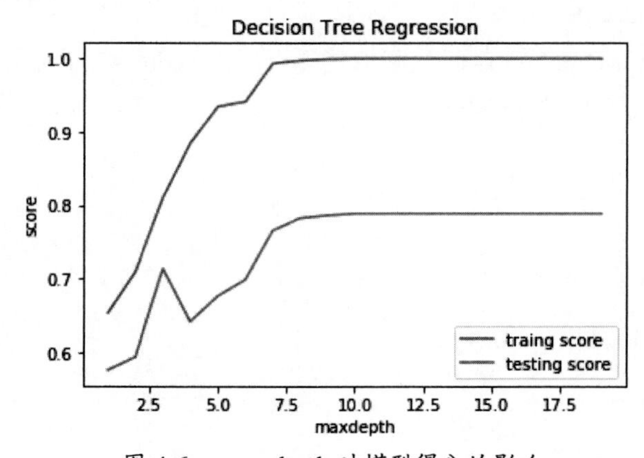

图 4-6　max_depth 对模型得分的影响

从图 4-6 所示可以看出，随着树深度的加深(对应着模型复杂度的提高)，模型对训练集和预测集的拟合都在提高。由于样本只有 100 个，因此理论上二叉树最深为 log2(100)=6.65，即树深度为 7 之后，再也无法划分了(每个子节点都只有一个节点)。

分类决策树的树状图生成为 .dot 文件，需要用 Graphviz.exe 打开，具体下载地址及安装方法，读者可以搜索相关资料解决。

4.2.2　分类决策树

使用决策树模型进行分类分析的代码如下：

```
1. import matplotlib.pyplot as plt
2. import numpy as np
3. from sklearn import datasets, linear_model
4. from sklearn.model_selection import train_test_split
5. iris=datasets.load_iris() # 使用 scikit-learn 自带的 iris 数据集
6. X_train=iris.data
7. y_train=iris.target
8. # 分层采样拆分成训练集和测试集，测试集大小为原始数据集大小的 1/4
9. X_train,X_test,y_train,y_test = train_test_split(X_train, y_train,test_
   size=0.25,random_state=0,stratify=y_train)
10. clf = DecisionTreeClassifier()
11. clf.fit(X_train, y_train)
12. print('Training score: %f'%(clf.score(X_train,y_train)))
13. print('Testing score: %f'%(clf.score(X_test,y_test)))
```

运行结果：

```
Training score: 1.000000
Testing score: 0.947368
```

由运行结果可以看到，对训练数据集完全拟合，且拟合精度高达 97.7368%。

```
DecisionTreeClassifier(class_weight=None,criterion='gini',max_depth=None,max_
features=None,max_leaf_nodes=None,min_impurity_decrease=0.0,min_impurity_
split=None,min_samples_leaf=1,min_samples_split=2,min_weight_fraction_
leaf=0.0,presort=False,random_state=None,splitter='best')
```

（1）参数的含义

class_weight：类别权重，默认为 None。在样本有较大缺失值或类别偏差较大时可选，以防止决策树向类别过大的样本倾斜。可设定为 None 或者 balanced。其中，balanced 会自动根据样本的数量分布计算权重，样本数少则权重高，与 min_weight_fraction_leaf 对应。

criterion：gini 或者 entropy，前者是基尼系数，后者是信息熵。这两种算法差异不大且对准确率无影响。其中，信息熵运算效率低一点，因为它有对数运算。一般来说，使用默认的基尼系数 'gini' 就可以了，即 CART 算法。

max_depth：整型或 None、optional (default=None)。一般来说，当数据少或者特征少时，这个值取默认值。如果在模型样本量多、特征也多的情况下，推荐为限制这个最大深度，具体的取值取决于数据的分布。常用的取值为 10~100 之间。常用来解决过拟合。

max_features：None（所有）。当 log2，sqrt，N 特征小于 50 时，一般使用所有的。

max_leaf_nodes：通过限制最大叶子节点数可以防止过拟合，默认是 'None'，即不限制最大的叶子节点数。如果设置限制，算法会建立在最大叶子节点数内的最优决策树。如果特征不多，可以不考虑这个值；但是如果特征分成多的话，可以加以限制，具体的值可以通过交叉验证得到。

min_impurity_decrease：节点划分最小不纯度，默认为 0。该值限制了决策树的增长，如果某节点的不纯度 (基尼系数、信息增益) 小于这个阈值，则该节点不再生成子节点。SKlearn 的 0.19.1 版本之前叫 min_impurity_split。

min_samples_leaf：叶子节点所需最少样本数，默认为 1。如果达不到这个阈值，那么同一父节点的所有叶子节点均被剪枝，这是一个防止过拟合的参数。可以输入一个具体的值（int）或小于 1 的数（浮点型，会根据样本量计算百分比）。

min_samples_split：如果某节点的样本数少于 min_samples_split，就不会继续再尝试选择最优特征来进行划分；如果样本量不大，就默认这个值，如果样本量数量级较大，就推荐增大这个值。

min_weight_fraction_leaf：这个值限制了叶子节点所有样本权重合的最小值，如果小于这个值，就会和兄弟节点一起被剪枝，默认是 0，即不考虑权重问题。一般来说，如果我们有较多样本有缺失值，或者分类树样本的分布类别偏差很大，就会引入样本权重，这时我们就要注意这个值了。

presort：是否排序，默认 False。

random_state：随机数生成种子，默认为 None。设置随机数生成种子是为了保证每次随机生成的数是一致的（即使是随机的）；如果不设置，那么每次生成的随机数都是不同的。

splitter：'best' 或 'random'。前者是在所有特征中找最好的切分点；后者是在部分特征中，默认的 'best' 适合样本量不大的时候。而如果样本数据量较大，那么决策树构建推荐 'random' 。

（2）属性

classes_：分类的标签值。

feature_importances_：给出了特征的重要程度。该值越高，该特征也越重要 (也称为 Gini importance)。

maxfeatures_： maxfeatures 的推断值。

nclasses_：给出了分类的数量。

n_features_：执行 fit 之后，特征的数量。

n_outputs_：执行 fit 之后，输出的数量。

tree_：底层的决策树。

（3）方法

fit(X,y[, sample_weight, check_input,...])：训练模型。

predict(X,[, check_input])：用模型进行预测，返回预测值。

predict_logg_proba(X)：返回列表，列表的元素依次是 X 预测为各个类别的概率的对数值。

predict_proba(X)：返回列表，列表的元素依次是 X 预测为各个类别的概率值。

score(X,y[,sample_weight])：返回在 (X,y) 上预测的准确率 (accuracy)。

（4）参数测评

① 对参数 criterion 的测评，代码如下：

```
1. def test_DecisionTreeClassifier_criterion(*data):
2.     X_train,X_test,y_train,y_test=data
3.     criterions=['gini','entropy']
4.     for criterion in criterions:
5.         clf = DecisionTreeClassifier(criterion=criterion)
6.         clf.fit(X_train, y_train)
7.         print('criterion: %s'%criterion)
8.         print('Training score: %f'%(clf.score(X_train,y_train)))
9.         print('Testing score: %f'%(clf.score(X_test,y_test)))
10. test_DecisionTreeClassifier_criterion(X_train,X_test,y_train,y_test)
```

运行结果：

```
criterion: gini
Training score: 1.000000
Testing score: 0.973684
criterion: entropy
Training score: 1.000000
Testing score: 0.921053
```

由运行结果可以看到，对于本问题，二者对于训练集的拟合都非常完美 (100%)，对于测试集的预测都较高，但是稍有不同；使用 Gini 系数的策略预测性能较高。

② 对参数 splitter 进行测评，代码如下：

```
1. def test_DecisionTreeClassifier_splitter(*data):
2.     X_train,X_test,y_train,y_test=data
3.     splitters=['best','random']
4.     for splitter in splitters:
5.         clf = DecisionTreeClassifier(splitter=splitter)
6.         clf.fit(X_train, y_train)
7.         print('splitter: %s'%splitter)
8.         print('Training score: %f'%(clf.score(X_train,y_train)))
9.         print('Testing score: %f'%(clf.score(X_test,y_test)))
10. test_DecisionTreeClassifier_splitter(X_train,X_test,y_train,y_test)
```

运行结果：

```
splitter: best
Training score: 1.000000
Testing score: 0.973684
splitter: random
Training score: 1.000000
Testing score: 0.973684
```

③ 对参数 max_depth 进行测评，代码如下：

```
1. def test_DecisionTreeClassifier_depth(*data,maxdepth):
2.     X_train,X_test,y_train,y_test=data
3.     depths=np.arange(1,maxdepth)
4.     training_scores=[]
5.     testing_scores=[]
6.     for depth in depths:
7.         clf = DecisionTreeClassifier(max_depth=depth)
```

```
8.          clf.fit(X_train, y_train)
9.          training_scores.append(clf.score(X_train,y_train))
10.         testing_scores.append(clf.score(X_test,y_test))
11.
12.     ## 绘图
13.     fig=plt.figure()
14.     ax=fig.add_subplot(1,1,1)
15.     ax.plot(depths,training_scores,label='traing score',marker='o')
16.     ax.plot(depths,testing_scores,label='testing score',marker='*')
17.     ax.set_xlabel('maxdepth')
18.     ax.set_ylabel('score')
19.     ax.set_title('Decision Tree Classification')
20.     ax.legend(framealpha=0.5,loc='best')
21.     plt.show()
22. test_DecisionTreeClassifier_depth(X_train,X_test,y_train,y_test,maxdepth=100)
```

运行结果（如图 4-7 所示）：

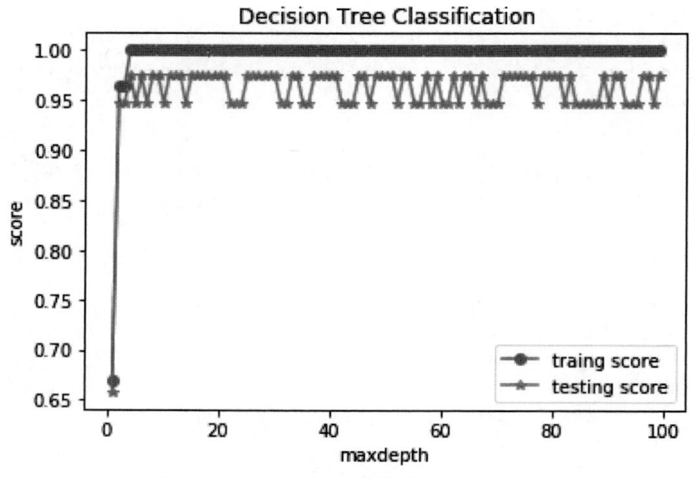

图 4-7　max_depth 对模型得分的影响

从图 4-7 中可以看出，随着树深度的增加（对应着模型复杂度的提高），模型对训练集和预测集的拟合都在提高。这里的训练数据集大小仅为 150，不考虑任何条件，只需要一棵深度为 log150 ≤ 8 的二叉树就能够完全拟合数据，使得每个叶子节点最多只有一个样本。考虑到决策树算法中的提前终止条件（比如叶子节点中所有样本都是同一类，则不再划分，此时叶节点中有超过一个样本），则树的深度小于 8。

分类决策树树状图绘制代码如下：

```
1. from sklearn.tree import export_graphviz
2. # 保存为 .dot 文件
3. with open('./iris.dot','w',encoding='utf-8') as f:
4.      f=export_graphviz(clf,out_file=f)
5. import graphviz
6. # 保存为 .pdf 文件
7. dot_data = export_graphviz(clf,out_file=f)
8. graph = graphviz.Source(dot_data)
9. graph.render(view=True, format="pdf", filename="decisiontree_pdf")
```

若保存格式为 .pdf 文件，则需要安装 graphviz.exe，同时安装 graphviz 库；如果需要直

接转为 .png 格式的文件，就需要安装库 pydot。其代码如下：

```
1. from sklearn.tree import export_graphviz
2. import pydot
3. X_train,X_test,y_train,y_test=load_data()
4. clf=DecisionTreeClassifier()
5. clf.fit(X_train,y_train)
6. export_graphviz(clf, out_file = './iris.dot', rounded = True, precision = 1)
7. (graph, ) = pydot.graph_from_dot_file('tree.dot')
8. graph.write_png('./iris.png');
```

4.3　贝叶斯分类器

贝叶斯分类是一种分类算法的总称，这种算法均以贝叶斯定理为基础，故统称为贝叶斯分类。

朴素贝叶斯分类器是一种有监督学习，常见有两种模型：多项式模型即为词频型和伯努利模型即文档型。二者的计算粒度不一样，多项式模型以单词为粒度，伯努利模型以文件为粒度，因此二者的先验概率和类条件概率的计算方法都不同。计算后验概率时，对于一个文档 d：若在多项式模型中，只有在 d 中出现过的单词，才会参与后验概率计算；若在伯努利模型中，没有在 d 中出现，但是在全局单词表中出现的单词，也会参与计算，不过是作为“反方”参与的。这里暂不考虑特征抽取、为避免消除测试文档时分类条件概率中有为 0 现象而做的取对数等问题。

从数学角度来说，贝叶斯分类器基于先验概率 $P(Y)$，利用贝叶斯公式计算后验概率 $P(Y/X)$（该对象属于某一类的概率），选择具有最大后验概率的类作为该对象所属类。其特点：数据可离散可连续；对数据缺失、噪声不敏感；若属性相关性小，则分类效果好。

贝叶斯定理：设试验 E 的样本空间为 S，A 为 E 的事件，$B_1,B_2,\cdots,B_n$ 为样本空间 S 的一个划分，且 $P(A)>0, P(B_i)\geqslant 0(i=1,2,\cdots,n)$，则有：

$$P(B_i / A)=\frac{P(A / B)P(B)}{\sum_{j=1}^{n}P(A / B)P(B)}$$

在 SKlearn 中有多种不同的朴素贝叶斯分类器，它们的区别就在于假设了不同的 $P(X^{(j)} / y=c_k)$ 分布。下面介绍三种常用的朴素贝叶斯分类器：

（1）GaussianNB 是高斯贝叶斯分类器，它假设特征的条件概率分布满足高斯分布：

$$P(X^{(j)}/y=c_k)=\frac{1}{\sqrt{2\pi\sigma_k^2}}\exp\left(-\frac{(X^{(j)}-\mu_k)^2}{2\sigma_k^2}\right)$$

（2）MultinomialNB 是多项式贝叶斯分类器，它假设特征的条件概率分布满足多项式分布：

$$P(X^{(j)}=a_{s_j} / y=c_k)=\frac{N^{kj}+a}{N_k+\alpha n}$$

（3）BernoulliNB 是伯努利贝叶斯分类器，它假设特征的条件概率分布满足二项分布：

$$P(X^{(j)} / y=c_k)=PX^{(j)}+(1-P)(1-X^{(j)})$$

4.3.1 高斯贝叶斯分类器

使用高斯贝叶斯进行分类分析的代码如下：

```
1. from sklearn import datasets,naive_bayes
2. from sklearn.model_selection import train_test_split
3. import  matplotlib.pyplot as plt
4. # 加载 scikit-learn 自带的 digits 数据集
5. digits=datasets.load_digits()
6. X_train,X_test,y_train,y_test=train_test_split(digits.data,digits.target,
7.                                                   test_size=0.25,random_
state=0,stratify=digits.target)
8. def test_GaussianNB(*data):
9.     X_train,X_test,y_train,y_test=data
10.    cls=naive_bayes.GaussianNB()
11.    cls.fit(X_train,y_train)
12.    print('Training Score:  %.2f' % cls.score(X_train,y_train))
13.    print('Testing Score:  %.2f' % cls.score(X_test, y_test))
14. test_GaussianNB(X_train,X_test,y_train,y_test)
```

运行结果：

```
Training Score:  0.85
Testing Score:  0.84
```

由运行结果可以看到，高斯贝叶斯分类器对训练数据集的预测准确率为 85%，对测试数据集的预测准确率为 84%。

```
naive_bayes.GaussianNB()
```

（1）参数的含义

GaussianNB 没有参数，因此这里不需要调参。

（2）属性

class_prior_：列表。形状为 (n_classes,)，是每个类别的概率。

class_count_：列表。形状为 (n_classes,)，是每个类别包含的训练样本数量。

theta_：列表。形状为 (n_classes，n_features)，是每个类别上每个特征的均值。

sigma_：列表。形状为 (n_classes，n_features)，是每个类别上每个特征的标准差。

（3）方法

fit(X,y[,sample_weight])：训练模型。

partial_fit(X,y[,classes,sample_weight])：追加训练模型。该方法主要用于大规模数据集的训练。此时可以将大数据集划分成若干个小数据集，然后在这些小数据集上连续调用 partial_fit 方法来训练模型。

predict(X)：用模型进行预测，返回预测值。

predict_log_proba(X)：返回列表，列表的元素依次是 X 预测为各个类别的概率的对数值。

predict_proba(X)：返回列表，列表的元素依次是 X 预测为各个类别的概率值。

score(X,y[,sample_weight])：返回在 (X,y) 上预测的准确率。

4.3.2　多项式贝叶斯分类器

使用多项式贝叶斯分类分析的代码如下：

```
1. def test_MultinomialNB(*data):
2.     X_train,X_test,y_train,y_test=data
3.     cls=naive_bayes.MultinomialNB()
4.     cls.fit(X_train,y_train)
5.     print('Training Score:  %.2f› % cls.score(X_train,y_train))
6.     print('Testing Score:  %.2f› % cls.score(X_test, y_test))
7. test_MultinomialNB(X_train,X_test,y_train,y_test)
```

运行结果：

```
Training Score:  0.91
Testing Score:  0.90
```

由运行结果可以看到，多项式贝叶斯分类器对训练数据集的预测准确率为 91%，对测试数据集的预测准确率为 90%。

```
naive_bayes.MultinomialNB(alpha=1.0, fit_prior=True, class_prior=None)
```

（1）参数的含义

alpha：浮点型。指定 α 值。

fit_prior：布尔值。如果为 True，就无须学习 $P(y=c_k)$，替代以均匀分布；如果为 False，则须学习 $P(y=c_k)$。

class_prior：列表。它指定了每个分类的先验概率。如果指定了该参数，那么每个分类的先验概率不再从数据集中学得。

（2）属性

class_log_prior_：列表。形状为 (n_classes,)，给出了每个类别调整后的经验概率分布的对数值。

feature_log_pob：列表。形状为 (n_classes, n_features)，给出 $P(X^{(j)}/y=c_k)$ 的经验概率分布的对数值。

class_count_：列表。形状为 (n_classes,)，是每个类别包含的训练样本数量。

feature_count：列表。形状为 (n_classes, n_features)，在训练过程中，每个类别、每个特征遇到的样本数。

（3）方法

fit(X,y[, sample_weight])：训练模型。

partial_fit(X,y[,classes,sample_weight])：追加训练模型。该方法主要用于大规模数据集的训练。此时可以将大数据集划分成若干个小数据集，然后在这些小数据集上连续调用 partial_fit 方法来训练模型。

predict(X)：用模型进行预测，返回预测值。

predict_log_proba(X)：返回列表，列表的元素依次是 X 预测为各个类别的概率的对数值。

predict_proba(X)：返回列表，列表的元素依次是 X 预测为各个类别的概率值。

score(X,y[,sample_weight])：返回在 (X,y) 上预测的准确率。

（4）参数测评

对参数 alpha 进行测评，代码如下：

```
1. def test_MultinomialNB_alpha(*data):
2.     X_train,X_test,y_train,y_test=data
3.     alphas=np.logspace(-2,5,num=200)
4.     train_scores=[]
5.     test_scores=[]
6.     for alpha in alphas:
7.         cls=naive_bayes.MultinomialNB(alpha=alpha)
8.         cls.fit(X_train,y_train)
9.         train_scores.append(cls.score(X_train,y_train))
10.        test_scores.append(cls.score(X_test, y_test))
11.    ## 绘图
12.    fig=plt.figure()
13.    ax=fig.add_subplot(1,1,1)
14.    ax.plot(alphas,train_scores,label='Training Score')
15.    ax.plot(alphas,test_scores,label='Testing Score')
16.    ax.set_xlabel(r'$\alpha$')
17.    ax.set_ylabel('score')
18.    ax.set_ylim(0,1.0)
19.    ax.set_title('MultinomialNB')
20.    ax.set_xscale('log')
21.    plt.show()
22. test_MultinomialNB_alpha(X_train,X_test,y_train,y_test)
```

运行结果（如图 4-8 所示）：

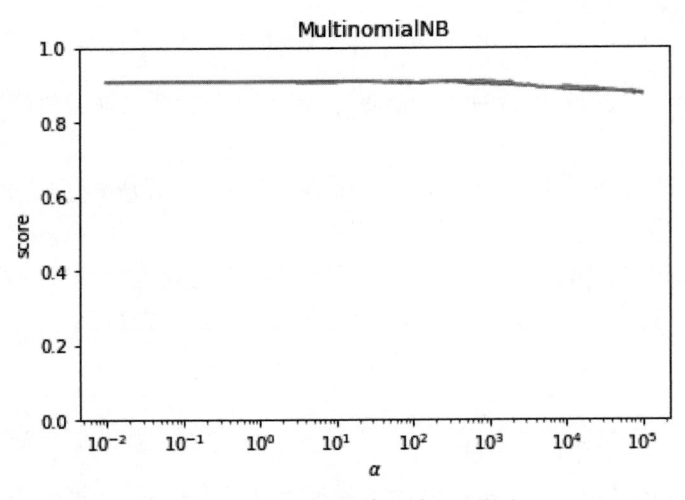

图 4-8 alpha 对模型得分的影响

从图 4-8 中可以看到，在 α>100 之后，随着 α 的增长，预测准确率在下降。

4.3.3 伯努利贝叶斯分类器

使用伯努利贝叶斯进行分类分析的代码如下：

```
1. def test_BernoulliNB(*data):
2.     X_train,X_test,y_train,y_test=data
3.     cls=naive_bayes.BernoulliNB()
```

```
4.      cls.fit(X_train,y_train)
5.      print('Training Score: %.2f' % cls.score(X_train,y_train))
6.      print('Testing Score: %.2f' % cls.score(X_test, y_test))
7. test_BernoulliNB(X_train,X_test,y_train,y_test)
```

运行结果：

```
Training Score: 0.87
Testing Score: 0.87
```

由运行结果可以看到，伯努利贝叶斯分类器对训练数据集的预测准确率为 87%，对测试数据集的预测准确率为 87%。

```
naive_bayes.BernoulliNB(alpha=1.0,binarize=.0,fit_prior=True,class_prior=None)
```

（1）参数的含义

alpha：浮点型。指定 α 值。

binarize：浮点型或者 one。如果为 None，那么会假定原始数据已经二值化；如果是浮点型，那么会以该数值为界，特征取值大于它的作为 1；特征取值小于它的作为 0。

fit_prior：布尔值。如果为 True，就无须学习 $P(y=c_k)$，替代以均匀分布；如果为 False，则须学习 $P(y=c_k)$。

class_prior：列表。它指定了每个分类的先验概率。如果指定了该参数，那么每个分类的先验概率不再从数据集中学得。

（2）属性

class_log_prior_：列表对象。形状为 (n_classes)，给出了每个类别调整后的经验概率分布的对数值。

feature_log_pob：列表对象。形状为 (n_classes，n_features)，给出 $P(X^{(j)}/y=c_k)$ 的经验概率分布的对数值。

class_count_：列表。形状为 (n_classes，)，是每个类别包含的训练样本数量。

feature_count：列表，形状为 (n_classes，n_features)，在训练过程中，每个类别、每个特征遇到的样本数。

（3）方法

fit(X,y[, sample_weight])：训练模型。

partial_fit(X,y[,classes,sample_weight])：追加训练模型。该方法主要用于大规模数据集的训练。此时可以将大数据集划分成若干个小数据集，然后在这些小数据集上连续调用 partial_fit 方法来训练模型。

predict(X)：用模型进行预测，返回预测值。

predict_log_proba(X)：返回列表，列表的元素依次是 X 预测为各个类别的概率的对数值。

predict_proba(X)：返回列表，列表的元素依次是 X 预测为各个类别的概率值。

score(X,y[, sample_weight])：返回在 (X,y) 上预测的准确率（accuracy）。

（4）参数测评

① 对参数 alpha 进行测评，代码如下：

```
1. def test_BernoulliNB_alpha(*data):
```

```
2.      X_train,X_test,y_train,y_test=data
3.      alphas=np.logspace(-2,5,num=200)
4.      train_scores=[]
5.      test_scores=[]
6.      for alpha in alphas:
7.          cls=naive_bayes.BernoulliNB(alpha=alpha)
8.          cls.fit(X_train,y_train)
9.          train_scores.append(cls.score(X_train,y_train))
10.         test_scores.append(cls.score(X_test, y_test))
11.     ## 绘图
12.     fig=plt.figure()
13.     ax=fig.add_subplot(1,1,1)
14.     ax.plot(alphas,train_scores,label='Training Score')
15.     ax.plot(alphas,test_scores,label='Testing Score')
16.     ax.set_xlabel(r'$\alpha$')
17.     ax.set_ylabel('score')
18.     ax.set_ylim(0,1.0)
19.     ax.set_title('BernoulliNB')
20.     ax.set_xscale('log')
21.     ax.legend(loc='best')
22.     plt.show()
23. test_BernoulliNB_alpha(X_train,X_test,y_train,y_test)
```

运行结果（见图 4-9）：

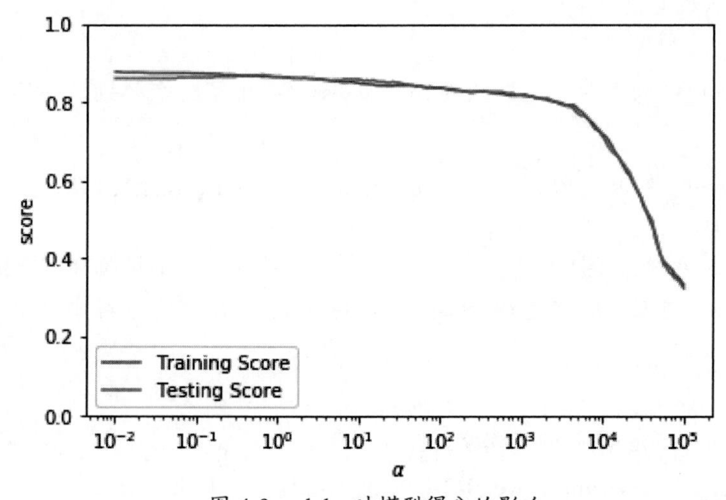

图 4-9　alpha 对模型得分的影响

从图 4-9 中可以看到，在 α>100 之后，随着 α 的增长，预测准确率在下降。

② 对参数 binarize 进行测评，其代码如下：

```
1. def test_BernoulliNB_binarize(*data):
2.      X_train,X_test,y_train,y_test=data
3.      min_x=min(np.min(X_train.ravel()),np.min(X_test.ravel()))-0.1
4.      max_x=max(np.max(X_train.ravel()),np.max(X_test.ravel()))+0.1
5.      binarizes=np.linspace(min_x,max_x,endpoint=True,num=100)
6.      train_scores=[]
7.      test_scores=[]
8.      for binarize in binarizes:
9.          cls=naive_bayes.BernoulliNB(binarize=binarize)
```

```
10.         cls.fit(X_train,y_train)
11.         train_scores.append(cls.score(X_train,y_train))
12.         test_scores.append(cls.score(X_test, y_test))
13.     ## 绘图
14.     fig=plt.figure()
15.     ax=fig.add_subplot(1,1,1)
16.     ax.plot(binarizes,train_scores,label='Training Score')
17.     ax.plot(binarizes,test_scores,label='Testing Score')
18.     ax.set_xlabel('binarize')
19.     ax.set_ylabel('score')
20.     ax.set_ylim(0,1.0)
21.     ax.set_xlim(min_x-1,max_x+1)
22.     ax.set_title('BernoulliNB')
23.     ax.legend(loc='best')
24.     plt.show()
25. test_BernoulliNB_binarize(X_train,X_test,y_train,y_test)
```

运行结果（如图 4-10 所示）：

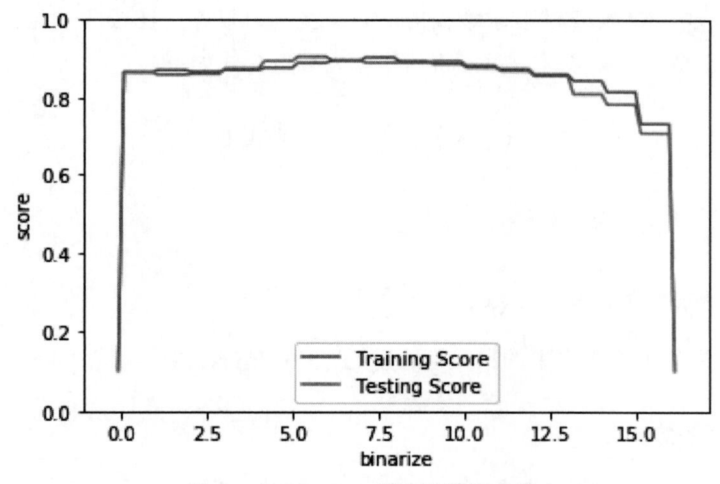

图 4-10　binarize 对模型得分的影响

从图 4-10 中可以看到，当 binarize 太小时，预测准确率呈断崖式下降，因为此时所有特征的所有值都视为 0，此时对于伯努利贝叶斯分类器来讲，所有样本的所有特征都是“平缓”的，样本之前没有任何区分，所以也无从预测。当 binarize 太大时，预测准确率也呈断崖式下降，因为此时所有特征的所有值都被视为 1，此时对于伯努利贝叶斯分类器来讲，样本之前没有任何区分，同样也无从预测。binarize 的取值必须在样本集 (包括测试集) 所有特征的所有值的最小值和最大值之间，且最好能使得二元化之后的特征分布尽可能近似于原始特征的分布。

4.4　KNN

K 近邻法 (K Nearest Neighbor) 是机器学习所有算法中理论最简单、最好理解的算法之一。它是一种基本的分类与回归方法，它的输入为实例的特征向量，通过计算新数据与训练数据特征值之间的距离，然后选取 $K(K \geqslant 1)$ 个距离最近的邻居进行分类判断 (投票法) 或者回归。

如果 K=1，那么新数据被简单地分配给其近邻的类。

对于分类问题（KNeighborsClassifier）：输出为实例的类别。分类时，对于新的实例，根据其 K 个最近邻的训练实例的类别，通过多数表决等方式进行预测。

对于回归问题（KNeighborsRegressor）：输出为实例的值。回归时，对于新的实例，取其 K 个最近邻的训练实例的平均值为预测值。

K 近邻法分类的直观理解：给定一个训练数据集，对于新的输入实例，在训练集中找到与该实例最邻近的 K 个实例。这 K 个实例的多数属于某个类别，则该输入实例就划分为这个类别。

KNN 模型有如下要素：

（1）K 值选择。当 K=1 时的 K 近邻算法称为最近邻算法。此时将训练集中与 $\boldsymbol{x}$ 最近的点的类别作为 $\boldsymbol{x}$ 的分类。若 K 值较小，则相当于用较小的邻域中的训练实例进行预测，“学习”的近似误差减小；若 K 值较大，则相当于用较大的邻域中的训练实例进行预测。

（2）距离度量。KNN 算法要求数据的所有特征都可以作可比较的量化。若在数据特征中存在非数值的类型，则必须采取手段将其量化为数值公式如下：

$$L_p(\boldsymbol{x}_i,\boldsymbol{x}_j)=\left(\sum_{l=1}^{n}|x_i^{(l)}-x_j^{(l)}|^p\right)^{1/p}$$

当 p=2 时，为欧氏距离：$L_2(\boldsymbol{x}_i,\boldsymbol{x}_j)=\left(\sum_{l=1}^{n}|x_i^{(l)}-x_j^{(l)}|^2\right)^{1/2}$

当 p=1 时，为曼哈顿距离：$L_1(\boldsymbol{x}_i,\boldsymbol{x}_j)=\sum_{l=1}^{n}|x_i^{(l)}-x_j^{(l)}|$

当 p=∞时，为各维度距离中的最大值：$L_\infty(\boldsymbol{x}_i,\boldsymbol{x}_j)=\max_l|x_i^{(l)}-x_j^{(l)}|$

4.4.1 KNN 分类

KNN 分类代码如下，注意 K 值（n_neighbors）默认值为 5。

```
1. from sklearn import datasets,neighbors
2. from sklearn.model_selection import train_test_split
3. import  matplotlib.pyplot as plt
4. import numpy as np
5. digits=datasets.load_digits()
6. X_train,X_test,y_train,y_test=train_test_split(digits.data,digits.target,
7.                                                   test_size=0.25,random_
state=0,stratify=digits.target)
8. def test_KNeighborsClassifier(*data):
9.     X_train,X_test,y_train,y_test=data
10.    clf=neighbors.KNeighborsClassifier()
11.    clf.fit(X_train,y_train)
12.    print('Training Score: %f'%clf.score(X_train,y_train))
13.    print('Testing Score: %f'%clf.score(X_test,y_test))
14. test_KNeighborsClassifier(X_train,X_test,y_train,y_test)
```

运行结果：

```
Training Score: 0.991091
```

```
Testing Score: 0.980000
```

由运行结果可以看到，KNN分类器对训练数据集的预测准确率约为99%，对测试数据集的预测准确率为98%。

```
KNeighborsClassifier(algorithm=' auto' ,leaf_size=30,metric=' minkowski' ,metric_params=None,n_jobs=None,n_neighbors=5,p=2,weights=' uniform' )
```

（1）参数的含义

algorithm：用于计算最近邻居的算法。其中，'ball_tree' 使用 BallTree 算法；'kd_tree' 使用 KDTree 算法；'brute' 使用暴力搜索算法。'auto' 将尝试根据传递给 fit() 方法的值来决定最合适的算法。注意，在稀疏输入上进行拟合将使用暴力搜索。

leaf_size：默认为30。叶大小传递给 BallTree 或 KDTree。这会影响构造和查询的速度，以及存储树所需的内存。最佳值取决于问题的性质。

metric：树使用的距离度量。默认度量标准为 'minkowski' 距离，p=2 为标准欧几里得度量值。

metric_params：度量函数的其他关键字参数。

n_jobs：并行计算数。

n_neighbors：寻找的邻居数，默认是5，也就是 K 值。

p：默认为2。表示 Minkowski 距离的指标的功率参数。当 p=1 时，等效于使用 manhattan_distance（l1）；当 p=2 时，使用 euclidean_distance（l2）。对于任意 p，使用 minkowski_distance（l_p）。

weights：预测中使用的权重函数。可能的取值：'uniform'，表示统一权重，即每个邻域中的所有点均被加权；'distance'，表示权重点与其距离的倒数，在这种情况下，查询点的近邻比远处的近邻具有更大的影响力；[callable] 表示一个可调用的对象，它传入距离的数组，返回相同形状的权重数组。

（2）属性

classes_：类别。

effective_metric_：使用的距离度量。它将与度量参数相同或与其相同。例如，如果将 metric 参数设置为 'minkowski'，而将 p 参数设置为2，则为 'euclidean'。

effective_metric_params_：度量功能的其他关键字参数。对于大多数指标而言，它与 metric_params 参数相同，但是，如果将 valid_metric_ 属性设置为 'minkowski'，也可能包含 p 参数值。

outputs_2d_：在拟合的时候，当 y 的形状为（n_samples, ）或（n_samples,1）时，为 False，否则为 True。

（3）方法

fit(X, y)：使用 X 作为训练数据和 y 作为目标值拟合模型。

set_params(**params)：设置此估算器的参数。

get_params([deep])：获取此估计量的参数。

kneighbors([X,n_neighbors, return_distance])：查找点的 K 个邻居。返回每个点的邻居的索引和与之的距离。

kneighbors_graph([X,n_neighbors, mode])：计算 X 中点的 K 个邻居的加权图。

predict(X)：预测提供的数据的类标签。

predict_proba(X)：测试数据 X 的返回概率估计。

score(X,y[,sample_weight])：返回给定测试数据和标签上的平均准确度。

（4）参数测评

① 对参数 K 进行测评，代码如下：

```
1. def test_KNeighborsClassifier_k_w(*data):
2.     X_train,X_test,y_train,y_test=data
3.     Ks=np.linspace(1,y_train.size,num=100,endpoint=False,dtype='int')
4.     weights=['uniform','distance']
5.     fig=plt.figure()
6.     ax=fig.add_subplot(1,1,1)
7.     # 不同 weights 对预测得分的影响
8.     for weight in weights:
9.         training_scores=[]
10.        testing_scores=[]
11.        for K in Ks:
12.            clf=neighbors.KNeighborsClassifier(weights=weight,n_neighbors=K)
13.            clf.fit(X_train,y_train)
14.            testing_scores.append(clf.score(X_test,y_test))
15.            training_scores.append(clf.score(X_train,y_train))
16.        ax.plot(Ks,testing_scores,label='testing score: weight=%s'%weight)
17.        ax.plot(Ks,training_scores,label='training score: weight=%s'%weight)
18.    ax.legend(loc='best')
19.    ax.set_xlabel('K')
20.    ax.set_ylabel('score')
21.    ax.set_ylim(0,1.05)
22.    ax.set_title('KNeighborsClassifier')
23.    plt.show()
24. test_KNeighborsClassifier_k_w(X_train,X_test,y_train,y_test)
```

运行结果（见图 4-11）：

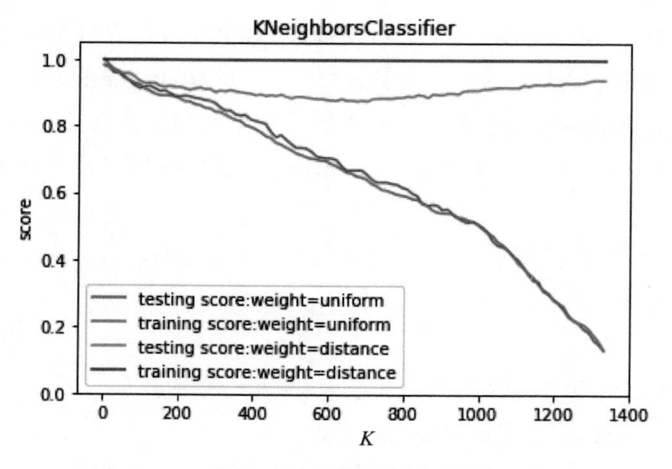

图 4-11　K 值以及投票策略对模型得分的影响

由运行结果可以看到，在使用 uniform 投票策略的情况下 (即投票权重都相同)，随着 K

的增长，分类器的预测性能稳定下降。这是因为当 K 增大时，输入实例较远的训练实例也会对预测起作用，使预测发生错误。

在使用 distance 投票策略的情况下（即投票权重与距离成反比），随着 K 的增长，分类器对测试集的预测性能相对比较稳定。这是因为，虽然 K 增大了，输入实例较远的训练实例也会对预测起作用，但因为距离较远，其影响要小得多（权重很小）。

② 对参数 p 进行测评，代码如下：

```
1. def test_KNeighborsClassifier_k_p(*data):
2.     X_train,X_test,y_train,y_test=data
3.     Ks=np.linspace(1,y_train.size,endpoint=False,dtype='int')
4.     Ps=[1,2,10]
5.     fig=plt.figure()
6.     ax=fig.add_subplot(1,1,1)
7.     # 不同 p 对模型得分的影响
8.     for P in Ps:
9.         training_scores=[]
10.        testing_scores=[]
11.        for K in Ks:
12.            clf=neighbors.KNeighborsClassifier(p=P,n_neighbors=K)
13.            clf.fit(X_train,y_train)
14.            testing_scores.append(clf.score(X_test,y_test))
15.            training_scores.append(clf.score(X_train,y_train))
16.        ax.plot(Ks,testing_scores,label='testing score: p=%d'%P)
17.        ax.plot(Ks,training_scores,label='training score: p=%d'%P)
18.    ax.legend(loc='best')
19.    ax.set_xlabel('K')
20.    ax.set_ylabel('score')
21.    ax.set_ylim(0,1.05)
22.    ax.set_title('KNeighborsClassifier')
23.    plt.show()
24. test_KNeighborsClassifier_k_p(X_train,X_test,y_train,y_test)
```

运行结果（如图 4-12 所示）：

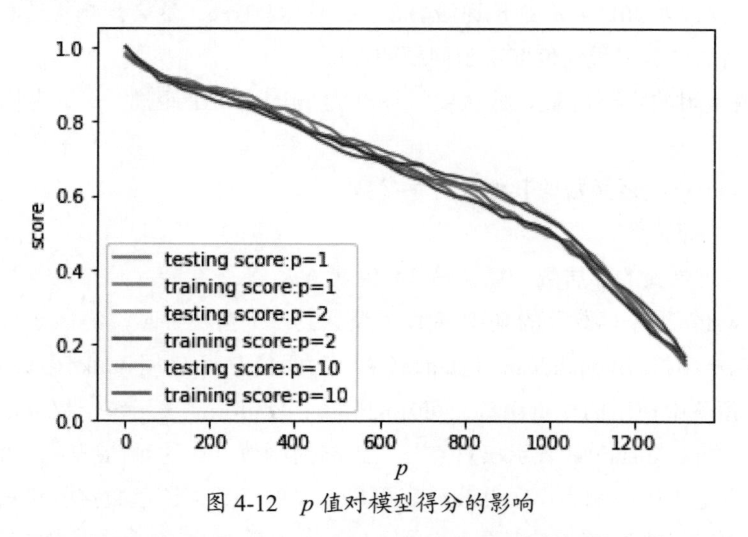

图 4-12　p 值对模型得分的影响

由运行结果可以看到，p 参数对于分类器的预测性能没有任何影响。

4.4.2 KNN 回归

使用 KNN 进行回归分析的代码如下：

```
1. # 创建自定义的数据集
2. n=1000
3. X =5 * np.random.rand(n, 1)
4. y = np.sin(X).ravel()
5. # 每隔 5 个样本就在样本的值上添加噪声
6. y[: : 5] += 1 * (0.5 - np.random.rand(int(n/5)))
7. X_train,X_test,y_train,y_test=train_test_split(X,  y,test_size=0.25,random_
   state=0)
8. def test_KNeighborsRegressor(*data):
9.     X_train,X_test,y_train,y_test=data
10.    regr=neighbors.KNeighborsRegressor()
11.    regr.fit(X_train,y_train)
12.    print('Training Score: %f'%regr.score(X_train,y_train))
13.    print('Testing Score: %f'%regr.score(X_test,y_test))
14. test_KNeighborsRegressor(X_train,X_test,y_train,y_test)
```

运行结果：

```
Training Score: 0.974779
Testing Score: 0.955806
```

由运行结果可以看到，KNN 回归器对训练数据集的预测准确率约为 97%，对测试数据集的预测准确率约为 96%。

```
KNeighborsRegressor(algorithm='auto',leaf_size=30,metric='minkowski',metric_
params=None,n_jobs=None,n_neighbors=5,p=2,weights='uniform')
```

（1）参数的含义

algorithm：用于计算最近邻居的算法。'ball_tree' 表示将使用 BallTree；'kd_tree' 表示将使用 KDTree；'brute' 表示将使用暴力搜索；'auto' 表示将尝试根据传递给 fit() 方法的值来决定最合适的算法。注意：若在稀疏输入上进行拟合，则将使用蛮力覆盖此参数的设置。

leaf_size：默认为 30。叶大小传递给 BallTree 或 KDTree。这会影响构造和查询的速度，以及存储树所需的内存。最佳值取决于问题的性质。

metric：树使用的距离度量。默认度量标准为 'minkowski' 距离，p=2 为标准欧几里得度量值。

metric_params：度量函数的其他关键字参数。

n_jobs：并行计算数。

n_neighbors：寻找的邻居数，默认是 5，也就是 K 值。

p：Minkowski 距离的指标的功率参数，默认为 2。当 p=1 时，等效于使用 manhattan_distance（l1）和 p=2 时使用 euclidean_distance（l2）。对于任意 p，使用 minkowski_distance（l_p）。

weights：预测中使用的权重函数。可能的取值：'uniform' 表示统一权重，即每个邻域中的所有点均被加权；'distance' 表示权重点与其距离的倒数，在这种情况下，查询点的近邻比远处的近邻具有更大的影响力；[callable] 表用户定义的函数，该函数接收距离列表，并返回包含权重的相同形状的列表。

（2）属性

classes_：类别。

effective_metric_：使用的距离度量。它将与度量参数相同或与其相同。例如，如果将metric 参数设置为 'minkowski'，而将 p 参数设置为 2，则为 'euclidean'。

effective_metric_params_：度量功能的其他关键字参数。对于大多数指标而言，它与metric_params 参数相同，但是，如果将 valid_metric_ 属性设置为 'minkowski'，那么也可能包含 p 参数值。

outputs_2d_：在拟合的时候，当 y 的形状为（n_samples,）或（n_samples, 1）时，为False，否则为 True。

（3）方法

fit(X, y)：使用 X 作为训练数据和 y 作为目标值拟合模型。

kneighbors([X,n_neighbors, return_distance])：返回样本点的 k 近邻点。如果 return_distance=True，同时还返回到这些近邻点的距离。

kneighbors_graph([X, n_neighbors, mode])：计算 X 中点的 k 邻居的（加权）图。

predict(X)：预测提供的数据的类标签。

predict_proba(X)：测试数据 X 的返回概率估计。

score(X, y)：返回预测性能得分。score ＜ 1，也可能为负值，表明预测效果太差；score越大，预测性能越好。

（4）参数测评

① 对参数 K、weights 进行测评，代码如下：

```
1. def test_KNeighborsRegressor_k_w(*data):
2.     X_train,X_test,y_train,y_test=data
3.     Ks=np.linspace(1,y_train.size,num=100,endpoint=False,dtype='int')
4.     weights=['uniform','distance']
5.
6.     fig=plt.figure()
7.     ax=fig.add_subplot(1,1,1)
8.     # 不同 weights 对模型的影响
9.     for weight in weights:
10.        training_scores=[]
11.        testing_scores=[]
12.        for K in Ks:
13.            regr=neighbors.KNeighborsRegressor(weights=weight,n_neighbors=K)
14.            regr.fit(X_train,y_train)
15.            testing_scores.append(regr.score(X_test,y_test))
16.            training_scores.append(regr.score(X_train,y_train))
17.        ax.plot(Ks,testing_scores,label='testing score: weight=%s'%weight)
18.        ax.plot(Ks,training_scores,label='training score: weight=%s'%weight)
19.    ax.legend(loc='best')
20.    ax.set_xlabel('K')
21.    ax.set_ylabel('score')
22.    ax.set_ylim(0,1.05)
23.    ax.set_title('KNeighborsRegressor')
24.    plt.show()
```

```
25. test_KNeighborsRegressor_k_w(X_train,X_test,y_train,y_test)
```

运行结果（如图 4-13 所示）：

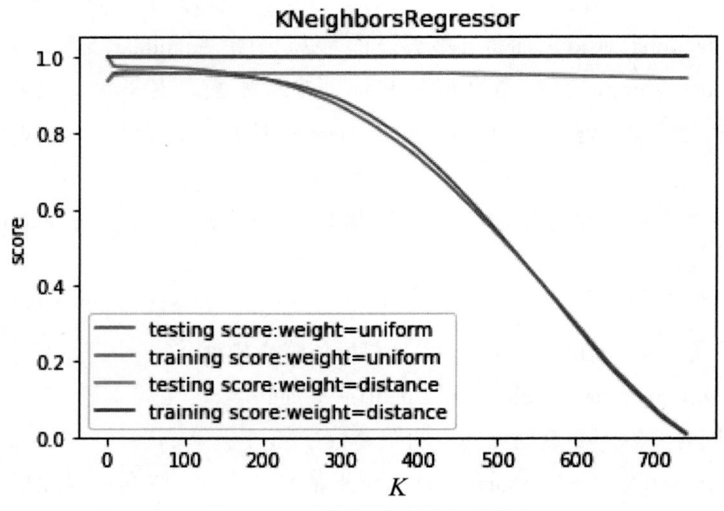

图 4-13　K 值对模型得分的影响

由运行结果可以看到，分类器随着 K 的增长，预测性能稳定下降。

②对参数 p 进行测评，代码如下：

```
1. def test_KNeighborsRegressor_k_p(*data):
2.     X_train,X_test,y_train,y_test=data
3.     Ks=np.linspace(1,y_train.size,endpoint=False,dtype='int')
4.     Ps=[1,2,10]
5.     fig=plt.figure()
6.     ax=fig.add_subplot(1,1,1)
7.     # 不同 p 对模型得分的影响
8.     for P in Ps:
9.         training_scores=[]
10.        testing_scores=[]
11.        for K in Ks:
12.            regr=neighbors.KNeighborsRegressor(p=P,n_neighbors=K)
13.            regr.fit(X_train,y_train)
14.            testing_scores.append(regr.score(X_test,y_test))
15.            training_scores.append(regr.score(X_train,y_train))
16.        ax.plot(Ks,testing_scores,label='testing score: p=%d'%P)
17.        ax.plot(Ks,training_scores,label='training score: p=%d'%P)
18.    ax.legend(loc='best')
19.    ax.set_xlabel('K')
20.    ax.set_ylabel('score')
21.    ax.set_ylim(0,1.05)
22.    ax.set_title('KNeighborsRegressor')
23.    plt.show()
24. test_KNeighborsRegressor_k_p(X_train,X_test,y_train,y_test)
```

运行结果（见图 4-14）：

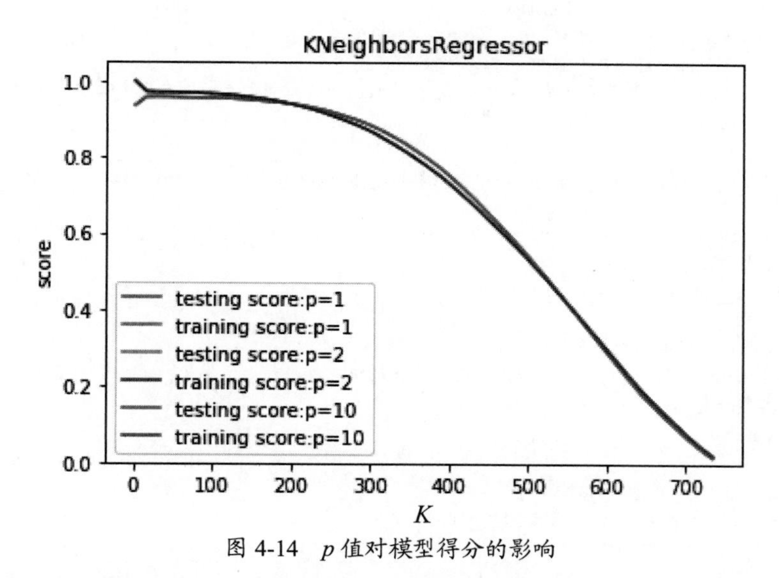

图 4-14 p 值对模型得分的影响

由图 4-14 所示可以看到，p 参数对于分类器的预测性能没有任何影响。

4.5 聚类

当训练样本的标记信息未知时，此时称为无监督学习。无监督学习通过对无标记训练样本的学习来寻找这些数据的内在性质，其主要工具是聚类算法。

聚类的思想：将数据集划分为若干个不相交子集，称为一个簇 cluster，每个簇潜在地对应于某一个概念。但是聚类过程仅仅能生成簇结构，而每个簇所代表的概念的语义由使用者自己解释。也就是聚类算法并不会告诉你：它生成的这些簇分别代表什么意义。它只会告诉你：算法已经将数据集划分为这些不相交的簇了。

用数学语言描述聚类：给定样本集合 $D=\{\vec{x}_1,\vec{x}_2,\cdots,\vec{x}_N\}$（假设样本集合包含 N 个无标记样本）。样本 $\boldsymbol{x}_i=(x_i^{(1)},x_i^{(2)},\cdots,x_i^{(n)})^{\mathrm{T}}\in\mathbb{R}^n$，聚类算法将样本集 D 划分成 K 个不相交的簇 $\{C_1,C_2,\cdots,C_K\}$。其中，$C_k\bigcap_{k\neq l}C_l=\varnothing,D=U_{k=1}^{K}C_k$。在 SKlearn 中常用的聚类模型有 K 均值算法 K 均值聚类（K-means）、密度聚类（DBSCAN）、层次聚类（AgglomerativeClustering）和高斯混合聚类（MixtureGaussian）等。

4.5.1 *K* 均值聚类

K 均值聚类模型质量代码如下：

```
1. from sklearn.datasets.samples_generator import make_blobs
2. from sklearn.model_selection import train_test_split
3. import  matplotlib.pyplot as plt
4. import numpy as np
5. # 生成用于聚类的数据集
6. def create_data(centers,num=100,std=0.7):
7.     '''''
8.     生成用于聚类的数据集
9.     :param centers: 聚类的中心点组成的列表。如果中心点是二维的，则产生的每个样本都是二维的。
```

```
10.     : param num:  样本数
11.     : param std:  每个簇中样本的标准差
12.     : return:  用于聚类的数据集。是一个元组，第一个元素为样本集，第二个元素为样本集的真实簇分类标记
13.     ‹››
14.     X, labels_true = make_blobs(n_samples=num, centers=centers, cluster_std=std)
15.     return  X,labels_true
16.# 绘制用于聚类的数据集
17.def plot_data(*data):
18.     '''''
19.     绘制用于聚类的数据集
20.     : param data:  可变参数。它是一个元组。元组元素依次为：第一个元素为样本集，第二个元素为样本集的真实簇分类标记
21.     : return:  None
22.     ‹››
23.     X,labels_true=data
24.     labels=np.unique(labels_true)
25.     fig=plt.figure()
26.     ax=fig.add_subplot(1,1,1)
27.     colors='rgbyckm' # 每个簇的样本标记不同的颜色
28.     for i,label in enumerate(labels):
29.         position=labels_true==label
30.         ax.scatter(X[position,0],X[position,1],label='cluster %d'%label,
31.         color=colors[i%len(colors)])
32.
33.     ax.legend(loc='best',framealpha=0.5)
34.     ax.set_xlabel('X[0]')
35.     ax.set_ylabel('Y[1]')
36.     ax.set_title('data')
37.     plt.show()
38.# 预生成数据
39.centers=[[1,1],[2,2],[1,2],[10,20]] # 用于产生聚类的中心点
40.X,labels_true=create_data(centers,1000,0.5) # 产生用于聚类的数据集
41.# 绘制用于聚类的数据集
42.plot_data(X,labels_true)
```

运行结果（见图 4-15）：

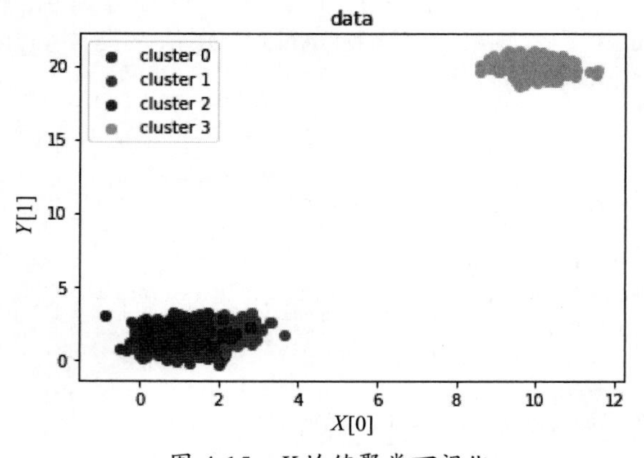

图 4-15　*K* 均值聚类可视化

```
1. from sklearn import  cluster
2. from sklearn.metrics import adjusted_rand_score
3. def test_Kmeans(*data):
4.     X,labels_true=data
5.     clst=cluster.KMeans()
6.     clst.fit(X)
7.     predicted_labels=clst.predict(X)
8.     print('ARI: %s'% adjusted_rand_score(labels_true,predicted_labels))
9.     print('Sum center distance %s'%clst.inertia_)
10. test_Kmeans(X,labels_true)
```

运行结果：

```
ARI: 0.3658214827769498
Sum center distance 235.73568432448377
```

由运行结果可知，ARI 指标约为 0.37(越大越好)，所有样本距离各簇中心点的距离之和约为 235.74。

```
KMeans(algorithm='auto',copy_x=True,init='k-means++',max_iter=300,n_clusters=8,n_init=10,n_jobs=None,precompute_distances='auto',random_state=None,tol=0.0001,verbose=0)
```

（1）参数的含义

algorithm：{'auto','full','elkan'},default='auto'，kmeans 的实现算法。其中，经典的 EM 风格算法是 'full' 的；通过使用三角形不等式，'elkan' 变异对于定义良好的聚类数据更有效。但是，由于分配了额外的形状列表（n_samples，n_clusters），因此需要更多的内存。

copy_x：布尔型 ,default=True，对是否修改数据的一个标记，如果为 True，即复制了就不会修改数据。布尔型在 scikit-learn 很多接口中都会有这个参数的，就是是否对输入数据继续进行 copy 操作，以便不修改用户的输入数据。这个要理解 Python 的内存机制才会比较清楚。

init：{'k-means++','random',ndarray,callable},default='k-means++'，初始簇中心的获取方法。其中，'k-means++' 表示以一种聪明的方式为 k-mean 聚类选择初始聚类中心，以加快收敛速度；'random' 表示 n_clusters 从初始质心的数据中随机选择观察（行）。如果传递了 ndarray，则其形状应为（n_clusters，n_features），并给出初始中心。如果传递了 callable，就应使用参数 X，n_clusters 和随机状态并返回初始化。一般建议使用默认的 'k-means++'。

max_iter：整型，默认为 300，最大迭代次数，单次运行的 *k* 均值算法的最大迭代次数。

n_clusters：整型，默认为 8，簇的个数，即聚成几类。

n_init：整型，默认为 10，获取初始簇中心的更迭次数，*k* 均值算法将在不同质心种子下运行的次数。

n_job：整型，默认为 None，并行设置。

precompute_distances：{'auto', True, False}，默认为 'auto'，是否需要提前计算距离。这个参数会在空间和时间之间做权衡，如果是 True，就会把整个距离矩阵都放到内存中，auto 会默认在数据样本 featurs*samples 的数量大于 12e6 的时候为 False，在为 False 时，核心实现的方法是利用 Cpython 来实现的。

random_state：整型，默认为 None，确定质心初始化的随机数生成。使用整型使随机性具有确定性。

tol：浮点型，默认 1e-4，容忍度，即 K-means 运行准则收敛的条件，关于 Frobenius 范数的相对容差。该范数表示两个连续迭代的聚类中心的差异，以声明收敛。

verbose：整型，默认为 0，冗长模式。

（2）属性

cluster_centers_：ndarray(n_clusters, n_features)，集群中心的坐标。

labels_：ndarray(n_samples,)，每个集群的标签。

inertia_：浮点型，样本到其最近的聚类中心的平方距离的总和。

n_iter_：整型，运行的迭代次数。

（3）方法

fit(X[, y, sample_weight])：拟合，计算 k 均值聚类。

fit_predict(X[, y, sample_weight])：计算聚类中心并预测每个样本的聚类索引。

fit_transform(X[, y, sample_weight])：计算聚类并将 X 转换为聚类距离空间。

get_params([deep])：获取此估计量的参数。

predict(X[, sample_weight])：预测 X 中每个样本所属的最近簇。

score(X[, y, sample_weight])：与 k 均值目标上 X 的值相反。

set_params(**params)：设置此估算器的参数。

transform(X)：将 X 转换为群集距离空间。

（4）参数测评

① 对 n_clusters 参数进行测评，代码如下：

```
1. def test_Kmeans_nclusters(*data):
2.     X,labels_true=data
3.     nums=range(1,50)
4.     ARIs=[]
5.     Distances=[]
6.     for num in nums:
7.         clst=cluster.KMeans(n_clusters=num)
8.         clst.fit(X)
9.         predicted_labels=clst.predict(X)
10.        ARIs.append(adjusted_rand_score(labels_true,predicted_labels))
11.        Distances.append(clst.inertia_)
12.    ## 绘图
13.    fig=plt.figure()
14.    ax=fig.add_subplot(1,2,1)
15.    ax.plot(nums,ARIs,marker='+')
16.    ax.set_xlabel('n_clusters')
17.    ax.set_ylabel('ARI')
18.    ax=fig.add_subplot(1,2,2)
19.    ax.plot(nums,Distances,marker='o')
20.    ax.set_xlabel('n_clusters')
21.    ax.set_ylabel('inertia_')
22.    fig.suptitle('KMeans')
23.    plt.show()
24. test_Kmeans_nclusters(X,labels_true)
```

运行结果（见图 4-16）：

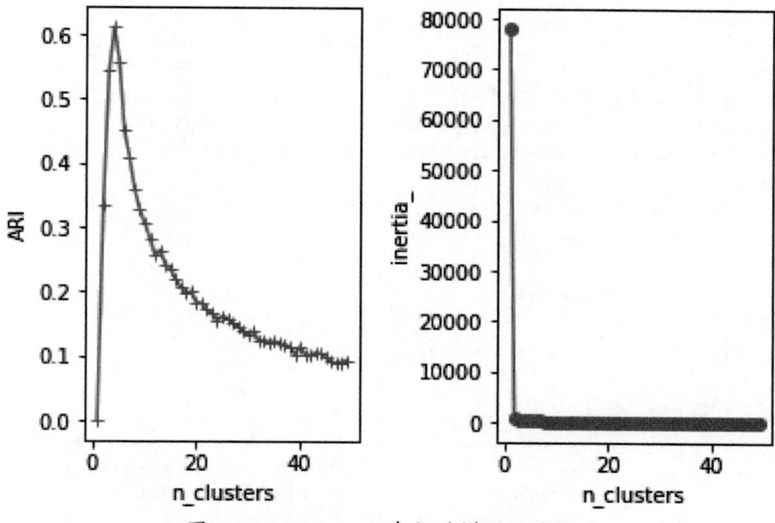

图 4-16　n_clusters 参数对模型性能影响

从图 4-16 所示可以看到，clusters=4 时，ARI 指数最大 (因为确实是从 4 个中心点产生 4 个簇)。而 inertia(所有样本距离各簇中心点的距离之和) 在 nclusters=1 时最大，因为产生的测试数据有 3 个中心点较近，一个中心点较远。因此，如果指定算法的簇的数量为 1(即所有样本都划归为一个簇)，则确实样本离簇中心的距离之和最大。

② 对参数 n_ini 进行测评，代码如下：

```
1.  def test_Kmeans_n_init(*data):
2.      X,labels_true=data
3.      nums=range(1,50)
4.      ## 绘图
5.      fig=plt.figure()
6.
7.      ARIs_k=[]
8.      Distances_k=[]
9.      ARIs_r=[]
10.     Distances_r=[]
11.     for num in nums:
12.             clst=cluster.KMeans(n_init=num,init='k-means++')
13.             clst.fit(X)
14.             predicted_labels=clst.predict(X)
15.             ARIs_k.append(adjusted_rand_score(labels_true,predicted_labels))
16.             Distances_k.append(clst.inertia_)
17.
18.             clst=cluster.KMeans(n_init=num,init='random')
19.             clst.fit(X)
20.             predicted_labels=clst.predict(X)
21.             ARIs_r.append(adjusted_rand_score(labels_true,predicted_labels))
22.             Distances_r.append(clst.inertia_)
23.
24.     ax=fig.add_subplot(1,2,1)
25.     ax.plot(nums,ARIs_k,marker='+',label='k-means++')
26.     ax.plot(nums,ARIs_r,marker='+',label='random')
27.     ax.set_xlabel('n_init')
```

```
28.       ax.set_ylabel('ARI')
29.       ax.set_ylim(0,1)
30.       ax.legend(loc='best')
31.       ax=fig.add_subplot(1,2,2)
32.       ax.plot(nums,Distances_k,marker='o',label='k-means++')
33.       ax.plot(nums,Distances_r,marker='o',label='random')
34.       ax.set_xlabel('n_init')
35.       ax.set_ylabel('inertia_')
36.       ax.legend(loc='best')
37.
38.       fig.suptitle('KMeans')
39.       plt.show()
40. test_Kmeans_n_init(X,labels_true)
```

运行结果（见图 4-17）：

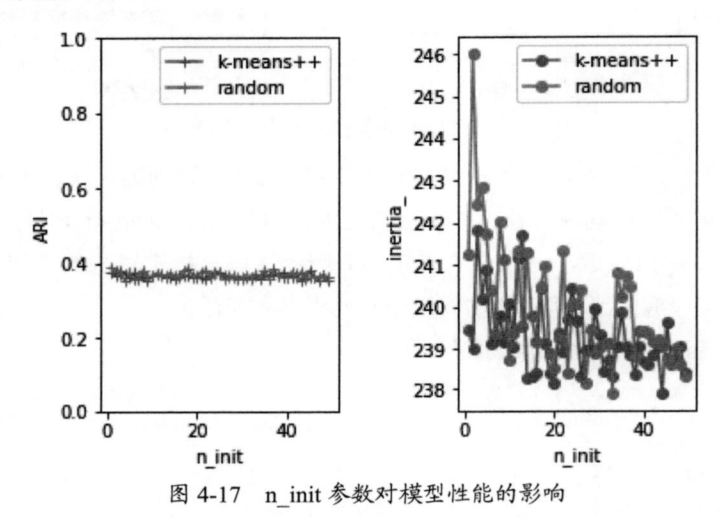

图 4-17　n_init 参数对模型性能的影响

从图 4-17 所示可以看到，ARI 指数与总距离随 n_init 震荡。因此这两项指标对 init 的影响不是很大。而且随机选择和使用 k-means++ 策略选择初始中心向量，对于聚类效果的影响也不大。

4.5.2 密度聚类

使用密度聚类的代码如下：

```
1. def test_DBSCAN(*data):
2.       X,labels_true=data
3.       clst=cluster.DBSCAN()
4.       predicted_labels=clst.fit_predict(X)
5.       print( 'ARI: %s' % adjusted_rand_score(labels_true,predicted_labels))
6.       print( 'Core sample num: %d' %len(clst.core_sample_indices_))
7. test_DBSCAN(X,labels_true)
```

运行结果：

```
ARI: 0.33266295633085957
Core sample num: 992
```

由运行结果可知，ARI 指标约为 0.33，此值越大越好；DBSCAN 根据原始数据集的密度，将其划分为 992 个簇。

```
DBSCAN(algorithm='auto',eps=0.5,leaf_size=30,metric='euclidean',metric_params=None,min_samples=5,n_jobs=None,p=None)
```

（1）参数的含义

algorithm：{'auto'，'full'，'elkan'}，默认为 'auto'，kmeans 的实现算法。其中，经典的 EM 风格算法是 'full' 的。通过使用三角形不等式，'elkan' 变异对于定义良好的聚类数据更有效。但是，由于分配了额外的形状列表（n_samples，n_clusters），因此需要更多的内存。目前，'auto'（保持向后兼容性）选择 'elkan'，但为了更好地启发，将来可能会更改。

eps：ε 参数，用于确定邻域大小。

leaf_size：整型，用于指定当 algorithm=balltree 或 kd 或 tree 时，树的叶节点大小。该参数会影响构建树、搜索最近邻的速度，同时影响存储树的内存。

metric：字符串或者可调用对象，用于计算距离。如果是字符串，就必须是在 metrics.pairwise.calculate_distance 中指定。

n_job：整型，默认为 None，并行设置。

（2）属性

core_sample_indices_：核心样本在原始训练集中的位置。

components_：核心样本的一份副本。

labels_：每个样本所属的簇标记。对于噪声样本，其簇标记为 -1 副本。

（3）方法

fit(x,y])：训练模型。

fit_predict(x,y])：训练模型并预测每个样本所属的簇标记。

（4）参数测评：

① 对参数 eps 进行测评，代码如下：

```
1. def test_DBSCAN_epsilon(*data):
2.     X,labels_true=data
3.     epsilons=np.logspace(-1,1.5)
4.     ARIs=[]
5.     Core_nums=[]
6.     for epsilon in epsilons:
7.         clst=cluster.DBSCAN(eps=epsilon)
8.         predicted_labels=clst.fit_predict(X)
9.         ARIs.append( adjusted_rand_score(labels_true,predicted_labels))
10.        Core_nums.append(len(clst.core_sample_indices_))
11.
12.    ## 绘图
13.    fig=plt.figure()
14.    ax=fig.add_subplot(1,2,1)
15.    ax.plot(epsilons,ARIs,marker='+')
16.    ax.set_xscale('log')
17.    ax.set_xlabel(r'$\epsilon$')
18.    ax.set_ylim(0,1)
19.    ax.set_ylabel('ARI')
```

```
20.
21.     ax=fig.add_subplot(1,2,2)
22.     ax.plot(epsilons,Core_nums,marker='o')
23.     ax.set_xscale('log')
24.     ax.set_xlabel(r'$\epsilon$')
25.     ax.set_ylabel('Core_Nums')
26.
27.     fig.suptitle('DBSCAN')
28.     plt.show()
29. test_DBSCAN_epsilon(X,labels_true)
```

运行结果（见图 4-18）：

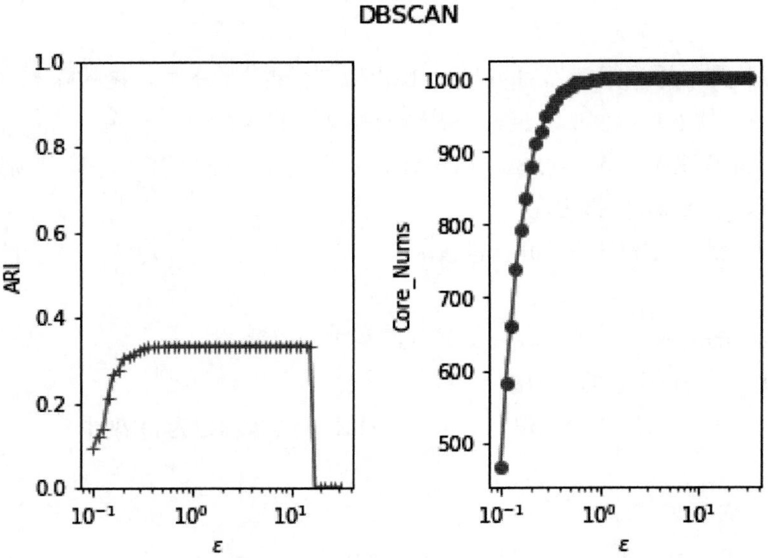

图 4-18　参数 eps 对模型性能的影响

从图 4-18 所示可以看到，ARI 指数随着 ε 的增长，先上升后保持平稳，最后断崖式下降。断崖式下降是因为我们产生的训练样本的间距比较小，最远的两个样本点之间的距离不超过 30，当 e 过大时，所有的点都在一个邻域中。

核心样本数量随着 ε 的增长而上升，这是因为随着 ε 的增长，样本点的邻域在扩展，且样本点邻域内的样本会更多，这就产生了更多满足条件的核心样本点。但是样本集中的样本数量有限，因此核心样本点的数量增长到一定数目后会趋于稳定。

② 对参数 min_samples 进行测评，代码如下：

```
1.  def test_DBSCAN_min_samples(*data):
2.      X,labels_true=data
3.      min_samples=range(1,100)
4.      ARIs=[]
5.      Core_nums=[]
6.      for num in min_samples:
7.          clst=cluster.DBSCAN(min_samples=num)
8.          predicted_labels=clst.fit_predict(X)
9.          ARIs.append( adjusted_rand_score(labels_true,predicted_labels))
10.         Core_nums.append(len(clst.core_sample_indices_))
```

```
11.         ## 绘图
12.         fig=plt.figure()
13.         ax=fig.add_subplot(1,2,1)
14.         ax.plot(min_samples,ARIs,marker='+')
15.         ax.set_xlabel( 'min_samples')
16.         ax.set_ylim(0,1)
17.         ax.set_ylabel('ARI')
18.         ax=fig.add_subplot(1,2,2)
19.         ax.plot(min_samples,Core_nums,marker='o')
20.         ax.set_xlabel( 'min_samples')
21.         ax.set_ylabel('Core_Nums')
22.         fig.suptitle('DBSCAN')
23.         plt.show()
24. test_DBSCAN_min_samples(X,labels_true)
```

运行结果（见图 4-19）：

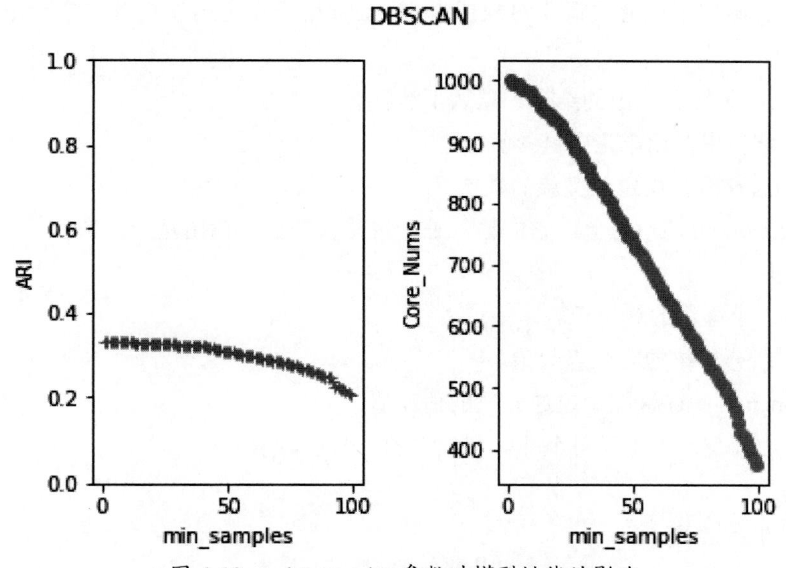

图 4-19　min_samples 参数对模型性能的影响

从图 4-19 所示可以看到，ARI 指数随着 min_samples 的增长而平稳地下降。而核心样本数量随着 min_samples 的增长而呈线性下降，这是因为随着 min_samples 的增长，样本点的邻域中必须包含更多的样本才能使它成为一个核心样本点。因此产生的核心样本点越来越少。

4.5.3　层次聚类

使用层次聚类的代码如下：

```
1. def test_AgglomerativeClustering(*data):
2.     X, labels_true=data
3.     clst=cluster.AgglomerativeClustering()
4.     predicted_labels=clst.fit_predict(X)
5.     print('ARI: %s'% adjusted_rand_score(labels_true,predicted_labels))
6. test_AgglomerativeClustering(X,labels_true)
```

运行结果：

```
ARI：0.33266533066132264
```

由运行结果可知，ARI 指标约为 0.33。此值越大越好。

```
AgglomerativeClustering(affinity='euclidean',compute_full_tree='auto',connectivity=None,linkage='ward',memory=None,n_clusters=2,pooling_func='deprecated')
```

（1）参数的含义

affinity：字符串或者可调用对象，用于计算距离，其可以为 'euclidean'、'l1'，'l2'、'manhattan'、'cosine'、'precomputed'。如果 linkage 为 'ward'，那么 affinity 必须是 'euclidean'。

n_components：已在 SKlearn 0.18 中移除。

compute_full_tree：在通常情况下，当训练了 clusters 之后，训练过程就停止。但是如果 compute_full_tree 为 True，就会继续训练从而生成一颗完整的树。

connectivity：列表或者可调用对象或者为 one，用于指定连接矩阵。它给出了每个样本的可连接样本。

memory：用于缓存输出的结果，默认不缓存。

linkage：字符串，用于指定链接算法。

n_clusters：整型，指定分类簇的数量。

pooling_func：可调用对象，它的输入是一组特征的值，输出是一个数值。

（2）属性

labels_：每个样本的簇标记。

n_leaves_：分层树的叶节点数量。

n_components_：连接图中连通分量的估计值。

children_：列表，给出了每个非叶节点中的子节点数量。

（3）方法

fit(x,y])：训练模型。

fit_predict(x,y])：训练模型并预测每个样本所属的簇标记。

（4）参数测评

① 对参数 min_samples 进行测评，代码如下：

```
1. def test_AgglomerativeClustering_nclusters(*data):
2.     X,labels_true=data
3.     nums=range(1,50)
4.     ARIs=[]
5.     for num in nums:
6.         clst=cluster.AgglomerativeClustering(n_clusters=num)
7.         predicted_labels=clst.fit_predict(X)
8.         ARIs.append(adjusted_rand_score(labels_true,predicted_labels))
9.
10.    ## 绘图
11.    fig=plt.figure()
12.    ax=fig.add_subplot(1,1,1)
13.    ax.plot(nums,ARIs,marker='+')
14.    ax.set_xlabel('n_clusters')
```

```
15.     ax.set_ylabel('ARI')
16.     fig.suptitle('AgglomerativeClustering')
17.     plt.show()
18. test_AgglomerativeClustering_nclusters(X,labels_true)
```

运行结果（如图 4-20 所示）：

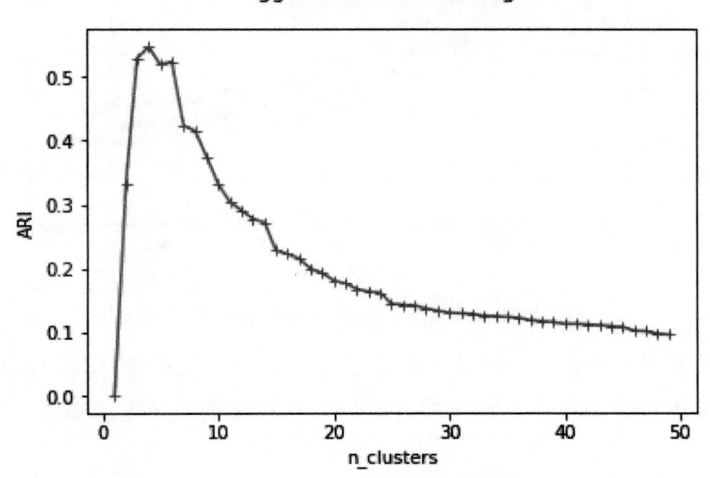

图 4-20　min_samples 参数对模型性能的影响

从图 4-20 所示可以看到，n_clusters=4 时，ARI 指数最大 (因为确实是从 4 个中心点产生了 4 个簇)。

② 对参数 linkages 进行测评，代码如下：

```
1. def test_AgglomerativeClustering_linkage(*data):
2.     X,labels_true=data
3.     nums=range(1,50)
4.     fig=plt.figure()
5.     ax=fig.add_subplot(1,1,1)
6.
7.     linkages=['ward','complete','average']
8.     markers='+o*'
9.     for i, linkage in enumerate(linkages):
10.         ARIs=[]
11.         for num in nums:
12.             clst=cluster.AgglomerativeClustering(n_clusters=num,linkage=linkage)
13.             predicted_labels=clst.fit_predict(X)
14.             ARIs.append(adjusted_rand_score(labels_true,predicted_labels))
15.         ax.plot(nums,ARIs,marker=markers[i],label='linkage: %s'%linkage)
16.
17.     ax.set_xlabel('n_clusters')
18.     ax.set_ylabel('ARI')
19.     ax.legend(loc='best')
20.     fig.suptitle('AgglomerativeClustering')
21.     plt.show()
22. test_AgglomerativeClustering_linkage(X,labels_true)
```

运行结果（如图 4-21 所示）：

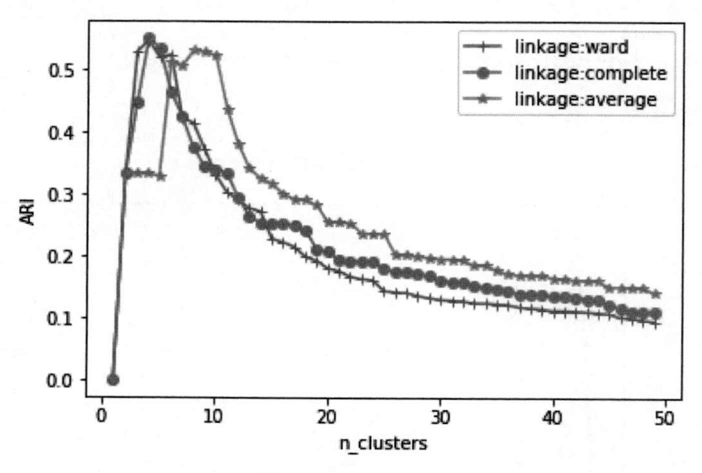

图 4-21　链接方式参数对模型性能的影响

从图 4-21 所示可以看到，三种链接方式随分类簇的数量的总体趋势都相差无几。但是单链接方式 ward 的峰值最大，且峰值最大的分类簇的数量刚好等于实际上生成样本的簇的数量。

4.5.4　高斯混合聚类

使用高斯混合聚类的代码如下：

```
1. from sklearn import mixture
2. def test_GMM(*data):
3.     X,labels_true=data
4.     clst=mixture.GaussianMixture()
5.     clst.fit(X)
6.     predicted_labels=clst.predict(X)
7.     print( ‘ARI: %s’ % adjusted_rand_score(labels_true,predicted_labels))
8. test_GMM(X,labels_true)
```

运行结果：

```
ARI: 3.3
```

由运行结果可知，ARI 指标为 0.33(越大越好)。这是因为默认的 GMM 只有一个簇，无论哪个样本点 , 都是划归到该簇。

```
GaussianMixture(covariance_type='full',init_params='kmeans',max_iter=100,means_init=None,n_components=1,n_init=1,precisions_init=None,random_state=None,reg_covar=1e-06,tol=0.001,verbose=0,verbose_interval=10,warm_start=False,weights_init=None)
```

（1）参数的含义

covariance_type：协方差类型：{'full'，'tied'，'diag'，'spherical'}。其中，'full' 指每个分量有各自不同的标准协方差矩阵和完全协方差矩阵（元素都不为零）；'tied' 指所有分量有相同的标准协方差矩阵（HMM 会用到）；'diag' 指每个分量有各自不同的对角协方差矩阵（非对角为零，对角不为零）；'spherical' 指每个分量有各自不同的简单协方差矩阵和球面协方差矩阵（非对角为零，对角完全相同，球面特性）。默认为 'full' 的完全协方差矩阵。

init_params：初始化参数类型：{'kmeans'，'random'}。初始化参数实现方式，默认用 kmeans 实现，也可以选择随机产生。

max_iter：最大迭代次数。

means_init：初始化均值。

n_components：混合高斯模型个数。

n_init：初始化次数，用于产生最佳初始参数。

precisions_init：初始化精确度（模型个数，特征个数）。

random_state：随机数发生器。

reg_covar：协方差对角非负正则化，保证协方差矩阵均为正。

tol：EM 迭代停止阈值，默认为 1e-3。

verbose：使能迭代信息显示，默认为 0，可以为 1 或者大于 1（显示的信息不同）。

verbose_interval：若使能迭代信息显示，设置多少次迭代后显示信息。

warm_start：若为 True，则 fit() 调用会以上一次 fit() 的结果作为初始化参数，适合相同问题多次 fit() 的情况，能加速收敛，默认为 False。

weights_init：各组成模型的先验权重。

（2）属性

weights_：每个混合模型的权重。

means_：每个混合模型的均值。

covars_：每个混合模型的协方差。矩阵大小取决于 covariance_type 定义的协方差矩阵类型。

converged_：布尔型。当在 fit() 中达到收敛时为真，否则为假。

（3）方法

fit(X,y])：训练模型。

fit_predict(X,y])：训练模型并预测每个样本所属的簇标记。

predict()：预测样本所属的簇标记。

predict_proba()：预测样本所属各个簇的概率。

sample([n_samples,random_state])：根据模型来随机生成一组样本。

score(,y])：计算模型在样本总体上的对数似然函数。

score_ samples(X)：给出每个样本的对数似然函数。

（4）参数测评

① 对参数 n_components 进行测评，代码如下：

```
1. def test_GMM_n_components(*data):
2.     X,labels_true=data
3.     nums=range(1,50)
4.     ARIs=[]
5.     for num in nums:
6.         clst=mixture.GaussianMixture(n_components=num)
```

```
7.          clst.fit(X)
8.          predicted_labels=clst.predict(X)
9.          ARIs.append(adjusted_rand_score(labels_true,predicted_labels))
10.
11.     ## 绘图
12.     fig=plt.figure()
13.     ax=fig.add_subplot(1,1,1)
14.     ax.plot(nums,ARIs,marker=' +' )
15.     ax.set_xlabel( 'n_components' )
16.     ax.set_ylabel( 'ARI' )
17.     fig.suptitle( 'GMM' )
18.     plt.show()
19. test_GMM_n_components(X,labels_true)
```

运行结果（见图 4-22）：

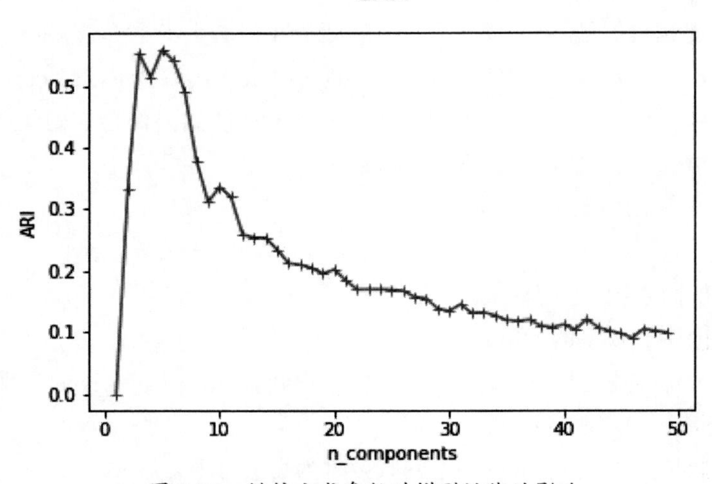

图 4-22　链接方式参数对模型性能的影响

从图 4-22 所示可以看到，对于高斯混合模型，可以看到 components=4 时，AR 指数最大(因为确实是从 4 个中心点产生了 4 个簇)。

② 对参数 cov_types 进行测评，代码如下：

```
1. def test_GMM_cov_type(*data):
2.     X,labels_true=data
3.     nums=range(1,50)
4.
5.     cov_types=['spherical','tied','diag','full']
6.     markers='+o*s'
7.     fig=plt.figure()
8.     ax=fig.add_subplot(1,1,1)
9.
10.    for i ,cov_type in enumerate(cov_types):
11.        ARIs=[]
12.        for num in nums:
13.            clst=mixture.GaussianMixture(n_components=num,covariance_type=cov_type)
14.            clst.fit(X)
15.            predicted_labels=clst.predict(X)
```

```
16.             ARIs.append(adjusted_rand_score(labels_true,predicted_labels))
17.         ax.plot(nums,ARIs,marker=markers[i],label='covariance_type: %s'%cov_type)
18.
19.     ax.set_xlabel('n_components')
20.     ax.legend(loc='best')
21.     ax.set_ylabel('ARI')
22.     fig.suptitle('GMM')
23.     plt.show()
24. test_GMM_cov_type(X,labels_true)
```

运行结果（如图 4-23 所示）：

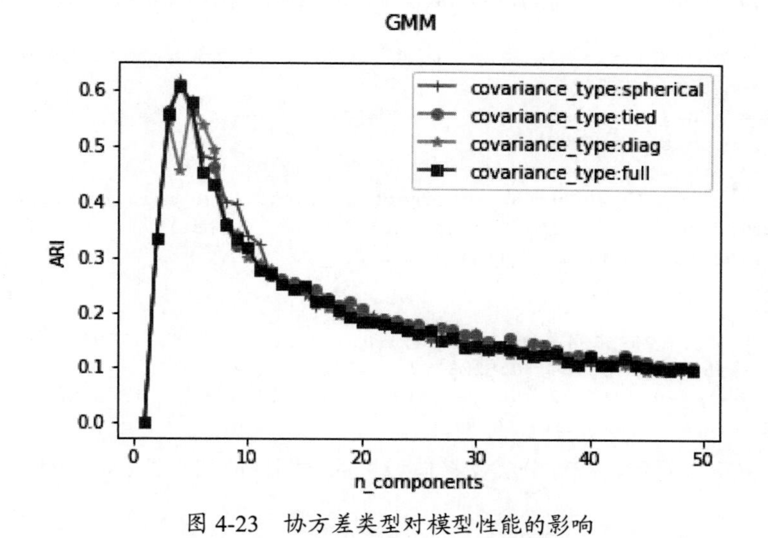

图 4-23　协方差类型对模型性能的影响

从图 4-23 中可以看到，协方差矩阵的类型对于聚类的效果影响不大。

4.6　支持向量机

支持向量机 (Support Vector Machine，SVM) 的基本模型是定义在特征空间上间隔最大的线性分类器。它是一种二类分类模型，当采用了核技巧之后，支持向量机可以用于非线性分类。不同类型的支持向量机解决不同的问题。

（1）线性可分支持向量机 (也称为硬间隔支持向量机)：当训练数据线性可分时，通过硬间隔最大化，取得一个线性可分支持向量机。

（2）线性支持向量机 (也称为软间隔支持向量机)：当训练数据近似线性可分时，通过软间隔最大化，取得一个线性支持向量机。

（3）非线性支持向量机：当训练数据不可分时，通过使用核技巧以及软间隔最大化，取得一个非线性支持向量机。

支持向量机本质上是非线性方法。在样本量比较少的时候，相比线性分类方法，如 logistic regression，支持向量机容易抓住数据和特征之间的非线性关系，因此可以解决非线性问题、可以避免神经网络结构选择和局部极小点问题、可以提高泛化性能、可以解决高维问题。

4.6.1 线性分类

使用 SVM 进行线性分类的代码如下：

```
1. import numpy as np
2. import matplotlib.pyplot as plt
3. from sklearn import datasets, linear_model,svm
4. from sklearn.model_selection import train_test_split
5. iris=datasets.load_iris()
6. X_train=iris.data
7. y_train=iris.target
8. X_train,X_test,y_train,y_test=train_test_split(X_train, y_train,test_
   size=0.25,
9.                                                  random_state=0,stratify=y_train)
10. def test_LinearSVC(*data):
11.     X_train,X_test,y_train,y_test=data
12.     cls=svm.LinearSVC()
13.     cls.fit(X_train,y_train)
14.     print('Coefficients: %s, intercept %s'%(cls.coef_,cls.intercept_))
15.     print('Score:  %.2f' % cls.score(X_test, y_test))
16. test_LinearSVC(X_train,X_test,y_train,y_test)
```

运行结果：

```
Coefficients: [[ 0.20958942  0.3992352  -0.81739149 -0.44231739]
 [-0.12098995 -0.79206984  0.5228787  -1.05039438]
 [-0.80310032 -0.8761072   1.21361844  1.81015428]], intercept [ 0.11973513
2.04565652 -1.4439177 ]  Score:  0.97
```

由运行结果可以看到，线性分类支持向量机的预测性能相当好，对于测试集的预测准确率高达 97%。

```
LinearSVC(C=1.0,class_weight=None,dual=True,fit_intercept=True,intercept_
scaling=1,loss='squared_hinge',max_iter=1000,multi_class='ovr',penalty='l2',random_
state=None,tol=0.0001,verbose=0)
```

（1）参数的含义

C：浮点型，惩罚参数。

loss：字符串。表示损失函数。可取值为 'hinge'：合页损失函数；'squared_hinge'：合页损失函数的平方。

penalty：字符串。可取值为 'l1' 和 'l2'，分别对应 L1 范数和 L2 范数。

dual：布尔值。如果为 True，就求解对偶问题。如果为 False，解决原始问题。当样本数量 > 特征数量时，倾向采用解原始问题。

tol：浮点型，指定终止迭代的阈值。

multi_class：字符串，指定多分类问题的策略。'ovr' 表示采用 one-vs-rest 分类策略；'crammer_singer' 表示多类联合分类，很少用。因为它的计算量大，而且精度不会更佳，此时忽略 loss，penalty，dual 参数。

fit_intercept：布尔值。若为 True，则计算截距，即决策函数中的常数项；否则忽略截距。

intercept_scaling：浮点值。如果提供了此值，则实例 X 变成向量 [X，intercept_scaling]。此时相当于添加了一个人工特征，该特征对所有实例都是常数值。

class_weight：可以是个字典，或者字符串 'balanced'。指定各个类的权重，若未提供，则认为类的权重为 1。如果是字典，就指定每个类标签的权重；若是 'balanced'，则每个类的权重是它出现频率的倒数。

verbose：整型，表示是否开启 verbose 输出。

random_state：整型或者 RandomState 实例，或者 None。若为整型，则它指定随机数生成器的种子；若为 RandomState 实例，则指定随机数生成器；若为 None，则使用默认的随机数生成器。

max_iter：整型，指定最大的迭代次数。

（2）属性

coef_：列表，它给出了各个特征的权重。

intercept_：列表，它给出了截距，即决策函数中的常数项。

converged_：布尔型。当在 fit() 中达到收敛时为真，否则为假。

（3）方法

ix(X,y)：训练模型。

predict(X)：用模型进行预测，返回预测值。

score(X,y[, sample_weight])：返回在 (X, y) 上预测的准确率。

（4）参数测评

① 对参数 loss 进行测评，代码如下：

```
1. def test_LinearSVC_loss(*data):
2.     X_train,X_test,y_train,y_test=data
3.     losses=['hinge','squared_hinge']
4.     for loss in losses:
5.         cls=svm.LinearSVC(loss=loss)
6.         cls.fit(X_train,y_train)
7.         print('Loss: %s'%loss)
8.         print('Coefficients: %s, intercept %s'%(cls.coef_,cls.intercept_))
9.         print('Score:  %.2f> % cls.score(X_test, y_test))
10. test_LinearSVC_loss(X_train,X_test,y_train,y_test)
```

运行结果：

```
Loss: hinge
Coefficients: [[ 0.36636617  0.32164887 -1.07532832 -0.57004301]
 [ 0.26955933 -1.23942079  0.48643699 -1.3525342 ]
 [-1.20622842 -1.1533488    1.84057292   1.99333317]], intercept [ 0.18049954
1.20197428 -1.4347357 ]
Score:  0.97
Loss: squared_hinge
Coefficients: [[ 0.20958885  0.3992309  -0.81739167 -0.44231681]
 [-0.12559466 -0.79334469  0.52857708 -1.05520552]
 [-0.80313949 -0.87605745  1.21356618  1.81017704]], intercept [ 0.11973776
2.05857122 -1.44399489]
Score:  0.95
```

由运行结果可以看到，在鸢尾花分类这个问题上，虽然支持向量机的损失函数不同，但是它们对于测试集的预测准确率都相同。

② 测试 LinearSVC 的预测性能随正则化形式的影响，代码如下：

```
1. def test_LinearSVC_L12(*data):
2.     X_train,X_test,y_train,y_test=data
3.     L12=['l1','l2']
4.     for p in L12:
5.         cls=svm.LinearSVC(penalty=p,dual=False)
6.         cls.fit(X_train,y_train)
7.         print('penalty: %s'%p)
8.         print('Coefficients: %s, intercept %s'%(cls.coef_,cls.intercept_))
9.         print('Score:  %.2f' % cls.score(X_test, y_test))
10. test_LinearSVC_L12(X_train,X_test,y_train,y_test)
```

运行结果：

```
penalty: l1
Coefficients: [[ 0.16113329  0.52527417 -0.93145959  0.        ]
 [-0.1498579  -0.91230336  0.49121828 -0.97151326]
 [-0.56735684 -0.85026607  0.96537622  2.31646922]], intercept [ 0.
2.59798256 -2.60830793]
Score:  0.95
penalty: l2
Coefficients: [[ 0.20966872  0.39922528 -0.81739501 -0.44237636]
 [-0.12586721 -0.79341553  0.52877475 -1.05556047]
 [-0.80310102 -0.8765723   1.2139247   1.81023784]], intercept [ 0.1194489
2.05948648 -1.44408141]
Score:  0.95
```

上述测试中，dual 为 False，是因为当 dual 为 True 时，penalty 为 l2 的情况不支持，类似 test_LinearSVC() 函数的调用方式，得到输出如下，可以看到在鸢尾花分类这个问题上，虽然支持向量机的形式不同，但是它们对于测试集的预测准确率都相同。

③ 对参数 C 进行测评，代码如下：

```
1. def test_LinearSVC_C(*data):
2.     X_train,X_test,y_train,y_test=data
3.     Cs=np.logspace(-2,1)
4.     train_scores=[]
5.     test_scores=[]
6.     for C in Cs:
7.         cls=svm.LinearSVC(C=C)
8.         cls.fit(X_train,y_train)
9.         train_scores.append(cls.score(X_train,y_train))
10.        test_scores.append(cls.score(X_test,y_test))
11.
12.    ## 绘图
13.    fig=plt.figure()
14.    ax=fig.add_subplot(1,1,1)
15.    ax.plot(Cs,train_scores,label='Traing score')
16.    ax.plot(Cs,test_scores,label='Testing score')
17.    ax.set_xlabel(r'C')
18.    ax.set_ylabel(r'score')
19.    ax.set_xscale('log')
20.    ax.set_title('LinearSVC')
21.    ax.legend(loc='best')
22.    plt.show()
23. test_LinearSVC_C(X_train,X_test,y_train,y_test)
```

运行结果（如图 4-24 所示）：

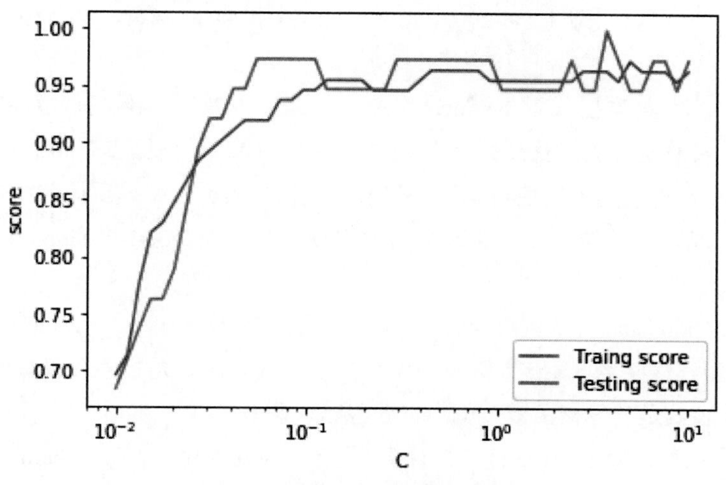

图 4-24　链接方式对模型性能的影响

从图 4-24 所示可以看到，当得分较小时，误分类点重要性较低，此时误分类点较多，分类器性能较差。

4.6.2　非线性分类

使用 SVM 进行非线性分类的代码如下：

```
1. def test_SVC_linear(*data):
2.     X_train,X_test,y_train,y_test=data
3.     cls=svm.SVC(kernel='linear')
4.     cls.fit(X_train,y_train)
5.     print('Coefficients: %s, intercept %s'%(cls.coef_,cls.intercept_))
6.     print('Score:  %.2f' % cls.score(X_test, y_test))
7. test_SVC_linear(X_train,X_test,y_train,y_test)
```

运行结果：

```
Coefficients: [[-0.16990304  0.47442881 -0.93075307 -0.51249447]
 [ 0.02439178  0.21890135 -0.52833486 -0.25913786]
 [ 0.52289771  0.95783924 -1.82516872 -2.00292778]], intercept [2.0368826
1.1512924 6.3276538]
Score:  1.00
```

由运行结果可以看到，线性核要比线性分类支持向量机 LinearSVC 的预测效果更佳，对测试集的预测全部正确。

```
SVC(C=1.0,cache_size=200,class_weight=None,coef0=0.0,decision_function_shape='ovr',degree=3,gamma='auto_deprecated',kernel='linear',max_iter=-1,probability=False,random_state=None,shrinking=True,tol=0.001,verbose=False)
```

（1）参数的含义

C：float 参数，默认值为 1.0。错误项的惩罚系数。C 越大，对分错样本的惩罚程度就越大，因此在训练样本中准确率越高，但是泛化能力降低，也就是对测试数据的分类准确率降低。相反，若减小 C，则容许训练样本中有一些误分类错误样本，泛化能力增强。对于训练样本带有噪声的情况，一般采用后者，把训练样本集中错误分类的样本作为噪声。

cache_size：浮点型，默认为 200。指定训练所需要的内存，以 MB 为单位，默认 200MB。

class_weight：字典类型或者 'balance' 字符串。默认为 None。给每个类别分别设置不同的惩罚参数 C，如果没有给，就会给所有类别都给 C 为 1，即前面参数指出的参数 C。如果给定参数 'balance'，则使用 y 的值自动调整与输入数据中的类频率成反比的权重。

coef0：浮点型，默认为 0。核函数中的独立项，只有对 'poly' 和 'sigmod' 核函数有用，是指其中的参数 C。

decision_function_shape：'ovo'、'ovr' 或 None，默认为 None。

degree：整型，默认为 3。该参数只对多项式核函数有用，是指多项式核函数的阶数 n。如果给的核函数参数是其他核函数，就会自动忽略该参数。

gamma：浮点型，默认为 auto。核函数系数，只对 'rbf'、'poly'、'sigmod' 有效。如果 gamma 为 auto，代表其值为样本特征数的倒数，即 1/n_features.。

kernel：字符串，默认为 'rbf'。算法中采用的核函数类型的可选参数有：'linear' 表示线性核函数；'poly' 表示多项式核函数；'rbf' 表示镜像核函数 / 高斯核；'sigmod' 表示 sigmod 核函数；'precomputed' 表示核矩阵。

probability：布尔型，默认为 False。是否启用概率估计。 这必须在调用 fit() 之前启用，并且会使 fit() 方法速度变慢。

random_state：整型，默认为 None。伪随机数发生器的种子，在混洗数据时用于概率估计。

shrinking：布尔型，默认为 True。是否采用启发式收缩方式。

tol：浮点型，默认为 1e-3。svm 停止训练的误差精度。

max_iter：整型，默认为 –1。最大迭代次数，如果为 –1，表示不限制。

verbose：布尔型，默认 False。是否启用详细输出。此设置利用 libsvm 中的每个进程在运行时设置，如果启用，可能无法在多线程上下文中正常工作。一般情况都设为 False，可以不用设置。

（2）属性

n_support_：各类各有多少个支持向量。

support_：各类的支持向量在训练样本中的索引。

support_vectors_：各类所有的支持向量。

dualcoef_：列表，形状为 [n_class-1，n_SV]。在对偶问题中，在分类决策函数中每个支持向量的系数。

coef_：列表，形状为 [n_class-1，n_features]。在原始问题中，每个特征的系数。只有在 linear_kernel 中有效。

（3）方法

fit(X,y[, sample_weight])：训练模型。

predict(X)：用模型进行预测，返回预测值。

score(X,y, sample_weight])：返回在 (,y) 上预测的准确率 (accuracy)。

predict_log_proba()：返回列表，列表的元素依次是 X 预测为各个类别的概率的对数值。

predict_proba()：返回列表，列表的元素依次是 X 预测为各个类别的概率值。

（4）参数测评

① 对参数 degree、gamma、coef0 进行测试，代码如下：

```
1.  def test_SVC_poly(*data):
2.      X_train,X_test,y_train,y_test=data
3.      fig=plt.figure()
4.      # 测试 degree
5.      degrees=range(1,20)
6.      train_scores=[]
7.      test_scores=[]
8.      for degree in degrees:
9.          cls=svm.SVC(kernel='poly',degree=degree)
10.         cls.fit(X_train,y_train)
11.         train_scores.append(cls.score(X_train,y_train))
12.         test_scores.append(cls.score(X_test, y_test))
13.     ax=fig.add_subplot(1,3,1) # 一行三列
14.     ax.plot(degrees,train_scores,label='Training score ',marker='+' )
15.     ax.plot(degrees,test_scores,label= ' Testing  score ',marker='o' )
16.     ax.set_title( 'SVC_poly_degree ')
17.     ax.set_xlabel('p')
18.     ax.set_ylabel('score')
19.     ax.set_ylim(0,1.05)
20.     ax.legend(loc='best',framealpha=0.5)
21.
22.     # 测试 gamma ，此时 degree 固定为 3
23.     gammas=range(1,20)
24.     train_scores=[]
25.     test_scores=[]
26.     for gamma in gammas:
27.         cls=svm.SVC(kernel='poly',gamma=gamma,degree=3)
28.         cls.fit(X_train,y_train)
29.         train_scores.append(cls.score(X_train,y_train))
30.         test_scores.append(cls.score(X_test, y_test))
31.     ax=fig.add_subplot(1,3,2)
32.     ax.plot(gammas,train_scores,label='Training score ',marker='+' )
33.     ax.plot(gammas,test_scores,label= ' Testing  score ',marker='o' )
34.     ax.set_title( 'SVC_poly_gamma ')
35.     ax.set_xlabel(r'$\gamma$')
36.     ax.set_ylabel('score')
37.     ax.set_ylim(0,1.05)
38.     ax.legend(loc='best',framealpha=0.5)
39.     # 测试 r ，此时 gamma 固定为 10 ， degree 固定为 3
40.     rs=range(0,20)
41.     train_scores=[]
42.     test_scores=[]
43.     for r in rs:
44.         cls=svm.SVC(kernel='poly',gamma=10,degree=3,coef0=r)
45.         cls.fit(X_train,y_train)
46.         train_scores.append(cls.score(X_train,y_train))
47.         test_scores.append(cls.score(X_test, y_test))
48.     ax=fig.add_subplot(1,3,3)
49.     ax.plot(rs,train_scores,label='Training score ',marker='+' )
```

```
50.     ax.plot(rs,test_scores,label= ' Testing  score ',marker='o' )
51.     ax.set_title( 'SVC_poly_r ')
52.     ax.set_xlabel(r'r')
53.     ax.set_ylabel('score')
54.     ax.set_ylim(0,1.05)
55.     ax.legend(loc='best',framealpha=0.5)
56.     plt.show()
57. test_SVC_poly(X_train,X_test,y_train,y_test)
```

运行结果（如图 4-25 所示）：

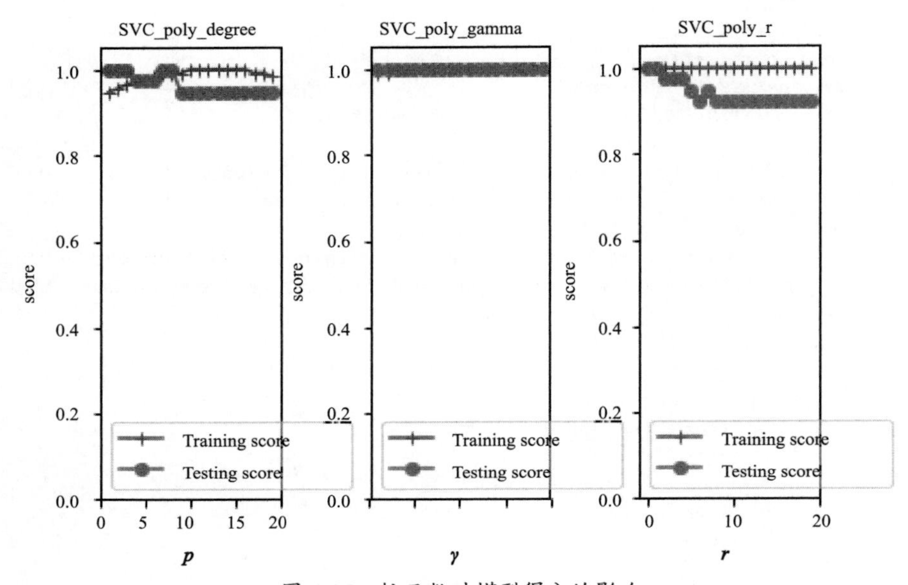

图 4-25　核函数对模型得分的影响

由图 4-25 所示可以看到，测试集上的预测性能随 p 的变化而平稳变化，随 γ 变化的影响不大，在 γ=0 时，其性能最好。

② 对参数 gamma 进行测评，代码如下：

```
1. def test_SVC_rbf(*data):
2.     X_train,X_test,y_train,y_test=data
3.     gammas=range(1,20)
4.     train_scores=[]
5.     test_scores=[]
6.     for gamma in gammas:
7.         cls=svm.SVC(kernel='rbf',gamma=gamma)
8.         cls.fit(X_train,y_train)
9.         train_scores.append(cls.score(X_train,y_train))
10.        test_scores.append(cls.score(X_test, y_test))
11.    fig=plt.figure()
12.    ax=fig.add_subplot(1,1,1)
13.    ax.plot(gammas,train_scores,label='Training score ',marker='+' )
14.    ax.plot(gammas,test_scores,label= ' Testing  score ',marker='o' )
15.    ax.set_title( 'SVC_rbf')
16.    ax.set_xlabel(r'$\gamma$')
17.    ax.set_ylabel('score')
```

```
18.     ax.set_ylim(0,1.05)
19.     ax.legend(loc='best',framealpha=0.5)
20.     plt.show()
21. test_SVC_rbf(X_train,X_test,y_train,y_test)
```

运行结果（见图 4-26）：

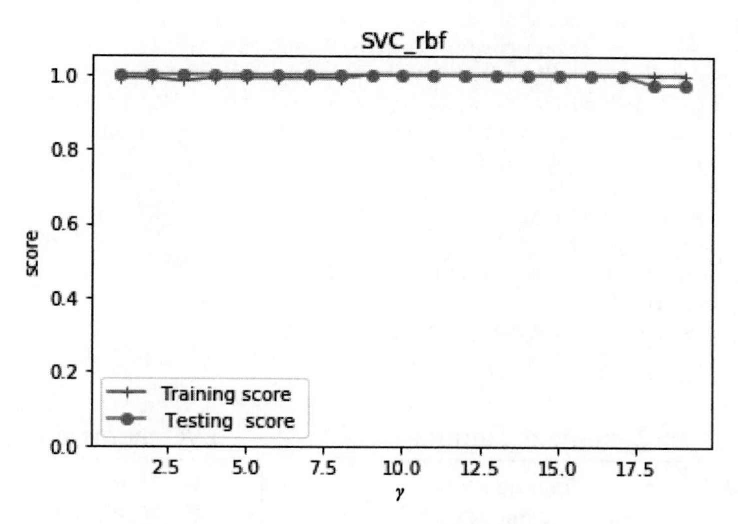

图 4-26　gamma 参数（γ）对模型得分的影响

由运行结果可以看到，在测试集上的预测性能随 γ 的变化而变化得比较平稳。

③ 对参数 coef0 进行测评，代码如下：

```
1. def test_SVC_sigmoid(*data):
2.     X_train,X_test,y_train,y_test=data
3.     fig=plt.figure()
4.
5.     # 测试 gamma ，固定 coef0 为 0
6.     gammas=np.logspace(-2,1)
7.     train_scores=[]
8.     test_scores=[]
9.
10.     for gamma in gammas:
11.         cls=svm.SVC(kernel='sigmoid',gamma=gamma,coef0=0)
12.         cls.fit(X_train,y_train)
13.         train_scores.append(cls.score(X_train,y_train))
14.         test_scores.append(cls.score(X_test, y_test))
15.     ax=fig.add_subplot(1,2,1)
16.     ax.plot(gammas,train_scores,label='Training score ',marker='+' )
17.     ax.plot(gammas,test_scores,label= ' Testing  score ',marker='o' )
18.     ax.set_title( 'SVC_sigmoid_gamma ')
19.     ax.set_xscale('log')
20.     ax.set_xlabel(r'$\gamma$')
21.     ax.set_ylabel('score')
22.     ax.set_ylim(0,1.05)
23.     ax.legend(loc='best',framealpha=0.5)
24.     # 测试 r，固定 gamma 为 0.01
25.     rs=np.linspace(0,5)
```

```
26.     train_scores=[]
27.     test_scores=[]
28.
29.     for r in rs:
30.         cls=svm.SVC(kernel='sigmoid',coef0=r,gamma=0.01)
31.         cls.fit(X_train,y_train)
32.         train_scores.append(cls.score(X_train,y_train))
33.         test_scores.append(cls.score(X_test, y_test))
34.     ax=fig.add_subplot(1,2,2)
35.     ax.plot(rs,train_scores,label='Training score ',marker='+' )
36.     ax.plot(rs,test_scores,label= ' Testing  score ',marker='o' )
37.     ax.set_title( 'SVC_sigmoid_r ')
38.     ax.set_xlabel(r'r')
39.     ax.set_ylabel('score')
40.     ax.set_ylim(0,1.05)
41.     ax.legend(loc='best',framealpha=0.5)
42.     plt.show()
43. test_SVC_sigmoid(X_train,X_test,y_train,y_test)
```

运行结果（见图 4-27）：

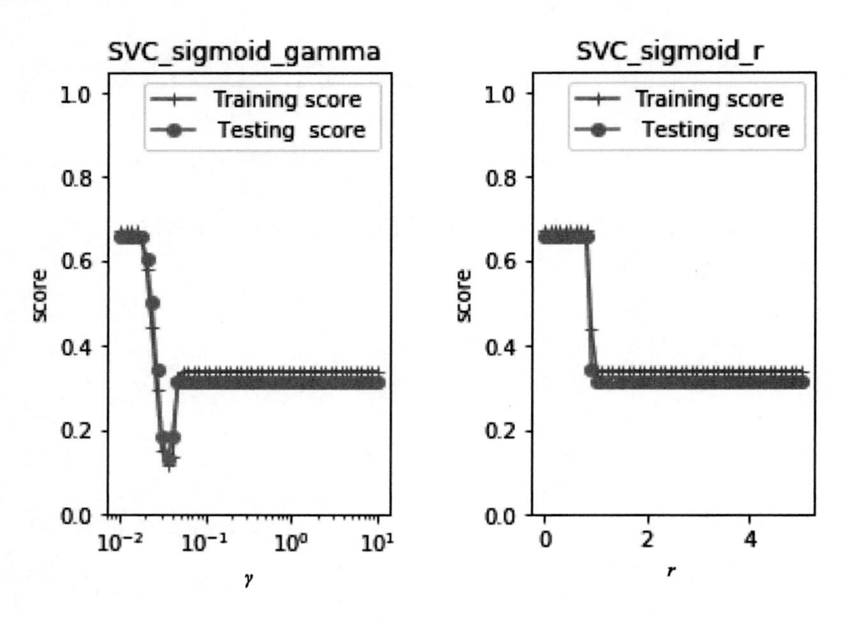

图 4-27　coef0 对模型得分的影响

由图 4-27 所示可以看到，在测试集上的预测都不太理想。固定 r=0, 预测性能随着 γ 的增长而下降；固定 γ=0.01，预测性能随着 r 的增长而下降。

4.6.3　线性回归

使用 SVM 进行线性回归的代码如下：

```
1. import numpy as np
2. import matplotlib.pyplot as plt
3. from sklearn import datasets, linear_model,svm
4. from sklearn.model_selection import train_test_split
```

```
5. #使用 scikit-learn 自带的糖尿病病人的数据集
6. diabetes = datasets.load_diabetes()
7. # 拆分成训练集和测试集，测试集大小为原始数据集大小的 1/4
8. X_train,X_test,y_train,y_test=train_test_split(diabetes.data,diabetes.target,
9.                    test_size=0.25,random_state=0)
10. def test_LinearSVR(*data):
11.     X_train,X_test,y_train,y_test=data
12.     regr=svm.LinearSVR()
13.     regr.fit(X_train,y_train)
14.     print('Coefficients: %s, intercept %s'%(regr.coef_,regr.intercept_))
15.     print('Score:  %.2f› % regr.score(X_test, y_test))
16. test_LinearSVR(X_train,X_test,y_train,y_test)
```

运行结果：

```
Coefficients: [ 2.14940259  0.4418875   6.35258779  4.62357282  2.82085901  2.42005063
 -5.3367464   5.41765142  7.26812843  4.33778867], intercept [99.]
Score:  -0.56
```

由运行结果可以看到，线性回归支持向量机的预测性能较差，对于测试集的预测得分仅为 –0.56。

```
    LinearSVR(C=1.0,dual=True,epsilon=0.0,fit_intercept=True,intercept_
scaling=1.0,loss='epsilon_insensitive',max_iter=1000,random_state=None,tol=0.0001,v
erbose=0)
```

（1）参数的含义

C：浮点型，默认为 1.0，正则化参数。正则化的强度与 C 成反比。必须严格为正。

dual：布尔值，默认为 True。选择使用什么算法来解决对偶或原始优化问题。当 n_samples> n_features 时，首选 False。

epsilon：浮点型，默认为 0.0Epsilon，参数作用于对 ε 不敏感的损失函数中。注意，该参数的值取决于目标变量 y 的尺度，如果不确定，请设置 epsilon=0。

fit_intercept：布尔值，默认为 True，是否计算该模型的截距项。如果设置为 False，则在计算中将不使用截距项（也就是说数据应已居中）。

intercept_scaling：浮点型，默认为 1。当 self.fit_intercept 为 True 时，实例向量 x 变为 [x, self.intercept_scaling]，即在实例向量上附加一个定值为 intercept_scaling 的“合成”特征。注意，截距项将变为 intercept_scaling 综合特征权重。与所有其他特征一样，合成特征权重也要经过 l1/l2 正则化。为了减轻正则化对合成特征权重（同时也对截距项）的影响，必须增加 intercept_scaling。

loss：{'epsilon_insensitive'，'squared_epsilon_insensitive'}，默认为 'epsilon_insensitive'，指定损失函数。对 ε 不敏感的损失函数（标准 SVR）为 L1 损失，而对 ε 不敏感的平方损失函数（'squared_epsilon_insensitive'）为 L2 损失。

max_iter：整型值，默认为 1000，要运行的最大迭代次数。

random_state：整型型或 RandomState 的实例，默认为 None。控制用于数据抽取时的伪随机数生成。在多个函数调用之间传递可重复输出的整型值。

tol：浮点型，默认为 1e-4，残差收敛条件。

verbose：整型型，默认值为 0，是否启用详细输出。此参数针对 liblinear 中运行每个进程时设置，如果启用，则可能无法在多线程上下文中正常工作。

（2）属性

coef_：列表，它给出了各个特征的权重。

intercept_：列表，它给出了截距，即决策函数中的常数项。

（3）方法

fit(X,y)：训练模型。

predict(X)：用模型进行预测，返回预测值。

score(X,y[, sample_weight])：返回预测性能得分。

检查不同的损失函数对模型得分的影响程度。

（4）参数测评

① 参数（loss）测评，代码如下：

```
1. def test_LinearSVR_loss(*data):
2.     X_train,X_test,y_train,y_test=data
3.     losses=['epsilon_insensitive','squared_epsilon_insensitive']
4.     for loss in losses:
5.         regr=svm.LinearSVR(loss=loss)
6.         regr.fit(X_train,y_train)
7.         print('loss: %s'%loss)
8.         print('Coefficients: %s, intercept %s'%(regr.coef_,regr.intercept_))
9.         print('Score:  %.2f› % regr.score(X_test, y_test))
10. test_LinearSVR_loss(X_train,X_test,y_train,y_test)
```

运行结果：

```
loss: epsilon_insensitive
Coefficients: [ 2.14940259  0.4418875   6.35258779  4.62357282  2.82085901  2.42005063
 -5.3367464   5.41765142  7.26812843  4.33778867], intercept [99.]
Score:  -0.56
loss: squared_epsilon_insensitive
Coefficients: [    7.04932202  -103.32761629   395.67498761   221.76261884
-11.07933753
   -63.55434165 -176.67645628   117.56216444   322.63424656    95.61512766],
intercept [152.37276454]
Score:  0.38
```

由运行结果可以看到，当 loss 为 'squaredepsilon_insensitive' 时，预测性能更好。

② 参数（epsilon）测评，代码如下：

```
1. def test_LinearSVR_epsilon(*data):
2.     X_train,X_test,y_train,y_test=data
3.     epsilons=np.logspace(-2,2)
4.     train_scores=[]
5.     test_scores=[]
6.     for  epsilon  in  epsilons:
7.         regr=svm.LinearSVR(epsilon=epsilon,loss='squared_epsilon_insensitive')
8.         regr.fit(X_train,y_train)
9.         train_scores.append(regr.score(X_train, y_train))
10.        test_scores.append(regr.score(X_test, y_test))
11.    fig=plt.figure()
```

```
12.     ax=fig.add_subplot(1,1,1)
13.     ax.plot(epsilons,train_scores,label='Training score ',marker='+' )
14.     ax.plot(epsilons,test_scores,label= ' Testing  score ',marker='o' )
15.     ax.set_title( 'LinearSVR_epsilon ')
16.     ax.set_xscale('log')
17.     ax.set_xlabel(r'$\epsilon$')
18.     ax.set_ylabel('score')
19.     ax.set_ylim(-1,1.05)
20.     ax.legend(loc='best',framealpha=0.5)
21.     plt.show()
22. test_LinearSVR_epsilon(X_train,X_test,y_train,y_test)
```

运行结果（如图 4-28 所示）：

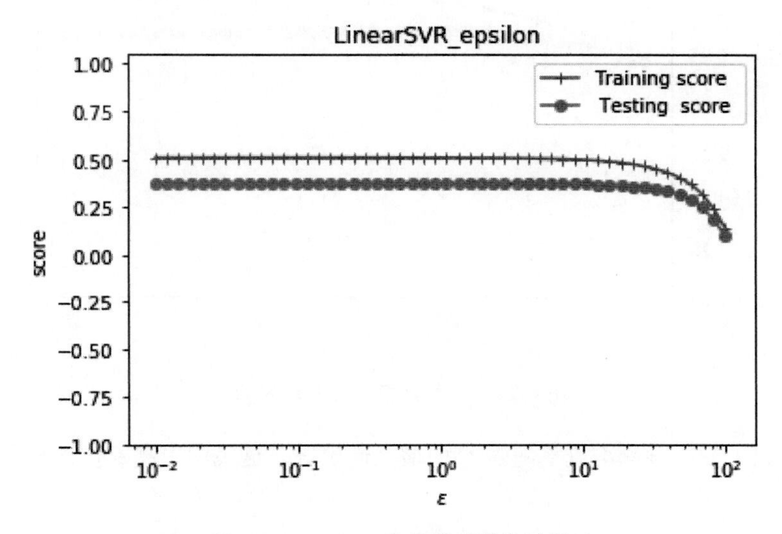

图 4-28　epsilon 参数模型得分的影响

从图 4-28 所示可以看到，预测准确率随着 epsilon 下降。

③ 参数（C）测评，代码如下：

```
1. def test_LinearSVR_C(*data):
2.     X_train,X_test,y_train,y_test=data
3.     Cs=np.logspace(-1,2)
4.     train_scores=[]
5.     test_scores=[]
6.     for  C in  Cs:
7.             regr=svm.LinearSVR(epsilon=0.1,loss='squared_epsilon_
insensitive',C=C)
8.         regr.fit(X_train,y_train)
9.         train_scores.append(regr.score(X_train, y_train))
10.        test_scores.append(regr.score(X_test, y_test))
11.    fig=plt.figure()
12.    ax=fig.add_subplot(1,1,1)
13.    ax.plot(Cs,train_scores,label='Training score ',marker='+' )
14.    ax.plot(Cs,test_scores,label= ' Testing  score ',marker='o' )
15.    ax.set_title( 'LinearSVR_C ')
16.    ax.set_xscale('log')
17.    ax.set_xlabel(r'C')
```

```
18.        ax.set_ylabel('score')
19.        ax.set_ylim(-1,1.05)
20.        ax.legend(loc='best',framealpha=0.5)
21.        plt.show()
22. test_LinearSVR_C(X_train,X_test,y_train,y_test)
```

运行结果（见图 4-29）：

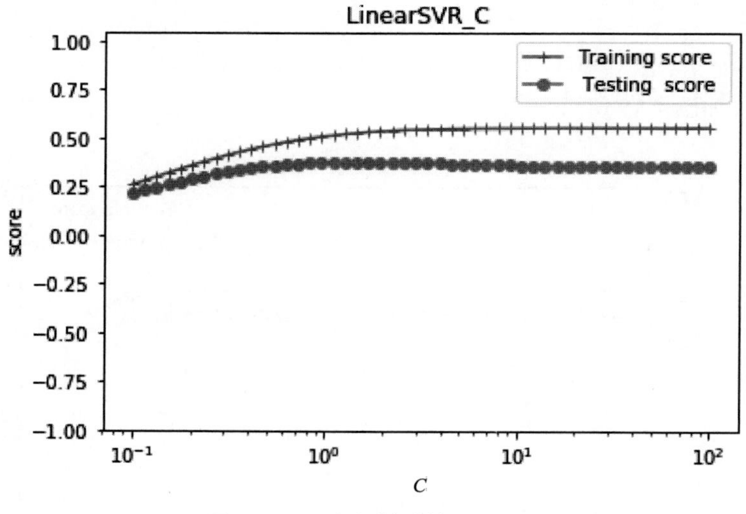

图 4-29　C 参数模型得分的影响

由运行结果可知，预测准确率随着 C 的增大而上升。这说明，越看重误分类点，预测得就越准确。

4.6.4 非线性回归

使用 SVM 进行非线性回归的代码如下：

```
1. def test_SVR_linear(*data):
2.       X_train,X_test,y_train,y_test=data
3.       regr=svm.SVR(kernel=' linear' )
4.       regr.fit(X_train,y_train)    # 线性核
5.       print( 'Coefficients: %s, intercept %s' %(regr.coef_,regr.intercept_))
6.       print( 'Score:  %.2f› % regr.score(X_test, y_test))
7. test_SVR_linear(X_train,X_test,y_train,y_test)
```

运行结果：

```
Coefficients: [[ 2.24127622 -0.38128702   7.87018376   5.21135861   2.26619436
1.70869458
   -5.7746489   5.51487251  7.94860817  4.59359657]], intercept [137.11012796]
Score:  -0.03
```

由运行结果可以看到，线性回归支持向量机的预测性能较差，对于测试集的预测得分仅为 -0.03。

参数说明：

```
SVR(C=1.0,cache_size=200,coef0=0.0,degree=3,epsilon=0.1,gamma='auto_deprecated',kernel='linear',max_iter=-1,shrinking=True,tol=0.001,verbose=False)
```

（1）参数的含义

C：浮点型，默认为 1.0，正则化参数。正则化的强度与 C 成反比。必须严格为正。

cache_size：浮点型，可选。指定内核缓存的大小（以 MB 为单位）。

degree：整型，可选。多项式核函数的次数（'poly'）。被所有其他内核忽略。

epsilon：浮点型，默认为 0.0。Epsilon 参数作用于对 ε 不敏感的损失函数中。注意，该参数的值取决于目标变量 y 的尺度，如果不确定，请设置 epsilon=0。

gamma：浮点型，默认为 'auto'。有 'rbf'，'poly' 和 'sigmoid' 的核系数。

kernel：字符串，默认为 'rbf'。指定要在算法中使用的内核类型。它必须是 'linear'，'poly'，'rbf'，'sigmoid'，'precomputed' 或者 callable 之一。如果没有给出，将使用 'rbf'。若给出了 callable，则用于预先计算内核矩阵。

max_iter：整型值，默认为 1000，要运行的最大迭代次数。

shrinking：布尔型，默认为 True，是否采用启发式收缩方式。

tol：浮点型，默认为 1e-4，残差收敛条件。

verbose：整型型，默认值为 0，是否启用详细输出。此参数针对 liblinear 中运行每个进程时设置，如果启用，可能无法在多线程上下文中正常工作。

（2）属性

support_：列表，形状为 [n_SV]，支持向量的下标。

support_vectors_：列表，形状为 [n_,n_features]，支持向量。

n_support_：列表，形状为 [n_clas]，每一个分类的支持向量的个数。

dual_coef_：列表，形状为 [class--1,S]，给出了决策函数中每个支持向量的系数。

coef_：列表，形状为 [n_class-1-1,n_features]，原始问题中每个特征的系数，只有在 linear kernel 中有效。

intercept_：决策函数中的常数项。

（3）方法

fit(X,y)：训练模型。

predict(X)：用模型进行预测，返回预测值。

score(X,y[,sample_weight])：返回预测性能得分。

（4）参数测评

① 参数（kernel）测评，代码如下：

```
1. def test_SVR_poly(*data):
2.     X_train,X_test,y_train,y_test=data
3.     fig=plt.figure()
4.     ### 测试 degree ####
5.     degrees=range(1,20)
6.     train_scores=[]
```

```
7.      test_scores=[]
8.      for degree in degrees:
9.          regr=svm.SVR(kernel='poly',degree=degree,coef0=1)
10.         regr.fit(X_train,y_train)
11.         train_scores.append(regr.score(X_train,y_train))
12.         test_scores.append(regr.score(X_test, y_test))
13.     ax=fig.add_subplot(1,3,1)
14.     ax.plot(degrees,train_scores,label='Training score ',marker='+' )
15.     ax.plot(degrees,test_scores,label= ' Testing  score ',marker='o' )
16.     ax.set_title( 'SVR_poly_degree r=1')
17.     ax.set_xlabel('p')
18.     ax.set_ylabel('score')
19.     ax.set_ylim(-1,1.)
20.     ax.legend(loc='best',framealpha=0.5)
21.     ### 测试 gamma，固定 degree 为 3，  coef0 为 1 ####
22.     gammas=range(1,40)
23.     train_scores=[]
24.     test_scores=[]
25.     for gamma in gammas:
26.         regr=svm.SVR(kernel='poly',gamma=gamma,degree=3,coef0=1)
27.         regr.fit(X_train,y_train)
28.         train_scores.append(regr.score(X_train,y_train))
29.         test_scores.append(regr.score(X_test, y_test))
30.     ax=fig.add_subplot(1,3,2)
31.     ax.plot(gammas,train_scores,label='Training score ',marker='+' )
32.     ax.plot(gammas,test_scores,label= ' Testing  score ',marker='o' )
33.     ax.set_title( 'SVR_poly_gamma  r=1')
34.     ax.set_xlabel(r'$\gamma$')
35.     ax.set_ylabel('score')
36.     ax.set_ylim(-1,1)
37.     ax.legend(loc='best',framealpha=0.5)
38.     ### 测试 r，固定 gamma 为 20，degree 为 3 ######
39.     rs=range(0,20)
40.     train_scores=[]
41.     test_scores=[]
42.     for r in rs:
43.         regr=svm.SVR(kernel='poly',gamma=20,degree=3,coef0=r)
44.         regr.fit(X_train,y_train)
45.         train_scores.append(regr.score(X_train,y_train))
46.         test_scores.append(regr.score(X_test, y_test))
47.     ax=fig.add_subplot(1,3,3)
48.     ax.plot(rs,train_scores,label='Training score ',marker='+' )
49.     ax.plot(rs,test_scores,label= ' Testing  score ',marker='o' )
50.     ax.set_title( 'SVR_poly_r gamma=20 degree=3')
51.     ax.set_xlabel(r'r')
52.     ax.set_ylabel('score')
53.     ax.set_ylim(-1,1.)
54.     ax.legend(loc='best',framealpha=0.5)
55.     plt.subplots_adjust(right=2.5)
56.     plt.show()
57. test_SVR_poly(X_train,X_test,y_train,y_test)
```

运行结果（见图 4-30）：

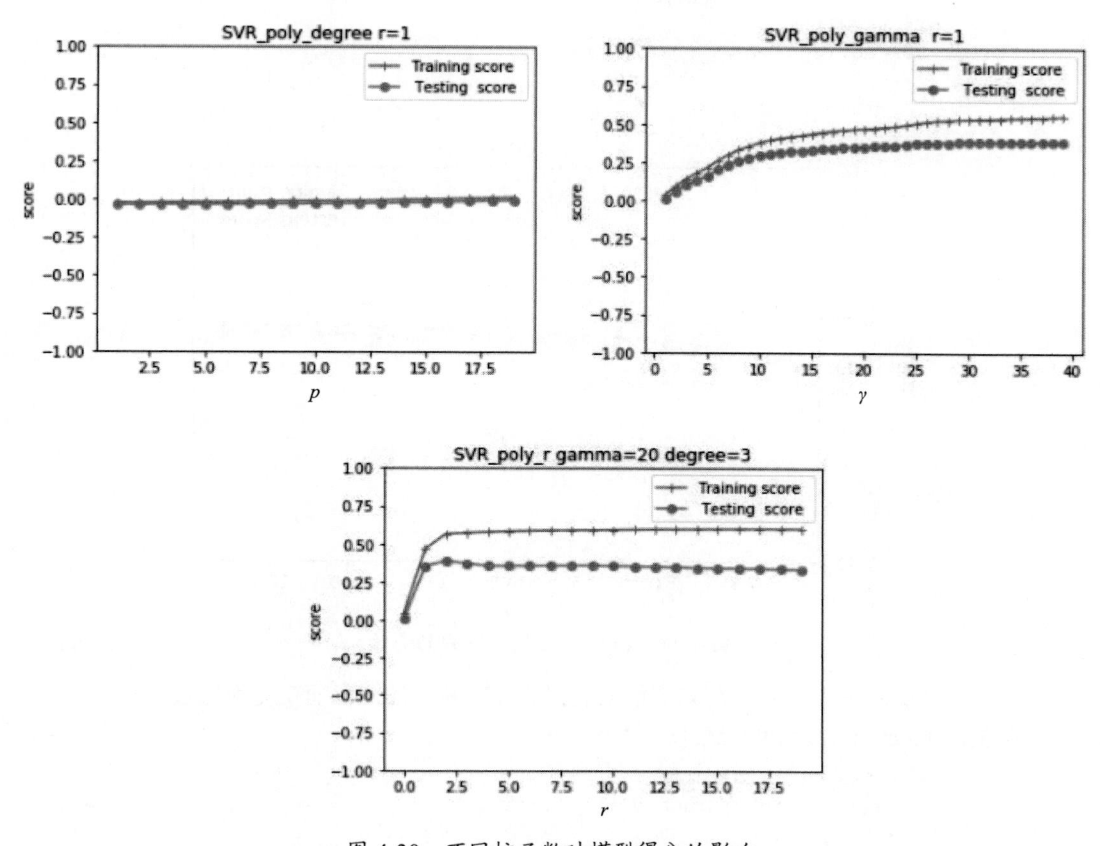

图 4-30　不同核函数对模型得分的影响

由图 4-30 所示可以看到，在测试集上的预测性能随 p 的变化而变化得比较平稳，随 γ 增大而增大，随 r=0 增大时先增大后平稳。

② 参数（gamma）测评，代码如下：

```
1.  def test_SVR_rbf(*data):
2.      X_train,X_test,y_train,y_test=data
3.      gammas=range(1,20)
4.      train_scores=[]
5.      test_scores=[]
6.      for gamma in gammas:
7.          regr=svm.SVR(kernel='rbf',gamma=gamma)
8.          regr.fit(X_train,y_train)
9.          train_scores.append(regr.score(X_train,y_train))
10.         test_scores.append(regr.score(X_test, y_test))
11.     fig=plt.figure()
12.     ax=fig.add_subplot(1,1,1)
13.     ax.plot(gammas,train_scores,label='Training score ',marker='+' )
14.     ax.plot(gammas,test_scores,label= ' Testing  score ',marker='o' )
15.     ax.set_title( 'SVR_rbf')
16.     ax.set_xlabel(r'$\gamma$')
17.     ax.set_ylabel('score')
18.     ax.set_ylim(-1,1)
19.     ax.legend(loc='best',framealpha=0.5)
```

```
20.     plt.show()
21. test_SVR_rbf(X_train,X_test,y_train,y_test)
```

运行结果（见图 4-31）：

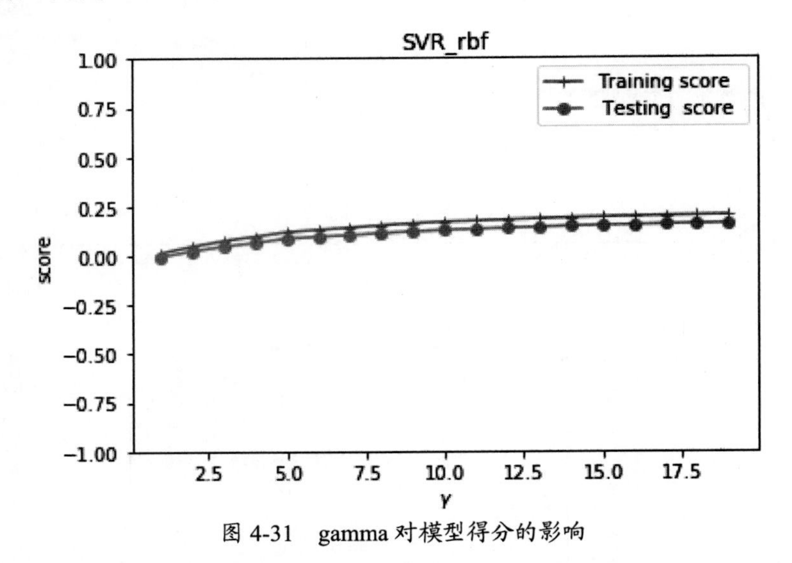

图 4-31　gamma 对模型得分的影响

由图 4-31 所示可以看到，在测试集上的预测性能随 γ 的变化而变化得比较平稳。

③ 参数（gamma、coef0）测评，代码如下：

```
1.  def test_SVR_sigmoid(*data):
2.      X_train,X_test,y_train,y_test=data
3.      fig=plt.figure()
4.
5.      ### 测试 gammam，固定 coef0 为 0.01 ####
6.      gammas=np.logspace(-1,3)
7.      train_scores=[]
8.      test_scores=[]
9.
10.     for gamma in gammas:
11.         regr=svm.SVR(kernel='sigmoid',gamma=gamma,coef0=0.01)
12.         regr.fit(X_train,y_train)
13.         train_scores.append(regr.score(X_train,y_train))
14.         test_scores.append(regr.score(X_test, y_test))
15.     ax=fig.add_subplot(1,2,1)
16.     ax.plot(gammas,train_scores,label='Training score ',marker='+' )
17.     ax.plot(gammas,test_scores,label= ' Testing  score ',marker='o' )
18.     ax.set_title( 'SVR_sigmoid_gamma r=0.01')
19.     ax.set_xscale('log')
20.     ax.set_xlabel(r'$\gamma$')
21.     ax.set_ylabel('score')
22.     ax.set_ylim(-1,1)
23.     ax.legend(loc='best',framealpha=0.5)
24.     ### 测试 r ，固定 gamma 为 10 ######
25.     rs=np.linspace(0,5)
26.     train_scores=[]
27.     test_scores=[]
28.
29.     for r in rs:
```

```
30.          regr=svm.SVR(kernel='sigmoid',coef0=r,gamma=10)
31.          regr.fit(X_train,y_train)
32.          train_scores.append(regr.score(X_train,y_train))
33.          test_scores.append(regr.score(X_test, y_test))
34.      ax=fig.add_subplot(1,2,2)
35.      ax.plot(rs,train_scores,label='Training score ',marker='+' )
36.      ax.plot(rs,test_scores,label= ' Testing  score ',marker='o' )
37.      ax.set_title( 'SVR_sigmoid_r gamma=10')
38.      ax.set_xlabel(r'r')
39.      ax.set_ylabel('score')
40.      ax.set_ylim(-1,1)
41.      ax.legend(loc='best',framealpha=0.5)
42.      plt.show()
43. test_SVR_sigmoid(X_train,X_test,y_train,y_test)
```

运行结果（如图 4-32 所示）：

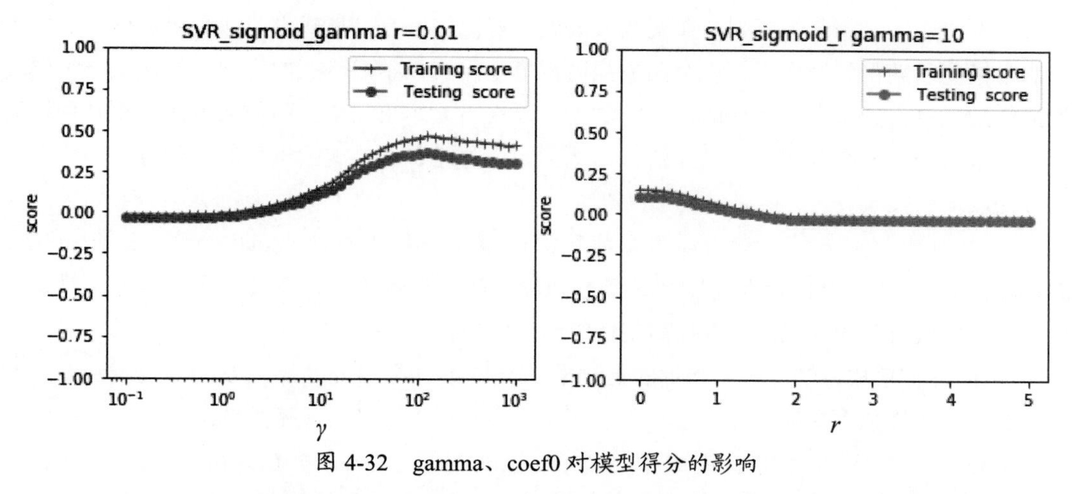

图 4-32　gamma、coef0 对模型得分的影响

固定 r =0.01，预测性能随着 γ 的增长而先增长后稳定；固定 γ =10，预测性能则随着 r 的增长而下降。

—— 本章小结 ——

本章讲解了 SKlearn 的常用分类、回归和聚类用的模型，测试了不同模型重要参数对模型预测性能的影响。例如线性模型、决策树、贝叶斯、KNN、SVM 支持向量机的分类和回归分析；无监督的聚类分析。接下来，我们将使用集成学习进一步提高模型的性能。

第 5 章 集成学习

前面我们讲了机器学习的模型，如有监督学习中的多种算法，我们的目标是学习出一个稳定的且在各个方面表现都较好的模型，但实际情况往往不这么理想，有时我们只能得到多个有偏好的模型（弱监督模型，在某些方面表现得比较好）。集成学习就是组合这里的多个弱监督模型以期得到一个更好更全面的强监督模型，集成学习潜在的思想是即便某一个弱分类器得到了错误的预测，其他的弱分类器也可以将错误纠正回来。而集成方法是将几种机器学习技术组合成一个预测模型的算法，以达到减小方差、偏差或改进预测的效果。集成方法可分为以下两类。

（1）列表集成方法：参与训练的基础学习器按照顺序生成（AdaBoost、Gradient Tree Boosting）。列表方法的原理是利用基础学习器之间的依赖关系，通过对之前训练中错误标记的样本赋值较高的权重。可以提高整体的预测效果。

（2）并行集成方法：参与训练的基础学习器并行生成（Bagging、Random Forest）。并行方法的原理是利用基础学习器之间的独立性，通过平均可以显著降低错误。

本章我们将学习常用的集成学习方法：AdaBoost、Gradient Boosting Decision Tree、Random Forest。

5.1 常用的集成学习方法——AdaBoost

AdaBoost 是典型的 Boosting 算法，属于 Boosting 家族的一员。Boosting 算法是将“弱学习算法”提升为“强学习算法”的过程，主要思想是“三个臭皮匠顶个诸葛亮”。一般来说，找到弱学习算法要相对容易一些，然后通过反复学习得到一系列弱分类器，组合这些弱分类器得到一个强分类器。Boosting 算法要涉及两个部分，加法模型和前向分步算法。加法模型就是说强分类器由一系列弱分类器线性相加而成。一般组合形式为：

$$F_m(x,P)=\sum_{m=1}^{n}\beta_m h(x,a_m)$$

式中，$h(x, a_m)$ 是一个个的弱分类器，a_m 是弱分类器学习到的最优参数，β_m 是弱学习在强分类器中所占比重，这些弱分类器线性相加组成强分类器 $F_m(x, P)$。

由于采用的损失函数不同，Boosting 算法也因此有了不同的类型，AdaBoost 就是损失函数为指数损失的Boosting算法。本节将从分类(AdaBoostClassifier)和回归(AdaBoostRegressor)两个方向来学习 AdaBoost。

5.1.1　分类

使用 AdaBoost 进行分类的代码如下：

```
1. def test_AdaBoostClassifier(*data):
2.     X_train,X_test,y_train,y_test=data
3.     clf=ensemble.AdaBoostClassifier(learning_rate=0.1)
4.     clf.fit(X_train,y_train)
5.     ## 绘图
6.     fig=plt.figure()
7.     ax=fig.add_subplot(1,1,1)
8.     estimators_num=len(clf.estimators_)
9.     X=range(1,estimators_num+1)
10.    ax.plot(list(X),list(clf.staged_score(X_train,y_train)),label='Traing score')
11.    ax.plot(list(X),list(clf.staged_score(X_test,y_test)),label='Testing score')
12.    ax.set_xlabel('estimator num')
13.    ax.set_ylabel('score')
14.    ax.legend(loc='best')
15.    ax.set_title('AdaBoostClassifier')
16.    plt.show()
17. test_AdaBoostClassifier(X_train,X_test,y_train,y_test)
```

运行结果（如图 5-1 所示）：

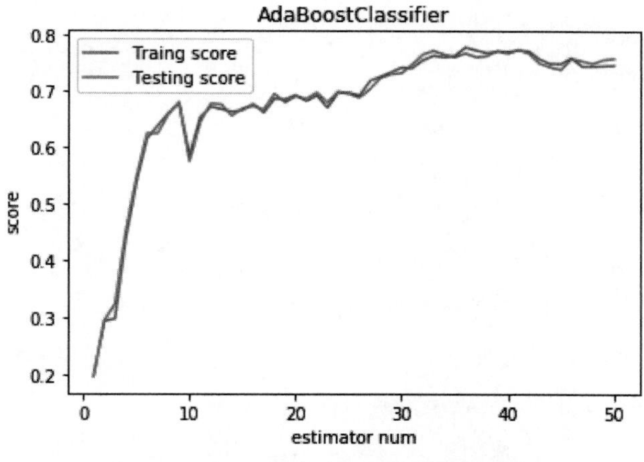

图 5-1　预测性能随基础分类器数量的影响

由图5-1所示可以看到，随着算法的推进，每一轮迭代都产生一个新的个体分类器被集成。此时的集成分类器的训练误差和测试误差都在下降 (对应的就是训练准确率和测试准确率上升)。当个体分类器数量达到一定值时，集成分类器的预测准确率在一定范围内波动，比较稳定。这也证实了前文的论述：集成学习能很好地抵抗过拟合。

```
AdaBoostClassifier(algorithm='SAMME.R',base_estimator=None,learning_rate=0.1,n_estimators=50,random_state=None)
```

（1）以上代码参数的含义

algorithm：Boosting 算法，也就是模型提升准则。其有两种方式 SAMME 和 SAMME.R

两种，默认是 SAMME.R。两者的区别主要是弱学习器权重的度量，前者是对样本集预测错误的概率进行划分的，后者是对样本集的预测错误的比例即错分率进行划分的。

base_estimator：基分类器，默认是决策树。在该分类器基础上进行 boosting，理论上可以是任意一个分类器，但是如果是其他分类器时，就需要指明样本权重。

learning_rate：学习率，表示梯度收敛速度，默认为 1。如果学习率过大，就容易错过最优值；如果过小，那么收敛速度会很慢。该值需要和 n_estimators 进行一个权衡，当分类器迭代次数较少时，学习率可以小一些；当迭代次数较多时，学习率可以适当放大。

n_estimators：基分类器提升（循环）次数，默认是 50 次。这个值过大，模型容易过拟合；值过小，模型容易欠拟合。

random_state：随机种子设置。

（2）属性

estimators_：以列表的形式返回所有的分类器。

classes_：类别标签。

estimator_weights_：每个分类器权重。

estimator_errors_：每个分类器的错分率，与分类器权重相对应。

feature_importances_：特征重要性，这个参数的使用前提是基分类器也支持这个属性。

（3）方法

fit(X,Y)：在数据集（X,Y）上训练模型。

get_parms()：获取模型参数。

predict(X)：预测数据集 X 的结果。

predict_log_proba(X)：预测数据集 X 的对数概率。

predict_proba(X)：预测数据集 X 的概率值。

score(X,Y)：输出数据集（X,Y）在模型上的准确率。

staged_decision_function(X)：返回每个基分类器的决策函数值。

staged_predict(X)：返回每个基分类器的预测数据集 X 的结果。

staged_predict_proba(X)：返回每个基分类器的预测数据集 X 的概率结果。

staged_score(X, Y)：返回每个基分类器的预测准确率。

decision_function(X)：返回决策函数值（如 svm 中的决策距离）。

（4）参数测评

① 参数测评（base_estimator）：

```
1. def test_AdaBoostClassifier_base_classifier(*data):
2.     from sklearn.naive_bayes import GaussianNB
3.     X_train,X_test,y_train,y_test=data
4.     fig=plt.figure()
5.     ax=fig.add_subplot(2,1,1)
6.     # 默认的个体分类器
7.     clf=ensemble.AdaBoostClassifier(learning_rate=0.1)
8.     clf.fit(X_train,y_train)
9.     # 绘图
```

```
10.     estimators_num=len(clf.estimators_)
11.     X=range(1,estimators_num+1)
12.       ax.plot(list(X),list(clf.staged_score(X_train,y_
train)),label='Traing score')
13.       ax.plot(list(X),list(clf.staged_score(X_test,y_
test)),label='Testing score')
14.     ax.set_xlabel('estimator num')
15.     ax.set_ylabel('score')
16.     ax.legend(loc='lower right')
17.     ax.set_ylim(0,1)
18.     ax.set_title('AdaBoostClassifier with Decision Tree')
19.     ## Gaussian Naive Bayes 个体分类器
20.     ax=fig.add_subplot(2,1,2)
21.      clf=ensemble.AdaBoostClassifier(learning_rate=0.1,base_
estimator=GaussianNB())
22.     clf.fit(X_train,y_train)
23.     # 绘图
24.     estimators_num=len(clf.estimators_)
25.     X=range(1,estimators_num+1)
26.       ax.plot(list(X),list(clf.staged_score(X_train,y_
train)),label='Traing score')
27.       ax.plot(list(X),list(clf.staged_score(X_test,y_
test)),label='Testing score')
28.     ax.set_xlabel('estimator num')
29.     ax.set_ylabel('score')
30.     ax.legend(loc='lower right')
31.     ax.set_ylim(0,1)
32.     ax.set_title('AdaBoostClassifier with Gaussian Naive Bayes')
33.     plt.subplots_adjust(top=2)
34.     plt.show()
35. test_AdaBoostClassifier_base_classifier(X_train,X_test,y_train,y_test)
```

运行结果（如图 5-2 所示）：

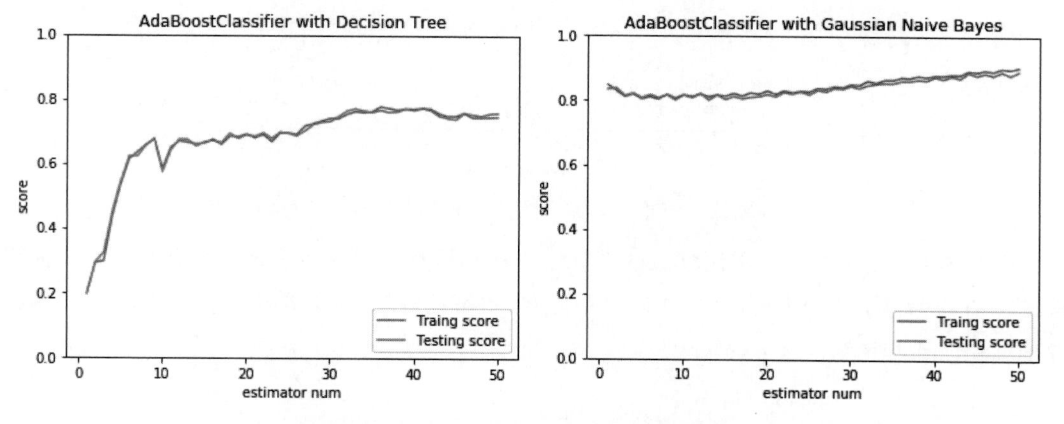

图 5-2　预测性能随基础分类器数量和基础分类器的类型的影响

图 5-2 所示的测试对比了默认的决策树分类器以及高斯分布贝叶斯分类器的差别。从比较结果来看，由于高斯分布贝叶斯个体分类器本身就是强分类器（即单个分类器的预测准确率已经非常好），所以它没有一个明显的预测准确率提升的过程，整体曲线都比较平缓。

② 参数测评（learning_rates）

```
1. def test_AdaBoostClassifier_learning_rate(*data):
2.     X_train,X_test,y_train,y_test=data
3.     learning_rates=np.linspace(0.01,1)
4.     fig=plt.figure()
5.     ax=fig.add_subplot(1,1,1)
6.     traing_scores=[]
7.     testing_scores=[]
8.     for learning_rate in learning_rates:
9.         clf=ensemble.AdaBoostClassifier(learning_rate=learning_rate,n_
estimators=500)
10.        clf.fit(X_train,y_train)
11.        traing_scores.append(clf.score(X_train,y_train))
12.        testing_scores.append(clf.score(X_test,y_test))
13.    ax.plot(learning_rates,traing_scores,label='Traing score')
14.    ax.plot(learning_rates,testing_scores,label='Testing score')
15.    ax.set_xlabel('learning rate')
16.    ax.set_ylabel('score')
17.    ax.legend(loc='best')
18.    ax.set_title('AdaBoostClassifier')
19.    plt.show()
20. test_AdaBoostClassifier_learning_rate(X_train,X_test,y_train,y_test)
```

运行结果（如图 5-3 所示）：

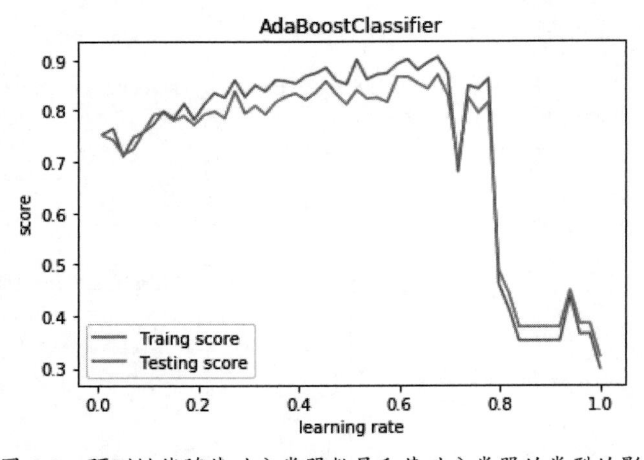

图 5-3　预测性能随基础分类器数量和基础分类器的类型的影响

由图 5-3 所示可知，当采用默认的 SAMME.R 算法且学习率较小时，测试准确率和训练准确率随着学习率的增大而缓慢上升。但是当学习率超过 0.7 后，随着学习率的上升，测试准确率和训练准确率迅速下降。

③ 参数测评（algorithm）：

```
1. def test_AdaBoostClassifier_algorithm(*data):
2.     X_train,X_test,y_train,y_test=data
3.     algorithms=['SAMME.R','SAMME']
4.     fig=plt.figure()
5.     learning_rates=[0.05,0.1,0.5,0.9]
6.     for i,learning_rate in enumerate(learning_rates):
7.         ax=fig.add_subplot(2,2,i+1)
```

```
8.         for i ,algorithm in enumerate(algorithms):
9.             clf=ensemble.AdaBoostClassifier(learning_rate=learning_rate,
10.                algorithm=algorithm)
11.            clf.fit(X_train,y_train)
12.            ## 绘图
13.            estimators_num=len(clf.estimators_)
14.            X=range(1,estimators_num+1)
15.            ax.plot(list(X),list(clf.staged_score(X_train,y_train)),
16.                label='%s: Traing score'%algorithms[i])
17.            ax.plot(list(X),list(clf.staged_score(X_test,y_test)),
18.                label='%s: Testing score'%algorithms[i])
19.        ax.set_xlabel('estimator num')
20.        ax.set_ylabel('score')
21.        ax.legend(loc='lower right')
22.        ax.set_title('learing rate: %f'%learning_rate)
23.    fig.suptitle('AdaBoostClassifier')
24.    plt.subplots_adjust(right=2,top=2)
25.    plt.show()
26. test_AdaBoostClassifier_algorithm(X_train,X_test,y_train,y_test)
```

运行结果（如图 5-4 所示）：

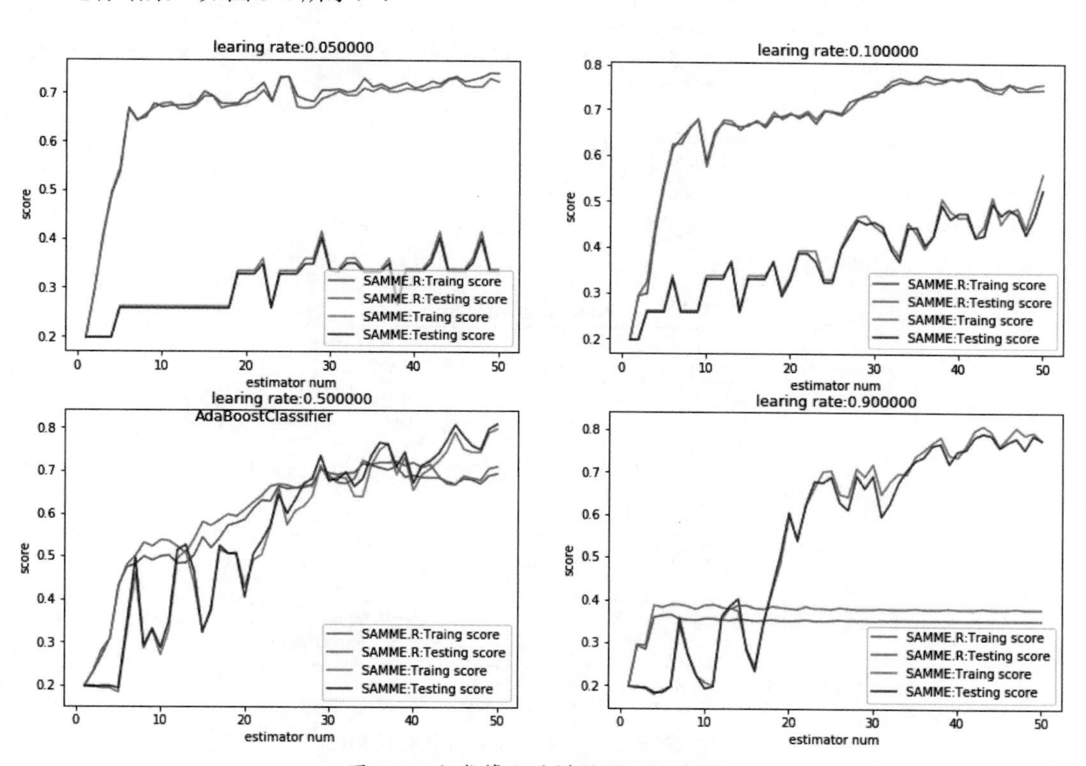

图 5-4　分类算法对模型预测性的影响

由图 5-4 所示可以看到，当学习率较小时，SAMME 算法总是预测性能较好。但是当学习率较大时，SAMME 算法在个体分类器数量较小时预测性能较好，但是个体决策树数量较多时预测性能较差。这是因为，SAMME 算法在个体分类器数量饱和状态下的性能在学习率较大时会迅速下降。

5.1.2 回归

使用 AdaBoost 进行回归分析的代码如下：

```
1. # 使用 scikit-learn 自带的 digits 数据集
2. diabetes=datasets.load_diabetes()
3. # 分层采样拆分成训练集和测试集，测试集大小为原始数据集大小的 1/4
4. X_train,X_test,y_train,y_test=train_test_split(diabetes.data,diabetes.target,
5.                                                     test_size=0.25,random_
state=0)
6. # 测试 AdaBoostRegressor 的用法，绘制 AdaBoostRegressor 的预测性能随基础回归器数量
的影响
7. def test_AdaBoostRegressor(*data):
8.     X_train,X_test,y_train,y_test=data
9.     regr=ensemble.AdaBoostRegressor()
10.    regr.fit(X_train,y_train)
11.    ## 绘图
12.    fig=plt.figure()
13.    ax=fig.add_subplot(1,1,1)
14.    estimators_num=len(regr.estimators_)
15.    X=range(1,estimators_num+1)
16.    ax.plot(list(X),list(regr.staged_score(X_train,y_train)),label='Traing score')
17.    ax.plot(list(X),list(regr.staged_score(X_test,y_test)),label='Testing score')
18.    ax.set_xlabel('estimator num')
19.    ax.set_ylabel('score')
20.    ax.legend(loc='best')
21.    ax.set_title('AdaBoostRegressor')
22.    plt.show()
23. test_AdaBoostRegressor(X_train,X_test,y_train,y_test)
```

运行结果（如图 5-5 所示）：

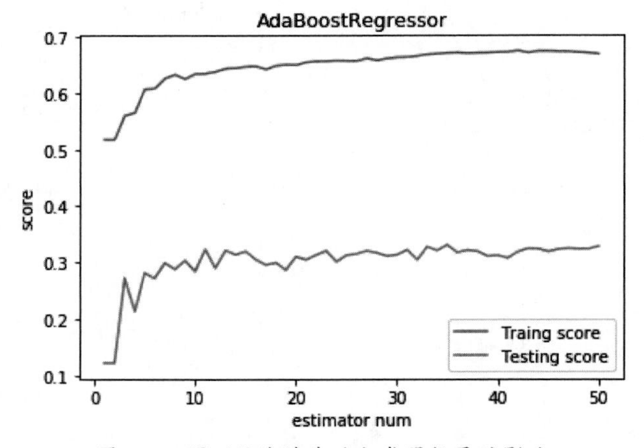

图 5-5 预测性能随基础分类器数量的影响

由图 5-5 所示可以看到，随着算法的推进，每一轮迭代都产生一个新的个体分类器被集成。此时集成分类器的训练误差和测试误差都在下降，对应的就是训练准确率和测试准确率上升。

```
AdaBoostRegressor(base_estimator=None,learning_rate=1.0,loss='linear',n_
estimators=50,random_state=None)
```

（1）以上代码中参数的含义

base_estimator：基分类器，默认是决策树，在该分类器基础上进行 boosting，理论上可以是任意一个分类器，但是如果是其他分类器，就需要指明样本权重。

learning_rate：学习率，表示梯度收敛速度，默认为 1。如果过大，容易错过最优值；如果过小，收敛速度就会很慢；该值需要和 n_estimators 进行一个权衡，当分类器迭代次数较少时，学习率可以小一些，当迭代次数较多时，学习率可以适当放大。

loss：{'linear'，'square'，'exponential'}，optional(default='linear')。Adaboost R2 算法需要用到。有线性（'linear'）、平方（'square'）和指数（'exponential'）三种选择，默认是线性，一般使用线性就足够了，除非你怀疑这个参数导致拟合程度不好，才会尝试使用平方或指数。

n_estimators：基分类器提升（循环）次数，默认是 50 次，这个值过大，模型容易过拟合；值过小，模型容易欠拟合。

random_state：随机种子设置。

（2）属性

estimators_：以列表的形式返回所有的分类器。

estimator_weights_：每个分类器权重。

estimator_errors_：每个分类器的错分率，与分类器权重相对应。

feature_importances_：特征重要性，这个参数使用前提是基分类器也支持该属性。

（3）方法

fit(X,y)：在数据集（X,y）上训练模型。

predict(X)：预测数据集 X 的结果。

score(X,y)：输出数据集（X,y）在模型上的得分。

staged_predict(X)：返回每个基分类器的预测数据集 X 的结果。

staged_score(X,y)：返回每个基分类器的预测准确率。

（4）参数测评

① 参数测评（algorithm）

```
1. def test_AdaBoostRegressor_base_regr(*data):
2.     from sklearn.svm import  LinearSVR
3.     X_train,X_test,y_train,y_test=data
4.     fig=plt.figure()
5.     regrs=[ensemble.AdaBoostRegressor(), # 基础回归器为默认类型
6.             ensemble.AdaBoostRegressor(base_estimator=LinearSVR(epsilon=0.01
,C=100))] # 基础回归器为 LinearSVR
7.     labels=['Decision Tree Regressor','Linear SVM Regressor']
8.     for i ,regr in enumerate(regrs):
9.         ax=fig.add_subplot(2,1,i+1)
10.        regr.fit(X_train,y_train)
11.        ## 绘图
12.        estimators_num=len(regr.estimators_)
13.        X=range(1,estimators_num+1)
14.        ax.plot(list(X),list(regr.staged_score(X_train,y_train)),label='Traing score')
15.        ax.plot(list(X),list(regr.staged_score(X_test,y_test)),label='Testing score')
16.        ax.set_xlabel('estimator num')
```

```
17.         ax.set_ylabel('score')
18.         ax.legend(loc='lower right')
19.         ax.set_ylim(-1,1)
20.         ax.set_title('Base_Estimator: %s'%labels[i])
21.     plt.subplots_adjust(top=2)
22.     plt.suptitle('AdaBoostRegressor')
23.     plt.show()
24. test_AdaBoostRegressor_base_regr(X_train,X_test,y_train,y_test)
```

运行结果（如图 5-6 所示）：

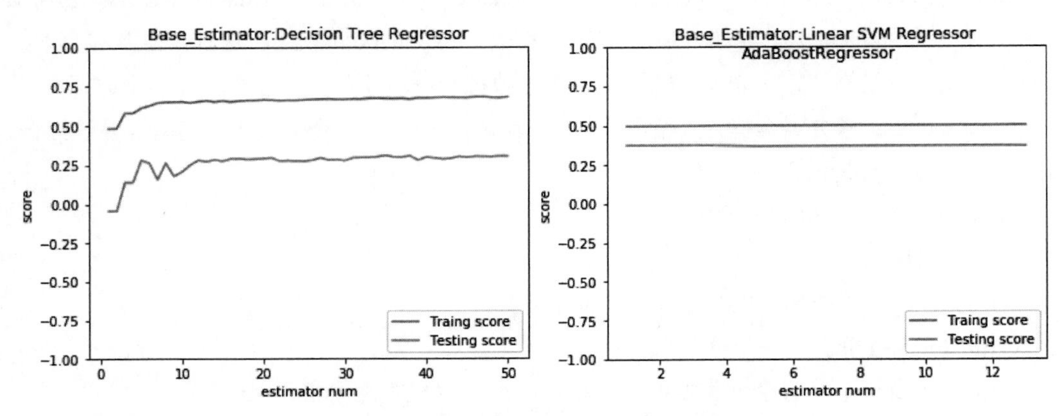

图 5-6　不同分类器对模型得分的影响

本次测试对比的个体回归器为默认的决策树数目和线性支持回归器。从比较结果来看，由于线性支持回归器本身就是强回归器 (即单个回归器的得分已经很好)，所以它没有一个得分明显提升的过程，整体曲线都比较平缓。由图 5-6 所示可以看到，使用线性支持回归器时，发生了早停（Early Stopping）现象。默认的个体回归器数量为 50，但是这里只有 13 个，因为训练误差满足条件的时候，迭代被提前终止。

② 参数测评（learning_rate）

```
1.  # 测试 AdaBoostRegressor 的预测性能随学习率的影响
2.  def test_AdaBoostRegressor_learning_rate(*data):
3.      X_train,X_test,y_train,y_test=data
4.      learning_rates=np.linspace(0.01,1)
5.      fig=plt.figure()
6.      ax=fig.add_subplot(1,1,1)
7.      traing_scores=[]
8.      testing_scores=[]
9.      for learning_rate in learning_rates:
10.         regr=ensemble.AdaBoostRegressor(learning_rate=learning_rate,n_estimators=500)
11.         regr.fit(X_train,y_train)
12.         traing_scores.append(regr.score(X_train,y_train))
13.         testing_scores.append(regr.score(X_test,y_test))
14.     ax.plot(learning_rates,traing_scores,label='Traing score')
15.     ax.plot(learning_rates,testing_scores,label='Testing score')
16.     ax.set_xlabel('learning rate')
17.     ax.set_ylabel('score')
18.     ax.legend(loc='best')
19.     ax.set_title('AdaBoostRegressor')
```

```
20.     plt.show()
21. test_AdaBoostRegressor_learning_rate(X_train,X_test,y_train,y_test)
```

运行结果（如图 5-7 所示）：

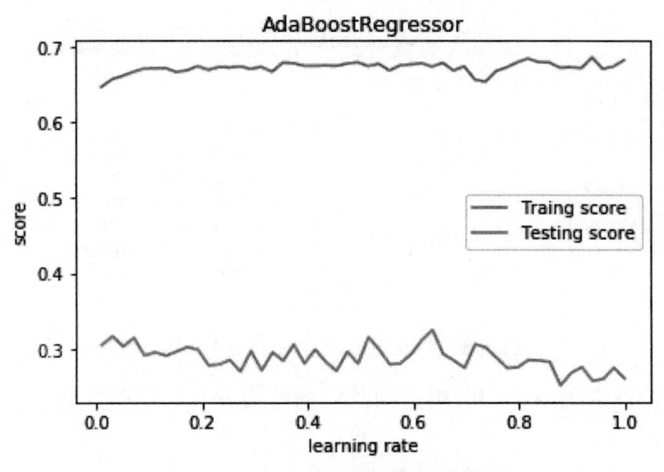

图 5-7　学习率对模型得分的影响

由图 5-7 所示可以看到，当学习率较大时，预测得分和训练得分都比较稳定；学习率较小时的预测得分较高。

③ 参数测评（loss）

```
1. def test_AdaBoostRegressor_loss(*data):
2.     X_train,X_test,y_train,y_test=data
3.     losses=['linear','square','exponential']
4.     fig=plt.figure()
5.     ax=fig.add_subplot(1,1,1)
6.     for i ,loss in enumerate(losses):
7.         regr=ensemble.AdaBoostRegressor(loss=loss,n_estimators=30)
8.         regr.fit(X_train,y_train)
9.         ## 绘图
10.        estimators_num=len(regr.estimators_)
11.        X=range(1,estimators_num+1)
12.        ax.plot(list(X),list(regr.staged_score(X_train,y_train)),
13.            label='Traing score: loss=%s'%loss)
14.        ax.plot(list(X),list(regr.staged_score(X_test,y_test)),
15.            label='Testing score: loss=%s'%loss)
16.        ax.set_xlabel('estimator num')
17.        ax.set_ylabel('score')
18.        ax.legend(loc='lower right')
19.        ax.set_ylim(-1,1)
20.    plt.suptitle('AdaBoostRegressor')
21.    plt.show()
22. test_AdaBoostRegressor_loss(X_train,X_test,y_train,y_test)
```

运行结果（如图 5-8 所示）：

图 5-8　损失函数对模型得分的影响

由图 5-8 所示可以看到，不同的损失函数对训练得分和测试得分影响不大。

5.2　梯度提升树

GBDT（Gradient Boosting Decision Tree，梯度提升树）又叫 MART（Multiple Additive Regression Tree，梯度提升决策树），该算法由多棵决策树组成，所有树的结论累加起来作为最终答案。它在被提出之初就和 SVM 一起被认为是泛化能力较强的算法。近些年，更因为它被用于搜索排序的机器学习模型而被大家关注。

在 SKlearn 中，GradientBoostingClassifier 为 GBDT 的分类类，而 GradientBoostingRegressor 为 GBDT 的回归类。两者的参数类型完全相同，当然有些参数比如损失函数 loss 的可选择项并不相同。这些参数中，类似于 Adaboost，我们把重要参数分为两类，第一类是 Boosting 框架的重要参数，第二类是弱学习器即 CART 回归树的重要参数。接下来，本节通过代码实现 GBDT 算法的分类、回归。

5.2.1　GBDT 算法的分类类——GradientBoostingClassifier

使用 GBDT 进行分类的代码如下：

```
1. import numpy as np
2. import matplotlib.pyplot as plt
3. from sklearn import datasets, linear_model,ensemble
4. from sklearn.model_selection import train_test_split
5. # 使用 scikit-learn 自带的 digits 数据集
6. digits=datasets.load_digits()
7. # 分层采样拆分成训练集和测试集，测试集大小为原始数据集大小的 1/4
8. X_train,X_test,y_train,y_test=train_test_split(digits.data,digits.target,
9.                                                  test_size=0.25,random_
state=0,stratify=digits.target)
10. def test_GradientBoostingClassifier(*data):
11.     X_train,X_test,y_train,y_test=data
12.     clf=ensemble.GradientBoostingClassifier()
```

```
13.     clf.fit(X_train,y_train)
14.     print('Traing Score: %f'%clf.score(X_train,y_train))
15.     print('Testing Score: %f'%clf.score(X_test,y_test))
16. test_GradientBoostingClassifier(X_train,X_test,y_train,y_test)
```

运行结果：

```
Traing Score: 1.000000
Testing Score: 0.960000
```

由运行结果可以看到，GBDT 对训练集完美拟合 (100%), 对测试集的预测准确率高达 96%。

```
GradientBoostingClassifier(criterion='friedman_mse',init=None,learning_rate=0.1,loss='deviance',max_depth=3,max_features=None,max_leaf_nodes=None,min_impurity_decrease=0.0,min_impurity_split=None,min_samples_leaf=1,min_samples_split=2,min_weight_fraction_leaf=0.0,n_estimators=100,n_iter_no_change=None,presort='auto',random_state=None,subsample=1.0,tol=0.0001,validation_fraction=0.1,verbose=0,warm_start=False)
```

（1）参数

loss：字符串，指定损失函数。可以为 'deviance'(默认值)、'exponential'（指数损失函数）。

n_estimators：整型，指定基础决策树的数量 (默认为 100)。GBDT 对过拟合有很好的稳健性，因此该值越大越好。

learning_rate：浮点型，默认为 0.1。它用于减小每一步的步长，以防止步长太大而跨过了极值点。

max_depth：整型或者 None，指定了每个基础决策树模型的 max_depth 参数。调整该参数可以获得最佳性能。如果 max leaf_nods 不是 one，则忽略本参数。

min_n_samples_split：整型，指定了每个基础决策树模型的 min_samples_ 参数。

min_n_samples_leaf：整型，指定了每个基础决策树模型的 min_samplesleaf 参数。

min_weight_fraction_leaf：浮点型，指定了每个基础决策树模型的 min_weight_fraction_leaf 参数。

subsample：浮点型，指定了提取原始训练集中的一个子集，用于训练基础决策树。该参数就是子集占原始训练集的大小，其数值大于 0 且小于 1。

max_features：整型，或者浮点型，或者字符串，或者 None，指定了每个基础决策树模型的 max_features 参数。

max_leaf_nodes：整型或者 None，指定了每个基础决策树模型的 max_leaf_nodes 参数。

init：基础分类器对象或者 None，该分类器对象用于执行初始的预测。若为 None，则使用 lossinit_estimator。

verbose：整型。若为 0，则表示不输出日志信息；若为 1，则表示每隔一段时间打印一次日志信息；若大于 1，则表示打印日志信息更频繁。

warm_start：布尔值。当为 True 时，继续使用上一次训练的结果；否则，重新开始训练。

random_state：整型，或者 RandomState 实例，或者 None。

presort：布尔值，或者 'auto'，指定了每个基础决策树模型的 presort 参数。

（2）属性

feature_importances_：列表，给出了每个特征的重要性(值越高、重要性越大)。

oob_improvement_：列表，给出了每增加一棵基础决策树，在包外估计(即测试集)的损失函数的改善情况(即损失函数的减少值)。

trainscore_：列表，给出了每增加一棵基础决策树，在训练集上的损失函数的值。

init_：初始预测使用的分类器。

estimators_：列表，给出了每棵基础决策树。

（3）方法

fit(x,y[, sample_weight, monitor])：训练模型。其中，monitor 是一个可调用对象，它在当前迭代过程结束时被调用。如果它返回 True，那么训练过程被提前终止。

predict(x)：用模型进行预测，返回预测值。

predict_logg_proba(x)：返回列表，列表的元素依次是 X 预测为各个类别的概率的对数值。

predict_proba(x)：返回列表，列表的元素依次是 X 预测为各个类别的概率值。

score(X,y[, sample_weight]): 返回在 (X,y) 上预测的准确率 (accuracy)。

staged_predict(x)：返回列表，列表元素依次是每一轮迭代结束时集成分类器的预测值。

staged_predict_proba(x)：返回二维列表，列表元素依次是每一轮迭代结束时集成分类器预测为各个类别的概率值。

（4）参数测评

① 参数测评（n_estimators）：

```
1. def test_GradientBoostingClassifier_num(*data):
2.     X_train,X_test,y_train,y_test=data
3.     nums=np.arange(1,100,step=2)
4.     fig=plt.figure()
5.     ax=fig.add_subplot(1,1,1)
6.     testing_scores=[]
7.     training_scores=[]
8.     for num in nums:
9.         clf=ensemble.GradientBoostingClassifier(n_estimators=num)
10.        clf.fit(X_train,y_train)
11.        training_scores.append(clf.score(X_train,y_train))
12.        testing_scores.append(clf.score(X_test,y_test))
13.    ax.plot(nums,training_scores,label='Training Score')
14.    ax.plot(nums,testing_scores,label='Testing Score')
15.    ax.set_xlabel('estimator num')
16.    ax.set_ylabel('score')
17.    ax.legend(loc='lower right')
18.    ax.set_ylim(0,1.05)
19.    plt.suptitle('GradientBoostingClassifier')
20.    plt.show()
21. test_GradientBoostingClassifier_num(X_train,X_test,y_train,y_test)
```

运行结果（如图 5-9 所示）：

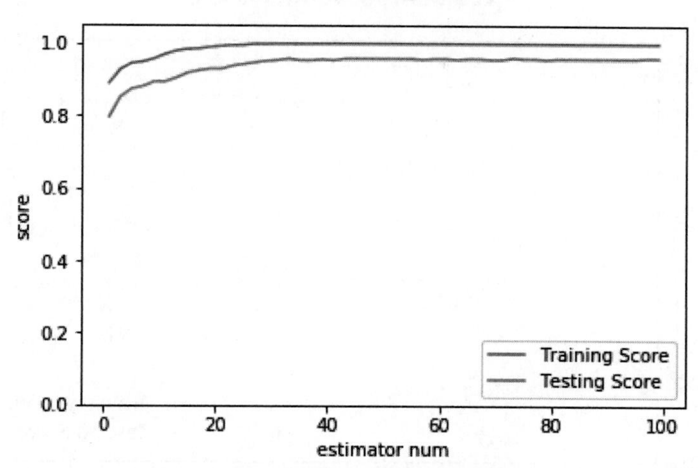

图 5-9　n_estimators 对模型得分的影响

由图 5-9 所示可以看到，随着个体决策树数量的增长，GBDT 的性能很快上升并保持稳定，且对训练集一直能保持完美拟合，对测试集的预测准确率都在 95% 以上。并且梯度提升决策树能够很好地抵抗过拟合。

② 参数测评（max_depth）：

```
1. # 测试 GradientBoostingClassifier 的预测性能随 max_depth 参数的影响
2. def test_GradientBoostingClassifier_maxdepth(*data):
3.     X_train,X_test,y_train,y_test=data
4.     maxdepths=np.arange(1,20)
5.     fig=plt.figure()
6.     ax=fig.add_subplot(1,1,1)
7.     testing_scores=[]
8.     training_scores=[]
9.     for maxdepth in maxdepths:
10.        clf=ensemble.GradientBoostingClassifier(max_depth=maxdepth,max_leaf_nodes=None)
11.        clf.fit(X_train,y_train)
12.        training_scores.append(clf.score(X_train,y_train))
13.        testing_scores.append(clf.score(X_test,y_test))
14.    ax.plot(maxdepths,training_scores,label='Training Score')
15.    ax.plot(maxdepths,testing_scores,label='Testing Score')
16.    ax.set_xlabel('max_depth')
17.    ax.set_ylabel('score')
18.    ax.legend(loc='lower right')
19.    ax.set_ylim(0,1.05)
20.    plt.suptitle('GradientBoostingClassifier')
21.    plt.show()
22. test_GradientBoostingClassifier_maxdepth(X_train,X_test,y_train,y_test)
```

运行结果（如图 5-10 所示）：

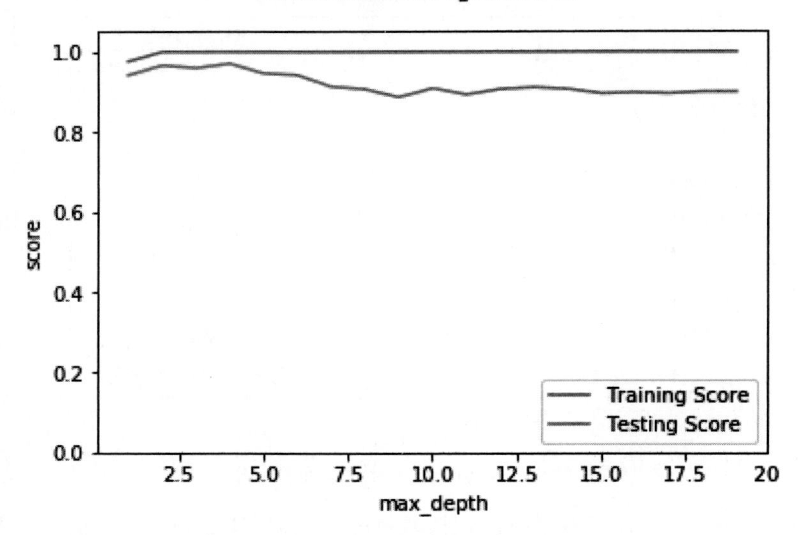

图 5-10　max_depth 对模型得分的影响

由于上述的分类样本为 1 797 个，训练集约为 1 350 个，因此这里将子树的最大深度设为 20。由图 5-10 所示可以看到，随着个体决策树的最大深度的增大，GBDT 对训练集的拟合一直都较好；但是 GBDT 对于预测集的拟合有所波动。

③ 参数测评（learning_rate）：

```
1. def test_GradientBoostingClassifier_learning(*data):
2.     X_train,X_test,y_train,y_test=data
3.     learnings=np.linspace(0.01,1.0)
4.     fig=plt.figure()
5.     ax=fig.add_subplot(1,1,1)
6.     testing_scores=[]
7.     training_scores=[]
8.     for learning in learnings:
9.         clf=ensemble.GradientBoostingClassifier(learning_rate=learning)
10.        clf.fit(X_train,y_train)
11.        training_scores.append(clf.score(X_train,y_train))
12.        testing_scores.append(clf.score(X_test,y_test))
13.    ax.plot(learnings,training_scores,label='Training Score')
14.    ax.plot(learnings,testing_scores,label='Testing Score')
15.    ax.set_xlabel('learning_rate')
16.    ax.set_ylabel('score')
17.    ax.legend(loc='lower right')
18.    ax.set_ylim(0,1.05)
19.    plt.suptitle('GradientBoostingClassifier')
20.    plt.show()
21. test_GradientBoostingClassifier_learning(X_train,X_test,y_train,y_test)
```

运行结果（如图 5-11 所示）：

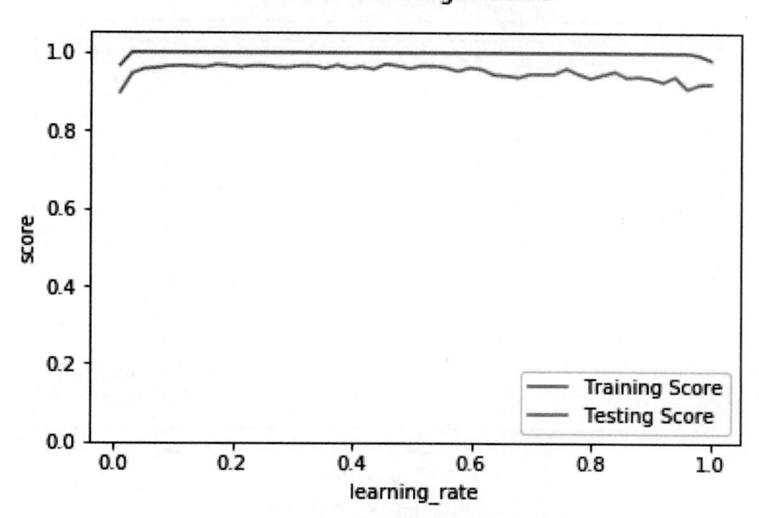

图 5-11　学习率对模型得分的影响

由图 5-11 所示可以看到，GBDT 的预测准确率对于学习率在总体上比较平稳。由于学习率必须大于 0，所以在学习率比较小时，预测准确率有一个上升阶段。

④ 参数测评（subsample）：

```
1. def test_GradientBoostingClassifier_subsample(*data):
2.     X_train,X_test,y_train,y_test=data
3.     fig=plt.figure()
4.     ax=fig.add_subplot(1,1,1)
5.     subsamples=np.linspace(0.01,1.0)
6.     testing_scores=[]
7.     training_scores=[]
8.     for subsample in subsamples:
9.             clf=ensemble.GradientBoostingClassifier(subsample=subsample)
10.            clf.fit(X_train,y_train)
11.            training_scores.append(clf.score(X_train,y_train))
12.            testing_scores.append(clf.score(X_test,y_test))
13.    ax.plot(subsamples,training_scores,label='Training Score')
14.    ax.plot(subsamples,testing_scores,label='Training Score')
15.    ax.set_xlabel('subsample')
16.    ax.set_ylabel('score')
17.    ax.legend(loc='lower right')
18.    ax.set_ylim(0,1.05)
19.    plt.suptitle('GradientBoostingClassifier')
20.    plt.show()
21. test_GradientBoostingClassifier_subsample(X_train,X_test,y_train,y_test)
```

运行结果（如图 5-12 所示）：

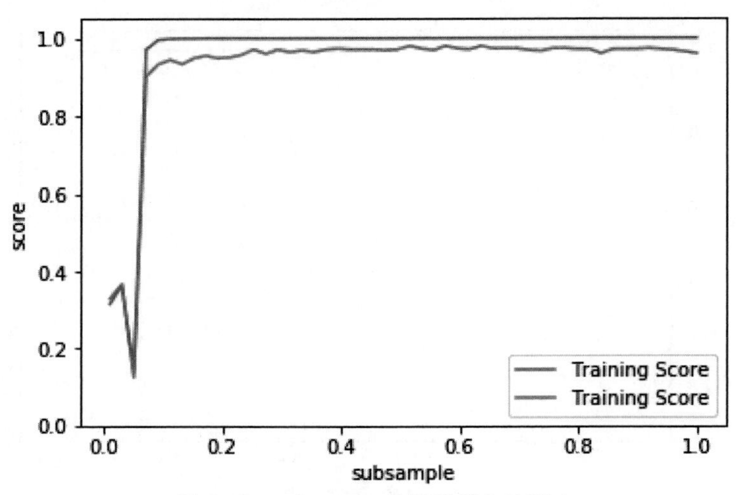

图 5-12 subsample 对模型得分的影响

从图 5-12 所示中可以看到，当 subsample 较小时，GBDT 预测性能较差，原因是每次随机挑选的训练样本太少，抛弃了大量的样本信息。

⑤ 参数测评（max_features）：

```
1. def test_GradientBoostingClassifier_max_features(*data):
2.     X_train,X_test,y_train,y_test=data
3.     fig=plt.figure()
4.     ax=fig.add_subplot(1,1,1)
5.     max_features=np.linspace(0.01,1.0)
6.     testing_scores=[]
7.     training_scores=[]
8.     for features in max_features:
9.             clf=ensemble.GradientBoostingClassifier(max_features=features)
10.            clf.fit(X_train,y_train)
11.            training_scores.append(clf.score(X_train,y_train))
12.            testing_scores.append(clf.score(X_test,y_test))
13.    ax.plot(max_features,training_scores,label='Training Score')
14.    ax.plot(max_features,testing_scores,label='Training Score')
15.    ax.set_xlabel('max_features')
16.    ax.set_ylabel('score')
17.    ax.legend(loc='lower right')
18.    ax.set_ylim(0,1.05)
19.    plt.suptitle('GradientBoostingClassifier')
20.    plt.show()
21. test_GradientBoostingClassifier_max_features(X_train,X_test,y_train,y_test)
```

运行结果（如图 5-13 所示）：

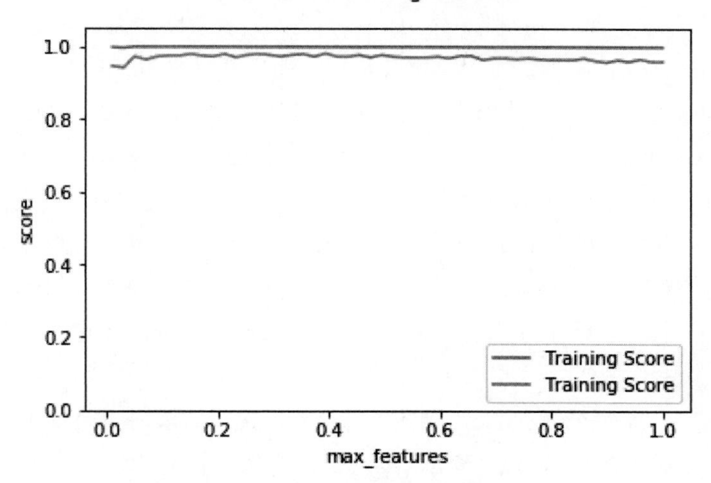

图 5-13　max_features 对模型得分的影响

由图 5-13 所示可以看到，GBDT 对于特征集合的选取不是很敏感。

5.2.2　GBDT 算法的回归类——GradientBoostingRegressor

使用 GBDT 进行回归分析的代码如下：

```
1. diabetes=datasets.load_diabetes()
2. X_train,X_test,y_train,y_test=train_test_split(diabetes.data,diabetes.target,
3.                                               test_size=0.25,random_state=0)
4. def test_GradientBoostingRegressor(*data):
5.     X_train,X_test,y_train,y_test=data
6.     regr=ensemble.GradientBoostingRegressor()
7.     regr.fit(X_train,y_train)
8.     print('Training score: %f'%regr.score(X_train,y_train))
9.     print('Testing score: %f'%regr.score(X_test,y_test))
10. test_GradientBoostingRegressor(X_train,X_test,y_train,y_test)
```

运行结果：

```
Training score: 0.878471
Testing score: 0.220463
```

```
GradientBoostingRegressor(alpha=0.9,criterion='friedman_mse',init=None,learning_rate=0.1,loss='ls',max_depth=3,max_features=None,max_leaf_nodes=None,min_impurity_decrease=0.0,min_impurity_split=None,min_samples_leaf=1,min_samples_split=2,min_weight_fraction_leaf=0.0,n_estimators=100,n_iter_no_change=None,presort='auto',random_state=None,subsample=1.0,tol=0.0001,validation_fraction=0.1,verbose=0,warm_start=False)
```

（1）以上代码中参数的含义

loss：字符串，指定损失函数。可以为 'ls'、'lad'、'huber'、'quantile'。

n_estimators：整型，指定基础决策树的数量（默认为 100)。GBDT 对过拟合有很好的鲁棒性，因此该值越大越好。

learning_rate：浮点型，默认为 0.1。它用于减少每一步的步长，防止步长太大而跨过了极值点。

max_depth：整型，或者 None，指定了每个基础决策树模型的 max_depth 参数。调整该参数可以获得最佳性能。如果 max leaf_nods 不是 None，就忽略本参数。

min_n_samples_split：整型，指定了每个基础决策树模型的 min_samples_ 参数。

min_n_samples_leaf：整型，指定了每个基础决策树模型的 min_samplesleaf 参数。

min_weight_fraction_leaf：浮点型，指定了每个基础决策树模型的 min_weight_fraction_leaf 参数。

subsample：浮点型，指定了提取原始训练集中的一个子集，用于训练基础决策树。该参数就是子集占原始训练集的大小，大于 0 且小于 1.0。

max_features：整型，或者浮点型，或者字符串，或者 None，指定了每个基础决策树模型的 max_features 参数。

max_leaf_nodes：整型或者 None，指定了每个基础决策树模型的 max_leaf_nodes 参数。

init：基础弱分类器或者 None，该分类器对象用于执行初始的预测。如果为 None，则使用 lossinit_estimator。

verbose：整型。如果为 0，则表示不输出日志信息；如果为 1，则表示每隔一段时间打印一次日志信息；如果大于 1，则表示打印日志信息更频繁。

warm_start：布尔值。当为 True 时，继续使用上一次训练的结果；否则，重新开始训练。

random_state：整型，或者 RandomState 实例，或者 None。

presort：布尔值，或者 'auto'，指定了每个基础决策树模型的 presort 参数。

（2）属性

feature_importances_：列表，给出了每个特征的重要性 (值越高，重要性越大)。

oob_improvement_：列表，给出了每增加一棵基础决策树，在包外估计 (即测试集) 的损失函数的改善情况 (即损失函数的减少值)。

Trains_core_：列表，给出了每增加一棵基础决策树，在训练集上的损失函数的值。

init_：初始预测使用的分类器。

estimators_：列表，给出了每棵基础回归树。

（3）方法

fit(X,y[, sample_weight, monitor])：训练模型。其中，monitor 是一个可调用对象，它在当前迭代过程结束时被调用。如果它返回 True，那么训练过程被提前终止。

predict(X)：用模型进行预测，返回预测值。

predict_logg_proba(X)：返回列表，列表的元素依次是 X 预测为各个类别的概率的对数值。

predict_proba(X)：返回列表，列表的元素依次是 X 预测为各个类别的概率值。

score(X,y[, sample_weight])：返回在 (X，y) 上预测的准确率 (accuracy）。

staged_predict(X)：返回列表，列表元素依次是每一轮迭代结束时集成分类器的预测值。

（1）参数测评

① 参数测评（n_estimators）

```
1. def test_GradientBoostingRegressor_num(*data):
```

```
2.      X_train,X_test,y_train,y_test=data
3.      nums=np.arange(1,200,step=2)
4.      fig=plt.figure()
5.      ax=fig.add_subplot(1,1,1)
6.      testing_scores=[]
7.      training_scores=[]
8.      for num in nums:
9.          regr=ensemble.GradientBoostingRegressor(n_estimators=num)
10.         regr.fit(X_train,y_train)
11.         training_scores.append(regr.score(X_train,y_train))
12.         testing_scores.append(regr.score(X_test,y_test))
13.     ax.plot(nums,training_scores,label='Training Score')
14.     ax.plot(nums,testing_scores,label='Testing Score')
15.     ax.set_xlabel('estimator num')
16.     ax.set_ylabel('score')
17.     ax.legend(loc='lower right')
18.     ax.set_ylim(0,1.05)
19.     plt.suptitle('GradientBoostingRegressor')
20.     plt.show()
21. test_GradientBoostingRegressor_num(X_train,X_test,y_train,y_test)
```

运行结果（如图 5-14 所示）：

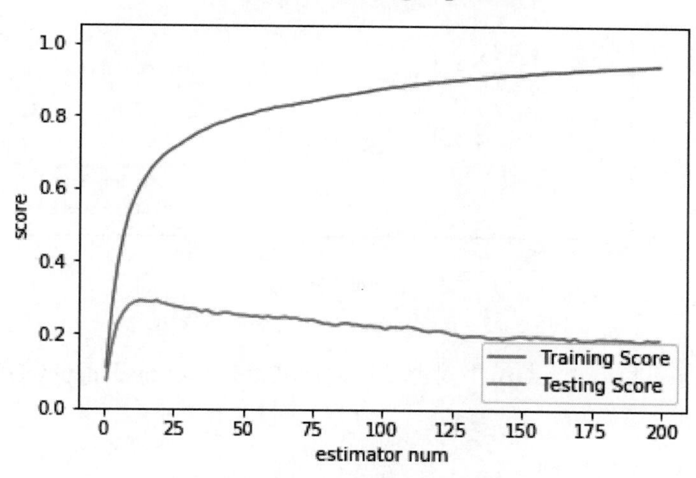

图 5-14　n_estimators 对模型得分的影响

由图 5-14 所示可以看出，GBRT 对测试集的预测得分随着 max_depth 的缓慢下降后保持平稳。

② 参数测评（max_depth）

```
1. def test_GradientBoostingRegressor_maxdepth(*data):
2.      X_train,X_test,y_train,y_test=data
3.      maxdepths=np.arange(1,20)
4.      fig=plt.figure()
5.      ax=fig.add_subplot(1,1,1)
6.      testing_scores=[]
7.      training_scores=[]
8.      for maxdepth in maxdepths:
```

```
9.          regr=ensemble.GradientBoostingRegressor(max_depth=maxdepth,max_leaf_
nodes=None)
10.         regr.fit(X_train,y_train)
11.         training_scores.append(regr.score(X_train,y_train))
12.         testing_scores.append(regr.score(X_test,y_test))
13.     ax.plot(maxdepths,training_scores,label='Training Score')
14.     ax.plot(maxdepths,testing_scores,label='Testing Score')
15.     ax.set_xlabel('max_depth')
16.     ax.set_ylabel('score')
17.     ax.legend(loc='lower right')
18.     ax.set_ylim(-1,1.05)
19.     plt.suptitle('GradientBoostingRegressor')
20.     plt.show()
21. test_GradientBoostingRegressor_maxdepth(X_train,X_test,y_train,y_test)
```

运行结果（如图 5-15 所示）：

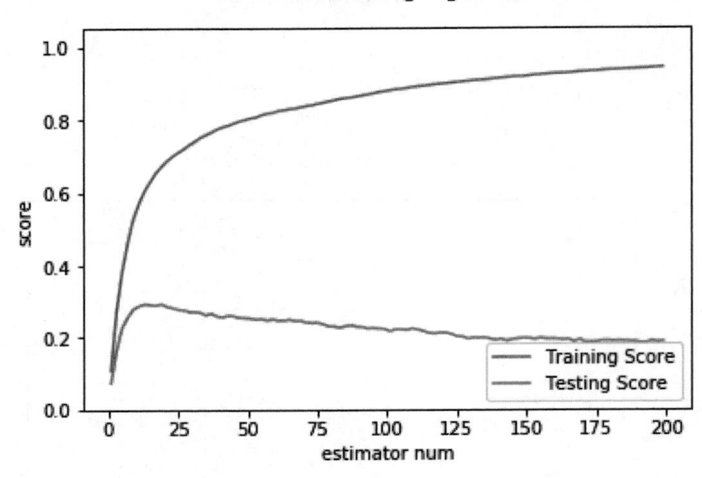

图 5-15 max_depth 对模型得分的影响

由图 5-15 所示可以看出，GBRT 对测试集的预测得分随着 max_depth 的缓慢下降后保持平稳。

③ 参数测评（learning_rate）

```
1. def test_GradientBoostingRegressor_learning(*data):
2.     X_train,X_test,y_train,y_test=data
3.     learnings=np.linspace(0.01,1.0)
4.     fig=plt.figure()
5.     ax=fig.add_subplot(1,1,1)
6.     testing_scores=[]
7.     training_scores=[]
8.     for learning in learnings:
9.         regr=ensemble.GradientBoostingRegressor(learning_rate=learning)
10.        regr.fit(X_train,y_train)
11.        training_scores.append(regr.score(X_train,y_train))
12.        testing_scores.append(regr.score(X_test,y_test))
13.    ax.plot(learnings,training_scores,label='Training Score')
14.    ax.plot(learnings,testing_scores,label='Testing Score')
```

```
15.     ax.set_xlabel('learning_rate')
16.     ax.set_ylabel('score')
17.     ax.legend(loc='lower right')
18.     ax.set_ylim(-1,1.05)
19.     plt.suptitle('GradientBoostingRegressor')
20.     plt.show()
21. test_GradientBoostingRegressor_learning(X_train,X_test,y_train,y_test)
```

运行结果（如图 5-16 所示）：

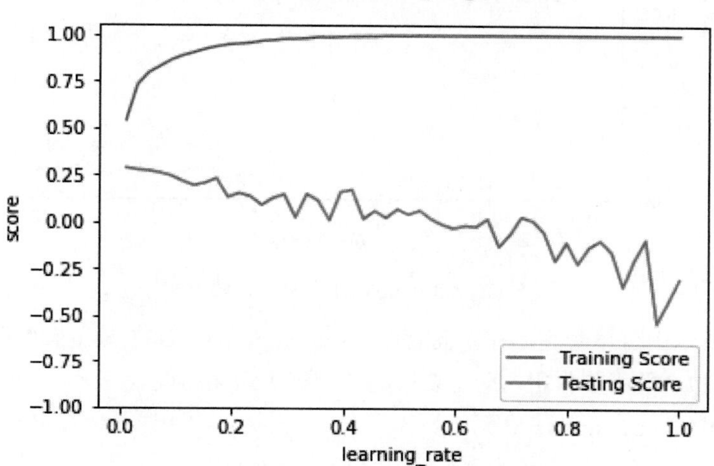

图 5-16　学习率对模型得分的影响

由图 5-16 所示可以看出，GBRT 对测试集的预测得分随着学习率的增长而呈现缓慢震荡下降的趋势。

④ 参数测评（subsample）

```
1. def test_GradientBoostingRegressor_subsample(*data):
2.     X_train,X_test,y_train,y_test=data
3.     fig=plt.figure()
4.     ax=fig.add_subplot(1,1,1)
5.     subsamples=np.linspace(0.01,1.0,num=20)
6.     testing_scores=[]
7.     training_scores=[]
8.     for subsample in subsamples:
9.             regr=ensemble.GradientBoostingRegressor(subsample=subsample)
10.            regr.fit(X_train,y_train)
11.            training_scores.append(regr.score(X_train,y_train))
12.            testing_scores.append(regr.score(X_test,y_test))
13.     ax.plot(subsamples,training_scores,label='Training Score')
14.     ax.plot(subsamples,testing_scores,label='Training Score')
15.     ax.set_xlabel('subsample')
16.     ax.set_ylabel('score')
17.     ax.legend(loc='lower right')
18.     ax.set_ylim(-1,1.05)
19.     plt.suptitle('GradientBoostingRegressor')
20.     plt.show()
21. test_GradientBoostingRegressor_subsample(X_train,X_test,y_train,y_test)
```

运行结果（如图 5-17 所示）：

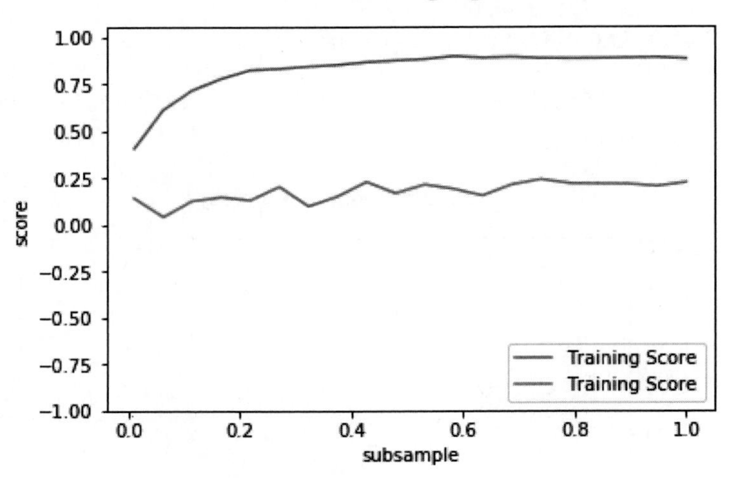

图 5-17　subsample 对模型得分的影响

从图 5-17 所示中可以看到，在本问题中，subsample 对 GBRT 预测影响不大，它主要对 GBRT 的训练集拟合能力起作用，即主要影响了训练数据集的误差。

⑤ 参数测评（loss、alpha）

```
1. def test_GradientBoostingRegressor_loss(*data):
2.     X_train,X_test,y_train,y_test=data
3.     fig=plt.figure()
4.     nums=np.arange(1,200,step=2)
5.     ax=fig.add_subplot(2,1,1)
6.     alphas=np.linspace(0.01,1.0,endpoint=False,num=5)
7.     for alpha in alphas:
8.             testing_scores=[]
9.             training_scores=[]
10.            for num in nums:
11.                    regr=ensemble.GradientBoostingRegressor(n_estimators=num,
12.                    loss='huber',alpha=alpha)
13.                    regr.fit(X_train,y_train)
14.                    training_scores.append(regr.score(X_train,y_train))
15.                    testing_scores.append(regr.score(X_test,y_test))
16.            ax.plot(nums,training_scores,label='Training Score: alpha=%f'%alpha)
17.            ax.plot(nums,testing_scores,label='Testing Score: alpha=%f'%alpha)
18.     ax.set_xlabel('estimator num')
19.     ax.set_ylabel('score')
20.     ax.legend(loc='lower right',framealpha=0.4)
21.     ax.set_ylim(0,1.05)
22.     ax.set_title('loss=%huber')
23.     plt.suptitle('GradientBoostingRegressor')
24.      ax=fig.add_subplot(2,1,2)
25.     for loss in ['ls','lad']:
26.         testing_scores=[]
27.         training_scores=[]
28.         for num in nums:
29.                 regr=ensemble.GradientBoostingRegressor(n_estimators=num,loss=loss)
```

```
30.                 regr.fit(X_train,y_train)
31.                 training_scores.append(regr.score(X_train,y_train))
32.                 testing_scores.append(regr.score(X_test,y_test))
33.         ax.plot(nums,training_scores,label='Training Score: loss=%s'%loss)
34.         ax.plot(nums,testing_scores,label='Testing Score: loss=%s'%loss)
35.     ax.set_xlabel('estimator num')
36.     ax.set_ylabel('score')
37.     ax.legend(loc='lower right',framealpha=0.4)
38.     ax.set_ylim(0,1.05)
39.     ax.set_title('loss=ls,lad')
40.     plt.subplots_adjust(top=2)
41.     plt.suptitle('GradientBoostingRegressor')
42.     plt.show()
43. test_GradientBoostingRegressor_loss(X_train,X_test,y_train,y_test)
```

运行结果（如图 5-18 所示）：

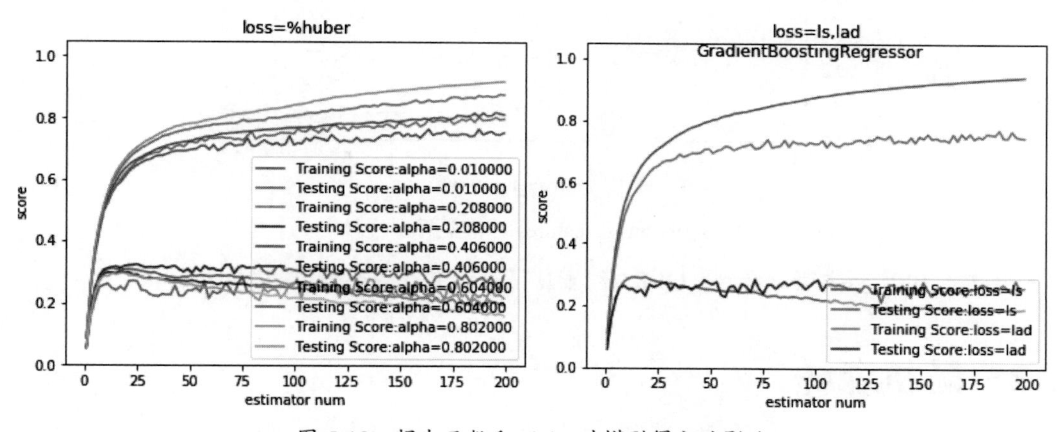

图 5-18　损失函数和 alpha 对模型得分的影响

从图 5-18 所示中可以看到，在本问题中，subsample 对 GBRT 预测影响不大，它主要对 GBRT 的训练集拟合能力起作用，即主要影响了训练数据集的误差。

⑥ 参数测评（max_features）

```
1. def test_GradientBoostingRegressor_max_features(*data):
2.     X_train,X_test,y_train,y_test=data
3.     fig=plt.figure()
4.     ax=fig.add_subplot(1,1,1)
5.     max_features=np.linspace(0.01,1.0)
6.     testing_scores=[]
7.     training_scores=[]
8.     for features in max_features:
9.             regr=ensemble.GradientBoostingRegressor(max_features=features)
10.            regr.fit(X_train,y_train)
11.            training_scores.append(regr.score(X_train,y_train))
12.            testing_scores.append(regr.score(X_test,y_test))
13.     ax.plot(max_features,training_scores,label='Training Score')
14.     ax.plot(max_features,testing_scores,label='Training Score')
15.     ax.set_xlabel('max_features')
16.     ax.set_ylabel('score')
17.     ax.legend(loc='lower right')
18.     ax.set_ylim(0,1.05)
```

```
19.     plt.suptitle('GradientBoostingRegressor')
20.     plt.show()
21. test_GradientBoostingRegressor_max_features(X_train,X_test,y_train,y_test)
```

运行结果（如图 5-19 所示）：

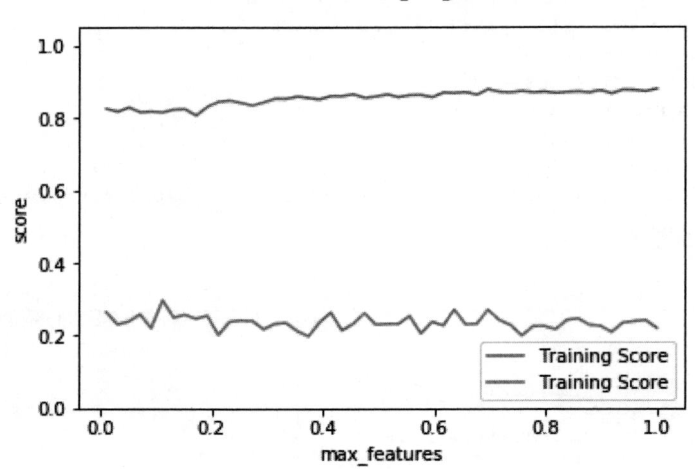

图 5-19　max_features 对模型得分的影响

从图 5-19 所示中可以看到，GBRT 对于特征集合的选取不是很敏感。

5.3　随机森林

Random Forest（随机森林，简称 RF）就是通过集成学习的思想将多棵树集成的一种算法，它的基本单元是决策树。随机森林的名称中有两个关键词，一个是“随机”，另一个就是“森林”。“森林”我们很好理解，一棵叫作树，成百上千棵就可以叫作森林了，这样的比喻还是很贴切的，其实这也是随机森林的主要思想：集成思想的体现。从直观角度来解释，每棵决策树都是一个分类器（假设现在针对的是分类问题），那么对于一个输入样本，N 棵树会有 N 个分类结果。而随机森林集成了所有的分类投票结果，将投票次数最多的类别指定为最终的输出，这就是一种最简单的 Bagging 思想。

SKlearn 基于随机森林 (Random Forest) 算法提供了两个模型：RandomForestClassifier（用于分类问题）和 RandomForestRegressor（用于回归问题）。

5.3.1　RandomForestClassifier 模型

使用随机森林进行分类的代码如下：

```
1. import numpy as np
2. import matplotlib.pyplot as plt
3. from sklearn import datasets, linear_model,ensemble
4. from sklearn.model_selection import train_test_split
5. digits=datasets.load_digits()
```

```
6. X_train,X_test,y_train,y_test=train_test_split(digits.data,digits.target,
7.                                                      test_size=0.25,random_
state=0,stratify=digits.target)
8. def test_RandomForestClassifier(*data):
9.     X_train,X_test,y_train,y_test=data
10.    clf=ensemble.RandomForestClassifier()
11.    clf.fit(X_train,y_train)
12.    print('Traing Score: %f'%clf.score(X_train,y_train))
13.    print('Testing Score: %f'%clf.score(X_test,y_test))
14. test_RandomForestClassifier(X_train,X_test,y_train,y_test)
```

运行结果：

```
Traing Score: 0.999258
Testing Score: 0.948889
```

由运行结果可以看到，集成分类器对训练集拟合相当成功 (约 99.93%)，对测试集的预测准确率约为 95%。

```
RandomForestClassifier(bootstrap=True,class_weight=None,criterion='gini',max_depth=None,max_features='auto',max_leaf_nodes=None,min_impurity_decrease=0.0,min_impurity_split=None,min_samples_leaf=1,min_samples_split=2,min_weight_fraction_leaf=0.0,n_estimators='warn',n_jobs=None,oob_score=False,random_state=None,verbose=0,warm_start=False)
```

（1）以上代码中参数的含义

bootstrap ：自助采样，又称为放回的采样。大量采样的结果就是将 63.2% 的初始样本作为训练集。默认选择自助采样法。

class_weight：字典，或者字典的列表，或者字符串 'balanced'，或者字符串 'balanced subsample'，或者 None。

criterion：字符串，指定了每棵决策树的 criterion 参数。

max_depth：树的最大深度，如果选择 default=None，树就一致扩展，直到所有的叶子节点都是同一类样本，或者达到最小样本划分（min_samples_split）的数目。

max_features：划分叶子节点，选择的最大特征数目。

n_features：在寻找最佳分割时要考虑的特征数量。

min_samples_split：最小样本划分的数目，就是样本的数目小于或等于这个值，就不能继续划分当前节点了。

min_samples_leaf：叶子节点最少的样本数，如果某叶子节点数目小于这个值，就会和兄弟节点一起被剪枝。

min_weight_fraction_leaf：叶子节点最小的样本权重和。

max_leaf_nodes：最大叶子节点数，默认是 'None'，即不限制最大的叶子节点数。

min_impurity_split：节点划分的最小不纯度，是结束树增长的一个阈值，如果不纯度超过这个阈值，那么该节点就会继续被划分；否则，不划分，而成为一个叶子节点。

min_impurity_decrease：最小不纯度减少的阈值，如果对该节点进行划分，使得不纯度的减少大于或等于这个值，那么该节点就会被划分；否则，不划分。

n_estimators：随机森林中树的个数，即学习器的个数。

oob_score：布尔型 (default：False)。

out-of-bag estimate，包外估计；是否选用包外样本（即 bootstrap 采样剩下的 36.8% 的样本）作为验证集，对训练结果进行验证，默认为不采用。

n_jobs：并行使用的进程数，默认为 1 个，如果设置为 –1，该值为总的核数。

random_state：随机状态，默认由 np.numpy 生成。

verbose：显示输出的一些参数，默认为不输出。

warm_start：布尔值。当为 True 时，继续使用上一次训练的结果；否则，重新开始训练。

（2）属性

estimators_：在 RandomForestClassifier 中，指的是决策树分类器的集合。

classes_：单个类别输出问题或者多类别输出问题中的类别标签列表。

n_classes_：单个类别输出问题或者多类别输出问题中的类别标签的个数。

n_features_：数据集的特征个数，整型。

n_outputs_：输出的个数，整型。

feature_importances_：列表，给出了每个特征的重要性 (值越高，重要性越大)。

oob_improvement_：列表，给出了每增加一棵基础决策树，在包外估计 (即测试集) 的损失函数的改善情况 (即损失函数的减少值)。

oob_score_：使用袋外估计获得的训练数据集的分数。仅当 oob_score 为 True 时，此属性才存在。

oob_decision_function_：使用训练集上的实际估计值计算的决策函数。如果 n_estimators 小，则有可能在引导过程中从未遗漏任何数据点。在这种情况下，oob_decision_function_ 可能包含 NaN。仅当 oob_score 为 True 时，此属性才存在。

（3）方法

apply(X)：将森林中的树木应用于 *X*，返回叶子索引。

decision_path(X)：返回林中的决策路径。

fit(X，y[，sample_weight])：根据训练集 (*X*，*y*) 建立一个模型。

get_params()：获取此估计量的参数。

predict(X)：预测 *X* 的类。

predict_log_proba(X)：预测 *X* 的类的对数概率。

predict_proba(X)：预测 *X* 的类概率。

score(X，y [，sample_weight])：返回给定测试数据和标签上的平均准确度。

set_params(**)：设置此估算器的参数。

（4）参数测评

① 参数测评（n_estimators）：

```
1. def test_RandomForestClassifier_num(*data):
2.     X_train,X_test,y_train,y_test=data
3.     nums=np.arange(1,100,step=2)
4.     fig=plt.figure()
```

```
5.     ax=fig.add_subplot(1,1,1)
6.     testing_scores=[]
7.     training_scores=[]
8.     for num in nums:
9.         clf=ensemble.RandomForestClassifier(n_estimators=num)
10.        clf.fit(X_train,y_train)
11.        training_scores.append(clf.score(X_train,y_train))
12.        testing_scores.append(clf.score(X_test,y_test))
13.    ax.plot(nums,training_scores,label='Training Score')
14.    ax.plot(nums,testing_scores,label='Testing Score')
15.    ax.set_xlabel('estimator num')
16.    ax.set_ylabel('score')
17.    ax.legend(loc='lower right')
18.    ax.set_ylim(0,1.05)
19.    plt.suptitle('RandomForestClassifier')
20.    plt.show()
21. test_RandomForestClassifier_num(X_train,X_test,y_train,y_test)
```

运行结果（如图 5-20 所示）：

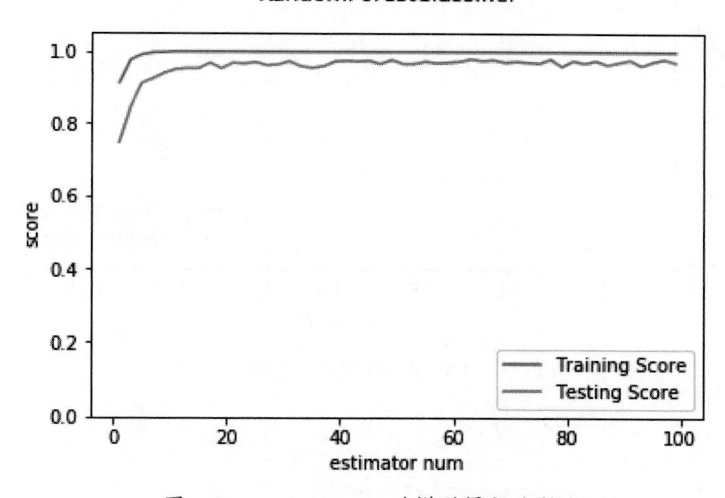

图 5-20　n_estimators 对模型得分的影响

从运行结果可以看到，运行初期模型得分随着 n_estimator 快速增大，当其数值大于 10 之后，得分区域稳定。

② 参数测评（max_depth）：

```
1. def test_RandomForestClassifier_max_depth(*data):
2.     X_train,X_test,y_train,y_test=data
3.     maxdepths=range(1,20)
4.     fig=plt.figure()
5.     ax=fig.add_subplot(1,1,1)
6.     testing_scores=[]
7.     training_scores=[]
8.     for max_depth in maxdepths:
9.         clf=ensemble.RandomForestClassifier(max_depth=max_depth)
10.        clf.fit(X_train,y_train)
11.        training_scores.append(clf.score(X_train,y_train))
```

```
12.         testing_scores.append(clf.score(X_test,y_test))
13.     ax.plot(maxdepths,training_scores,label='Training Score')
14.     ax.plot(maxdepths,testing_scores,label='Testing Score')
15.     ax.set_xlabel('max_depth')
16.     ax.set_ylabel('score')
17.     ax.legend(loc='lower right')
18.     ax.set_ylim(0,1.05)
19.     plt.suptitle('RandomForestClassifier')
20.     plt.show()
21. test_RandomForestClassifier_max_depth(X_train,X_test,y_train,y_test)
```

运行结果（如图 5-21 所示）：

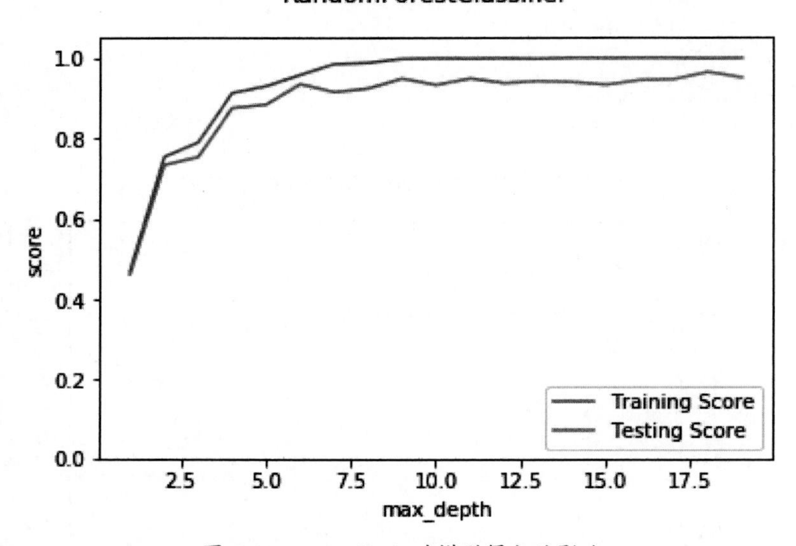

图 5-21　max_depth 对模型得分的影响

③ 参数测评（max_features）：

```
1. def test_RandomForestClassifier_max_features(*data):
2.     X_train,X_test,y_train,y_test=data
3.     max_features=np.linspace(0.01,1.0)
4.     fig=plt.figure()
5.     ax=fig.add_subplot(1,1,1)
6.     testing_scores=[]
7.     training_scores=[]
8.     for max_feature in max_features:
9.         clf=ensemble.RandomForestClassifier(max_features=max_feature)
10.        clf.fit(X_train,y_train)
11.        training_scores.append(clf.score(X_train,y_train))
12.        testing_scores.append(clf.score(X_test,y_test))
13.    ax.plot(max_features,training_scores,label='Training Score')
14.    ax.plot(max_features,testing_scores,label='Testing Score')
15.    ax.set_xlabel('max_feature')
16.    ax.set_ylabel('score')
17.    ax.legend(loc='lower right')
18.    ax.set_ylim(0,1.05)
19.    plt.suptitle('RandomForestClassifier')
```

```
20.     plt.show()
21. test_RandomForestClassifier_max_features(X_train,X_test,y_train,y_test)
```

运行结果（如图 5-22 所示）：

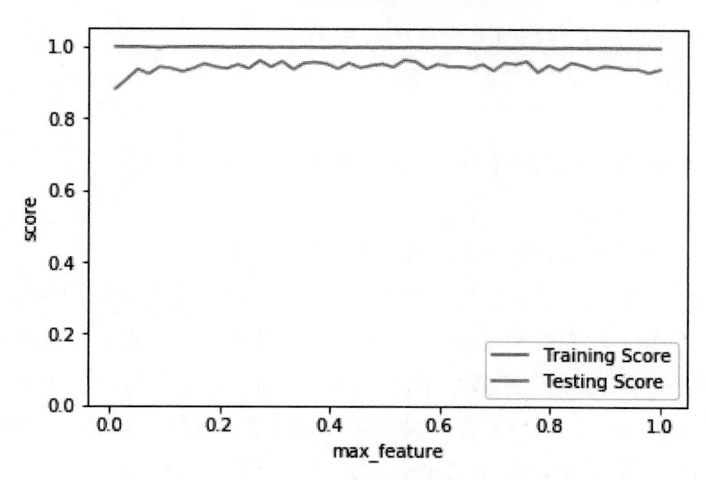

图 5-22　max_features 对模型得分的影响

5.3.2　RandomForestRegressor 模型

使用随机森林进行回归分析的代码如下：

```
1. diabetes=datasets.load_diabetes()
2. X_train,X_test,y_train,y_test=train_test_split(diabetes.data,diabetes.target,
3.                                          test_size=0.25,random_state=0)
4. def test_RandomForestRegressor(*data):
5.     X_train,X_test,y_train,y_test=data
6.     regr=ensemble.RandomForestRegressor()
7.     regr.fit(X_train,y_train)
8.     print('Traing Score: %f'%regr.score(X_train,y_train))
9.     print('Testing Score: %f'%regr.score(X_test,y_test))
10. test_RandomForestRegressor(X_train,X_test,y_train,y_test)
```

运行结果：

```
Traing Score: 0.903336
Testing Score: 0.194192
```

由运行结果可以看到，集成分类器对训练集拟合相当成功 (约为 90%)，对测试集的预测准确率仅约为 0.19%。

```
    RandomForestRegressor(bootstrap=True,criterion='mse',max_depth=None,max_
features='auto',max_leaf_nodes=None,min_impurity_decrease=0.0,min_impurity_
split=None,min_samples_leaf=1,min_samples_split=2,min_weight_fraction_leaf=0.0,n_
estimators='warn',n_jobs=None,oob_score=False,random_state=None,verbose=0,warm_
start=False)
```

（1）参数

boostrap：布尔值。如果为 True，就使用采样法 bootstrap sampling 来产生回归树的训练数据集。

criterion：字符串，指定了每棵决策树的 criterion 参数。

max_depth：树的最大深度，若默认为 None，树就一直扩展，直到所有的叶子节点都是同一类样本，或者达到最小样本划分（min_samples_split）的数目。

max_features：划分叶子节点，选择的最大特征数目。

n_features：在寻找最佳分割时要考虑的特征数量。

min_samples_split：最小样本划分的数目，就是样本的数目小于或等于这个值，就不能继续划分当前节点了

min_samples_leaf：叶子节点最少样本数。如果某叶子节点数目小于这个值，就会和兄弟节点一起被剪枝。

min_weight_fraction_leaf：叶子节点最小的样本权重和。

max_leaf_nodes：最大叶子节点数，默认是 'None'，即不限制最大的叶子节点数。

min_impurity_split：节点划分的最小不纯度，是结束树增长的一个阈值，如果不纯度超过这个阈值，那么该节点就会继续被划分，否则，不划分，而成为一个叶子节点。

min_impurity_decrease：最小不纯度减小的阈值，如果对该节点进行划分，使得不纯度的减小大于或等于这个值，那么该节点就会被划分，否则，不划分。

n_estimators：随机森林中树的个数，即学习器的个数。

oob_score：布尔型 (default：False)

out-of-bag estimate：包外估计；是否选用包外样本（即 bootstrap 采样剩下的 36.8% 的样本）作为验证集，对训练结果进行验证，默认不采用。

n_jobs：并行使用的进程数，默认为 1 个，如果设置为 –1，那么该值为总的核数。

random_state：随机状态，默认由 np.numpy 生成。

verbose：显示输出的一些参数，默认为不输出。

warm_start：布尔值。当为 True 时，则继续使用上一次训练的结果；否则，重新开始训练。

（2）属性

estimators_：回归树的实例的列表。它存放的是所有训练过的回归树。

n_features_：数据集的特征个数，整型。

n_outputs_：输出的个数，整型。

feature_importances_：列表，给出了每个特征的重要性 (值越高，重要性越大)。

oob_improvement_：列表，给出了每增加一棵基础决策树，在包外估计 (即测试集) 的损失函数的改善情况 (即损失函数的减少值)。

oob_score_：使用袋外估计获得的训练数据集的分数。仅当 oob_score 为 True 时，此属性才存在。

oob_decision_function_：使用训练集上的实际估计值计算的决策函数。如果 n_estimators 小，则有可能在引导过程中从未遗漏任何数据点。在这种情况下，oob_decision_function_ 可能包含 NaN。仅当 oob_score 为 True 时，此属性才存在。

（3）方法

fit(X，y [，sample_weight])：训练模型。

predict(X)：用模型进行预测，返回预测值。

score(X，y [，sample_weight]) 返回预测性能得分。

（4）参数测评

① 参数测评（n_estimators）：

```
1. def test_RandomForestRegressor_num(*data):
2.     X_train,X_test,y_train,y_test=data
3.     nums=np.arange(1,100,step=2)
4.     fig=plt.figure()
5.     ax=fig.add_subplot(1,1,1)
6.     testing_scores=[]
7.     training_scores=[]
8.     for num in nums:
9.         regr=ensemble.RandomForestRegressor(n_estimators=num)
10.        regr.fit(X_train,y_train)
11.        training_scores.append(regr.score(X_train,y_train))
12.        testing_scores.append(regr.score(X_test,y_test))
13.    ax.plot(nums,training_scores,label='Training Score')
14.    ax.plot(nums,testing_scores,label='Testing Score')
15.    ax.set_xlabel('estimator num')
16.    ax.set_ylabel('score')
17.    ax.legend(loc='lower right')
18.    ax.set_ylim(-1,1)
19.    plt.suptitle('RandomForestRegressor')
20.    plt.show()
21. test_RandomForestRegressor_num(X_train,X_test,y_train,y_test)
```

运行结果（如图 5-23 所示）：

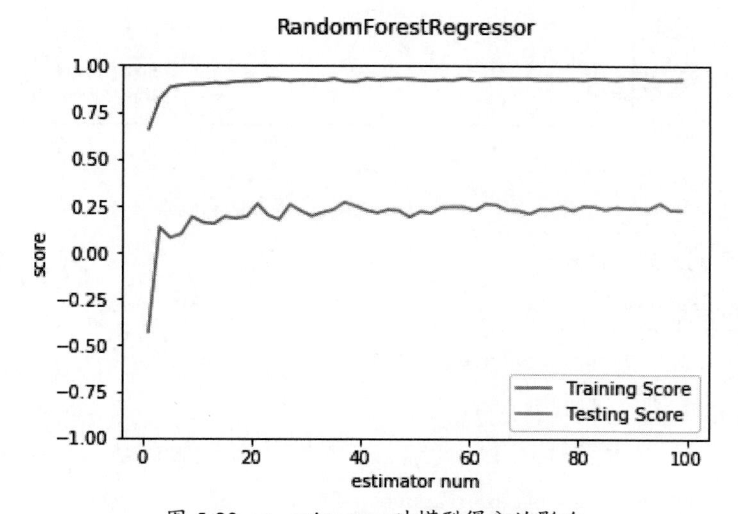

图 5-23　n_estimators 对模型得分的影响

② 参数测评（max_depth）：

```
1. def test_RandomForestRegressor_max_depth(*data):
2.     X_train,X_test,y_train,y_test=data
```

```
3.      maxdepths=range(1,20)
4.      fig=plt.figure()
5.      ax=fig.add_subplot(1,1,1)
6.      testing_scores=[]
7.      training_scores=[]
8.      for max_depth in maxdepths:
9.          regr=ensemble.RandomForestRegressor(max_depth=max_depth)
10.         regr.fit(X_train,y_train)
11.         training_scores.append(regr.score(X_train,y_train))
12.         testing_scores.append(regr.score(X_test,y_test))
13.     ax.plot(maxdepths,training_scores,label='Training Score')
14.     ax.plot(maxdepths,testing_scores,label='Testing Score')
15.     ax.set_xlabel('max_depth')
16.     ax.set_ylabel('score')
17.     ax.legend(loc='lower right')
18.     ax.set_ylim(0,1.05)
19.     plt.suptitle('RandomForestRegressor')
20.     plt.show()
21. test_RandomForestRegressor_max_depth(X_train,X_test,y_train,y_test)
```

运行结果（如图 5-24 所示）：

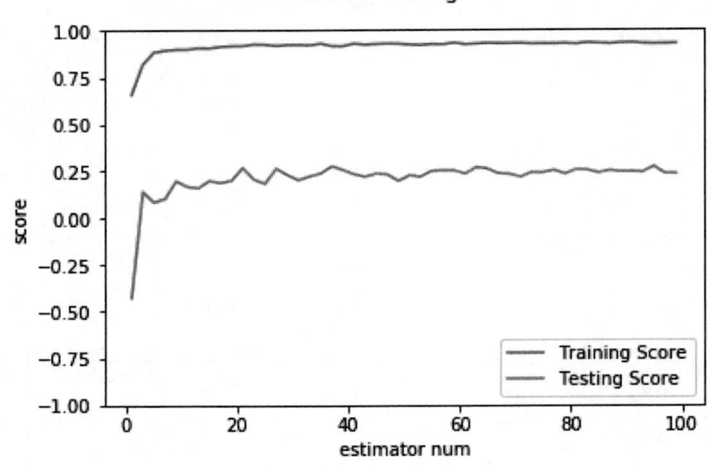

图 5-24　max_depth 对模型得分的影响

③ 参数测评（max_features）：

```
1. def test_RandomForestRegressor_max_features(*data):
2.      X_train,X_test,y_train,y_test=data
3.      max_features=np.linspace(0.01,1.0)
4.      fig=plt.figure()
5.      ax=fig.add_subplot(1,1,1)
6.      testing_scores=[]
7.      training_scores=[]
8.      for max_feature in max_features:
9.          regr=ensemble.RandomForestRegressor(max_features=max_feature)
10.         regr.fit(X_train,y_train)
11.         training_scores.append(regr.score(X_train,y_train))
12.         testing_scores.append(regr.score(X_test,y_test))
```

```
13.     ax.plot(max_features,training_scores,label='Training Score')
14.     ax.plot(max_features,testing_scores,label='Testing Score')
15.     ax.set_xlabel('max_feature')
16.     ax.set_ylabel('score')
17.     ax.legend(loc='lower right')
18.     ax.set_ylim(0,1.05)
19.     plt.suptitle('RandomForestRegressor')
20.     plt.show()
21. test_RandomForestRegressor_max_features(X_train,X_test,y_train,y_test)
```

运行结果（如图 5-25 所示）：

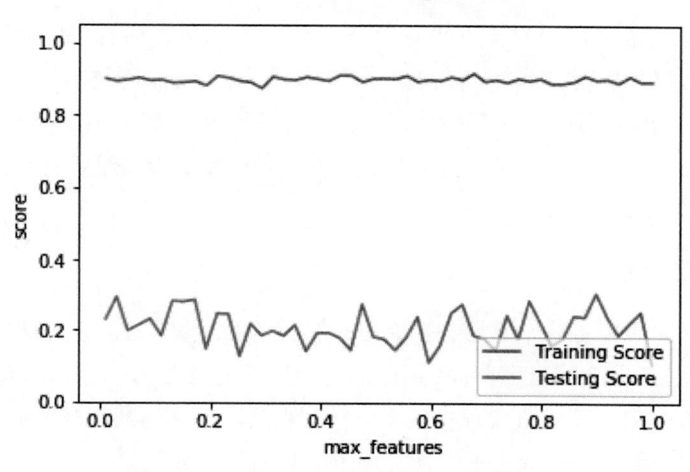

图 5-25　max_features 对模型得分的影响

—— 本章小结 ——

本章学习了常用的三种集成学习方法：AdaBoost、梯度提升树、随机森林，通过实例代码了解了分类、回归算法，可以看到通过弱分类的集成，吸取各自优点，模型得分取得了较大的提升。接下来我们要对前面的模型进行评估，通过具体的评估参数判断模型的效果，为最终的模型选定提供可量化的依据。

第 6 章

模型评估及持久化

机器学习在原型设计阶段对模型进行验证 (Validation) 与评估 (Evaluation)，然后通过评估指标选择一个较好的模型。比如分类问题中的评估指标：准确率、精确率、召回率、F1 值；回归问题中的评估指标：绝对误差平均值、误差平方平均值、验证曲线、学习曲线、R2 等。在确定最优模型后，需要进一步优化模型参数，并对训练好的模型进行持久化保存。

6.1 损失函数

通常，机器学习中的每一个算法都会有一个目标函数，算法的求解过程是通过对这个目标函数优化的过程。在分类或者回归问题中，通常使用损失函数（代价函数）作为其目标函数。损失函数用来评价模型的预测值和真实值不一样的程度，损失函数越好，通常模型的性能越好。不同的算法使用的损失函数也不一样。损失函数的一般形式为

$$L(y,\hat{y}) = L(y, f(x)) = \varphi(-yf(x))$$

式中，y 为真实值，$\hat{y} = f(x)$为预测值，$\varphi(-yf(x))$ 函数用来度量给定的模型预测不一致的程度，即损失函数。

在 SKlearn 中，主要有 0–1 损失、平方损失、Hinge 损失、逻辑损失、对数损失或交叉熵损失。接下来我们主要了解一下 0–1 损失及对数损失的用法。

6.1.1 0–1 损失

0–1 损失（zero-one-loss）主要适用于分类问题中，其代码如下：

```
1. from sklearn.metrics import zero_one_loss,log_loss
2. def test_zero_one_loss():
3.     y_true=[1,1,1,1,1,0,0,0,0,0]
4.     y_pred=[0,0,0,1,1,1,1,1,0,0]
5.     print('zero_one_loss<fraction>: ',zero_one_loss(y_true,y_pred,normalize=True))
6.     print('zero_one_loss<num>: ',zero_one_loss(y_true,y_pred,normalize=False))
7. test_zero_one_loss()
```

运行结果：

```
zero_one_loss<fraction>:  0.6
zero_one_loss<num>:  6
```

由运行结果直观地可以看到，y_true 与 y_pred 有 6 个位置的数不同。当 normalize=True 时，zero_one_loss() 函数返回的是预测错误的样本比例 (6/10=0.6)；当 normalize=False 时，zero_one_loss() 函数返回的是预测错误的样本数量。

```
zero_one_loss(y_true, y_pred, normalize=True, sample_weight=None)
```

以上代码中参数的含义

y_true：样本集中每个样本对应的真实值。

y_pred：学习器对样本集中每个样本的预测的预测值。

normalize：如果为 True，就返回误分类样本的比例；否则，返回误分类样本的数量。

sample_weight：样本权重，默认每个样本的权重为 1。

返回值：0–1 损失函数值。

6.1.2　对数损失

对数损失（Log loss）：主要用于逻辑回归问题中，其代码如下：

```
1. def test_log_loss():
2.     y_true=[1, 1, 1, 0, 0, 0]
3.     y_pred=[[0.1, 0.9],
4.             [0.2, 0.8],
5.             [0.3, 0.7],
6.             [0.7, 0.3],
7.             [0.8, 0.2],
8.             [0.9, 0.1]]
9.     print('log_loss<average>: ',log_loss(y_true,y_pred,normalize=True))
10.    print('log_loss<total>: ',log_loss(y_true,y_pred,normalize=False))
11. test_log_loss()
```

运行结果：

```
log_loss<average>:  0.22839300363692283
log_loss<total>:  1.370358021821537
```

以上代码中，y_true 有 6 个样本，其真实分类标记为 [1,1,1,0,0,0]，给出其预测概率（y_pred）如下：

第 1 个样本：被预测为类别 0 的概率为 10%，被预测为类别 1 的概率为 90%；

第 2 个样本：被预测为类别 0 的概率为 20%，被预测为类别 1 的概率为 80%；

第 3 个样本：被预测为类别 0 的概率为 30%，被预测为类别 1 的概率为 70%；

第 4 个样本：被预测为类别 0 的概率为 70%，被预测为类别 1 的概率为 30%；

第 5 个样本：被预测为类别 0 的概率为 80%，被预测为类别 1 的概率为 20%；

第 6 个样本：被预测为类别 0 的概率为 90%，被预测为类别 1 的概率为 10%。

运行结果中，当 normalize=True 时，log_loss 数返回的是返回所有样本的对数损失的均值，这里为 0.22839300363692283；当 normalize=False 时，log_loss 函数返回所有样本的对数损失的总和，这里为 1.370358021821537。

```
log_loss(y_true,y_pred,eps=1e-15,normalize=True,sample_weight=None,labels=None)
```

以上代码中参数的含义

y_true：样本集中每个样本对应的真实值。

y_pred：学习器对样本集中每个样本的预测为每个类别的概率，形状为（n_sample_classes）。

eps：当对数的底数为 0 或者 1 时，对数没有定义或者太小。因此需要 eps 给出此时的对数损失函数值。

normalize：如果为 True，就返回所有样本的对数损失的均值；否则，返回所有样本的对数损失的总和。

sample_weight：样本权重，默认每个样本的权重为 1。

返回值：对数损失函数值。

6.2 数据切分

交叉验证是用来观察模型的稳定性的一种方法，我们将数据划分为 *n* 份，依次使用其中一份作为测试集，其他 *n*–1 份作为训练集，多次计算模型的精确性来评估模型的平均准确程度。训练集和测试集的划分会干扰模型的结果，因此用交叉验证 *n* 次的结果求出的平均值，是对模型效果的一个更好的度量。其作用主要有：从有限的学习数据中获取尽可能多的有效信息；从多个方向开始学习样本的，可以有效地避免陷入局部最小值；以及可以在一定程度上避免过拟合问题。

在 SKlearn 中主要有 train_test_split()、KFold()、StratifiedKFold()、LeaveOneOut()、cross_val_score() 等方法。

6.2.1 train-test-split() 方法

随机划分样本数据为训练集和测试集的代码如下：

```
    1. from sklearn.model_selection import train_test_split,KFold,StratifiedKFold,Le
aveOneOut,cross_val_score
    2. import  numpy as np
    3. def test_train_test_split():
    4.      X=[[1,2,3,4],
    5.          [11,12,13,14],
    6.          [21,22,23,24],
    7.          [31,32,33,34],
    8.          [41,42,43,44],
    9.          [51,52,53,54],
    10.         [61,62,63,64],
    11.         [71,72,73,74]]
    12.     y=[1,1,0,0,1,1,0,0]
    13.     # 切分，测试集大小为原始数据集大小的 40%
    14.      X_train, X_test, y_train, y_test = train_test_split(X, y,test_
size=0.4, random_state=0)
    15.     print('X_train=',X_train)
    16.     print('X_test=',X_test)
    17.     print('y_train=',y_train)
    18.     print('y_test=',y_test)
    19.     # 分层采样切分，测试集大小为原始数据集大小的 40%
```

```
    20.       X_train, X_test, y_train, y_test = train_test_split(X, y,test_
size=0.4,               random_state=0,stratify=y)
    21.     print('Stratify: X_train=',X_train)
    22.     print('Stratify: X_test=',X_test)
    23.     print('Stratify: y_train=',y_train)
    24.     print('Stratify: y_test=',y_test)
    25. test_train_test_split()
```

运行结果：

```
X_train= [[31, 32, 33, 34], [1, 2, 3, 4], [51, 52, 53, 54], [41, 42, 43, 44]]
X_test= [[61, 62, 63, 64], [21, 22, 23, 24], [11, 12, 13, 14], [71, 72, 73, 74]]
y_train= [0, 1, 1, 1]
y_test= [0, 0, 1, 0]
Stratify: X_train= [[41, 42, 43, 44], [61, 62, 63, 64], [1, 2, 3, 4], [71, 72, 73, 74]]
Stratify: X_test= [[21, 22, 23, 24], [31, 32, 33, 34], [11, 12, 13, 14], [51,
52, 53, 54]]
Stratify: y_train= [1, 0, 1, 0]
Stratify: y_test= [0, 0, 1, 1]
```

运行结果中，对于非分层采样，训练集中的样本有 3 个属于类别 1，第四个属于类别 0；测试集中的样本有 3 个属于类别 0，第四个属于类别 1；对于分层采样，训练集中的样本有两个属于类别 1，另两个属于类别 0；测试集中的样本有两个属于类别 0，另两个属于类别 1。

```
train_test_split(*arrays,**options)
```

以上代码中参数的含义

arrays：单个或者多个数据集。

test_size：浮点型，整型或者 None，指定测试集的大小。浮点型：必须是 0.0~1.0 之间的数，代表测试集占原始数据集的比例。

train_size：浮点型，整型或者 None，指定训练集大小。

random_state：整型，RandomState 实例或 None。

stratify：列表对象或 None。如果它不是 None，原始数据就会被分层采样，采样的标记列表由该参数指定。

返回值：列表，依次给出一个或者多个数据集的划分的结果。每个数据集都划分为两部分：训练集和测试集。

6.2.2　KFold() 方法

K 折划分样本数据为训练集和测试集的代码如下：

```
1. def test_KFold():
2.     X=np.array([[1,2,3,4],
3.         [11,12,13,14],
4.         [21,22,23,24],
5.         [31,32,33,34],
6.         [41,42,43,44],
7.         [51,52,53,54],
8.         [61,62,63,64],
9.         [71,72,73,74],
10.        [81,82,83,84]])
11.    y=np.array([1,1,0,0,1,1,0,0,1])
```

```
12.
13.     folder=KFold(n_splits=3,random_state=0,shuffle=False) # 切分前不混乱数据集
14.     for train_index,test_index in folder.split(X,y):
15.           print('Train Index: ',train_index)
16.           print('Test Index: ',test_index)
17.           print('X_train: ',X[train_index])
18.           print('X_test: ',X[test_index])
19.           print('')
20.
21.      shuffle_folder=KFold(n_splits=3,random_state=0,shuffle=True) # 切分之前混乱
数据集
22.     for train_index,test_index in shuffle_folder.split(X,y):
23.           print('Shuffled Train Index: ',train_index)
24.           print('Shuffled Test Index: ',test_index)
25.           print('Shuffled X_train: ',X[train_index])
26.           print('Shuffled X_test: ',X[test_index])
27.           print('')
28. test_KFold()
```

运行结果：

```
Train Index:  [3 4 5 6 7 8]
Test Index:  [0 1 2]
X_train:  [[31 32 33 34]
 [41 42 43 44]
 [51 52 53 54]
 [61 62 63 64]
 [71 72 73 74]
 [81 82 83 84]]
X_test:  [[ 1  2  3  4]
 [11 12 13 14]
 [21 22 23 24]]
......
Train Index:  [0 1 2 3 4 5]
Test Index:  [6 7 8]
X_train:  [[ 1  2  3  4]
 [11 12 13 14]
 [21 22 23 24]
 [31 32 33 34]
 [41 42 43 44]
 [51 52 53 54]]
X_test:  [[61 62 63 64]
 [71 72 73 74]
 [81 82 83 84]]
Shuffled Train Index:  [0 3 4 5 6 8]
Shuffled Test Index:  [1 2 7]
Shuffled X_train:  [[ 1  2  3  4]
 [31 32 33 34]
 [41 42 43 44]
 [51 52 53 54]
 [61 62 63 64]
 [81 82 83 84]]
Shuffled X_test:  [[11 12 13 14]
 [21 22 23 24]
 [71 72 73 74]]
......
Shuffled Train Index:  [1 2 4 6 7 8]
```

```
Shuffled Test Index:  [0 3 5]
Shuffled X_train:  [[11 12 13 14]
 [21 22 23 24]
 [41 42 43 44]
 [61 62 63 64]
 [71 72 73 74]
 [81 82 83 84]]
Shuffled X_test:  [[ 1  2  3  4]
 [31 32 33 34]
 [51 52 53 54]]
```

从运行结果中可以看到，如果不混洗数据 (shuffle=False)，那么数据集被切分成 3 个部分。迭代的结果：第一次迭代选取的测试集的样本的下标为 [0，1，2]；第二次迭代选取的测试集的样本的下标为 [3，4，5]；第三次迭代选取的测试集的样本的下标为 [6，7，8]。如果混洗数据 (shuffle=False)，数据集同样被切分成 3 个部分，但是在每一次迭代中，选取的测试集的样本的下标就是随机选取。

```
KFold(n_splits='warn',shuffle=False,random_state=None)
```

以上代码中分数的含义

n_folds：整型，即 k(要求该整型值大于或等于 2)。

shuffle：布尔值。如果为 True，就在切分数据集之前先混洗数据集。

random_state：整型，RandomState 实例或 None。

方法

get_n_splits([X,y, groups])：这几个参数都被忽略，用于保持接口的兼容性，返回 n_splits 参数。

split([X,y, groups])：X 为训练数据集，形状为 (n_samples，n_features)，y 为标记信息，形状为 (n_samples，)。切分数据集为训练集和测试集。

KFold 首先将 0~(n−1) 之间的整型从前到后均匀划分成 n_folds 份，每次迭代时依次挑选一份作为测试集的下标。

6.2.3　StratifiedKFold() 方法

分层划分样本数据为训练集和测试集的代码如下：

```
1. def test_StratifiedKFold():
2.     X=np.array([[1,2,3,4],
3.        [11,12,13,14],
4.        [21,22,23,24],
5.        [31,32,33,34],
6.        [41,42,43,44],
7.        [51,52,53,54],
8.        [61,62,63,64],
9.        [71,72,73,74]])
10.    y=np.array([1,1,0,0,1,1,0,0])
11.    folder=KFold(n_splits=4,random_state=0,shuffle=False)
12.    stratified_folder=StratifiedKFold(n_splits=4,random_state=0,shuffle=False)
13.    for train_index,test_index in folder.split(X,y):
14.        print('Train Index: ',train_index)
```

```
15.             print('Test Index: ',test_index)
16.             print('y_train: ',y[train_index])
17.             print('y_test: ',y[test_index])
18.             print('')
19.     for train_index,test_index in stratified_folder.split(X,y):
20.             print('Stratified Train Index: ',train_index)
21.             print('Stratified Test Index: ',test_index)
22.             print('Stratified y_train: ',y[train_index])
23.             print('Stratified y_test: ',y[test_index])
24.             print('')
25. test_StratifiedKFold()
```

运行结果：

```
Train Index:  [2 3 4 5 6 7]
Test Index:  [0 1]
y_train:  [0 0 1 1 0 0]
y_test:  [1 1]
......
Train Index:  [0 1 2 3 4 5]
Test Index:  [6 7]
y_train:  [1 1 0 0 1 1]
y_test:  [0 0]
Stratified Train Index:  [1 3 4 5 6 7]
Stratified Test Index:  [0 2]
Stratified y_train:  [1 0 1 1 0 0]
Stratified y_test:  [1 0]
......
Stratified Train Index:  [0 1 2 3 4 6]
Stratified Test Index:  [5 7]
Stratified y_train:  [1 1 0 0 1 0]
Stratified y_test:  [1 0]
```

从运行结果中可以看到，如果进行普通交叉切分 (KFold)，就出现了测试集全部都是某个分类的情形；如果进行分层采样交叉切分 (StratifiedKFold)，就确保了测试集、训练集中各类样本的比例与原始数据集中的一致；为了保证分层采样，StratifiedKFold 迭代得到的测试集样本的下标为 [02]、[13]、[46]、[57]，而不再是 [01]、[23]、[45]、[67]。

```
StratifiedKFold(n_splits='warn',shuffle=False,random_state=None)
```

（1）以上代码中参数的含义

n_folds：整型，即 *k*(要求该整型值大于或等于 2)。

shuffle：布尔值。如果为 True，就在切分数据集之前先混洗数据集。

random_state：整型，或者一个 RandomState 实例，或者 None。

（2）方法

get_n_splits([X,y, groups])：这几个参数都被忽略，用于保持接口的兼容性。它返回的是 n_splits 参数。

split([X,y, groups])：X 为训练数据集，形状为 (n_samples，n_features)，y 为标记信息，形状为 (n_samples，)。它将切分数据集为训练集和测试集。

它的用法类似于 KFold，但是 StratifiedKFold 执行的是分层采样，确保训练集、测试集中各类别样本的比例与原始数据集中相同。

6.2.4 LeaveOneOut() 方法

留一划分样本数据为训练集和测试集的代码如下：

```
1. def test_LeaveOneOut():
2.     X=np.array([[1,2,3,4],
3.        [11,12,13,14],
4.        [21,22,23,24],
5.        [31,32,33,34]]
6.     )
7.     y=np.array([1,1,0,0])
8.     lo=LeaveOneOut()
9.     lo.get_n_splits(X)
10.    for train_index,test_index in lo.split(X):
11.          print('Train Index: ',train_index)
12.          print('Test Index: ',test_index)
13.          print('X_train: ',X[train_index])
14.          print('X_test: ',X[test_index])
15.          print('')
16. test_LeaveOneOut()
```

运行结果：

```
Train Index:  [1 2 3]
Test Index:  [0]
X_train:  [[11 12 13 14]
 [21 22 23 24]
 [31 32 33 34]]
X_test:  [[1 2 3 4]]
Train Index:  [0 2 3]
Test Index:  [1]
X_train:  [[ 1  2  3  4]
 [21 22 23 24]
 [31 32 33 34]]
X_test:  [[11 12 13 14]]
Train Index:  [0 1 3]
Test Index:  [2]
X_train:  [[ 1  2  3  4]
 [11 12 13 14]
 [31 32 33 34]]
X_test:  [[21 22 23 24]]
Train Index:  [0 1 2]
Test Index:  [3]
X_train:  [[ 1  2  3  4]
 [11 12 13 14]
 [21 22 23 24]]
X_test:  [[31 32 33 34]]
```

由运行结果可以看到，每次迭代产生的测试集样本的下标依次为 [0]，[1]，[2]，[3]。

使用 LeaveOneOut() 方法实现的是留一法拆分数据集 (简称 LOO)，它本质上是个生成器。

6.2.5 crossVal-score() 方法

交叉划分样本数据为训练集和测试集的代码如下：

```
1. from sklearn.datasets import  load_digits
2. from sklearn.svm import  LinearSVC
```

```
3. def test_cross_val_score():
4.     digits=load_digits()
5.     X=digits.data
6.     y=digits.target
7.     result=cross_val_score(LinearSVC(),X,y,cv=10) # 使用 LinearSVC 分类器
8.     print( 'Cross Val Score is: ' ,result)
9. test_cross_val_score()
```

运行结果：

```
Cross Val Score is:  [0.90810811 0.95081967 0.88950276 0.86111111 0.9273743
0.94413408 0.97765363 0.9494382  0.85875706 0.9375]
```

cross_val_score() 依次选择第 0~ 第 9 折的数据作为测试数据集。由运行结果可以看到，同一个线性支持向量机在这 10 种 ‘训练集 - 预测集’ 的组合上的预测性能差距较大，从 0.85875706 到 0.97765363 不等。

```
cross_val_score(estimator,X,y=None,groups=None,scoring=None,cv='warn',n_jobs=None,verbose=0,fit_params=None,pre_dispatch='2*n_jobs',error_score='raise-deprecating')
```

以上代码中参数的含义

estimator：估计方法对象 (分类器)。

X：数据特征 (Features)。

y：数据标签 (Labels)。

soring：调用方法 (包括 accuracy 和 mean_squared_error 等)。

cv：几折交叉验证。如果为 None，就使用默认的 3 折交叉生成器；若为整型，则指定了 k 折交叉生成器的 k 值；若为 k 折交叉生成器，则直接指定了 k 折交叉生成器；若为迭代器，则迭代器的结果就是数据集划分的结果。

n_jobs：同时工作的 CPU 个数（–1 代表全部）。

verbose：整型，用于控制输出日志。

pre_dispatch：整型或者字符串，用于控制并行执行时，分发的总的任务数量。

返回值：返回由浮点型组成的列表。每个浮点型都是针对某次 k 折交叉的数据集上 estimator 预测性能的得分。

```
1. from sklearn.svm import  LinearSVC
2. from sklearn.model_selection import StratifiedKFold
3. from yellowbrick.model_selection import CVScores
4. digits=load_digits() # 加载用于分类问题的数据集
5. X=digits.data
6. y=digits.target
7. cv = StratifiedKFold(n_splits=12, random_state=42)
8. model = LinearSVC()
9. visualizer = CVScores(model, cv=cv, scoring=' f1_weighted' )
10. visualizer.fit(X, y)
```

运行结果（如图 6-1 所示）：

```
CVScores(ax=<matplotlib.axes._subplots.AxesSubplot object at
0x00000253B3FF6B70>,
      cv=StratifiedKFold(n_splits=12, random_state=42, shuffle=False),
      model=None, scoring='f1_weighted')
```

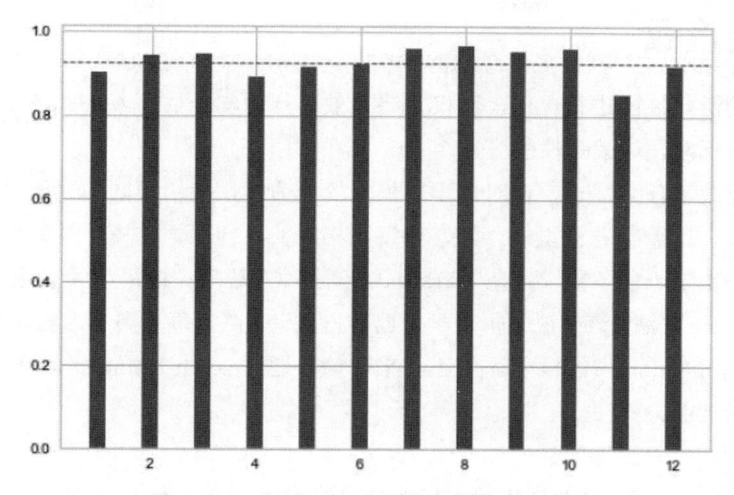

图 6-1　yellowbrick 交叉验证得分（分类）

```
1. from sklearn.linear_model import Lasso
2. from sklearn import datasets
3. from sklearn.model_selection import KFold
4. # 使用 scikit-learn 自带的一个糖尿病病人的数据集
5. diabetes = datasets.load_diabetes()
6. # 拆分成训练集和测试集，测试集大小为原始数据集大小的 1/4
7. X, y = diabetes.data,diabetes.target
8. from yellowbrick.model_selection import CVScores
9. cv = KFold(n_splits=12, random_state=42)
10. model = Lasso()
11. visualizer = CVScores(model, cv=cv, scoring='r2')
12. visualizer.fit(X, y)
```

运行结果（如图 6-2 所示）：

```
CVScores(ax=<matplotlib.axes._subplots.AxesSubplot object at 0x00000253B414A550>,
     cv=KFold(n_splits=12, random_state=42, shuffle=False), model=None,
     scoring='r2')
```

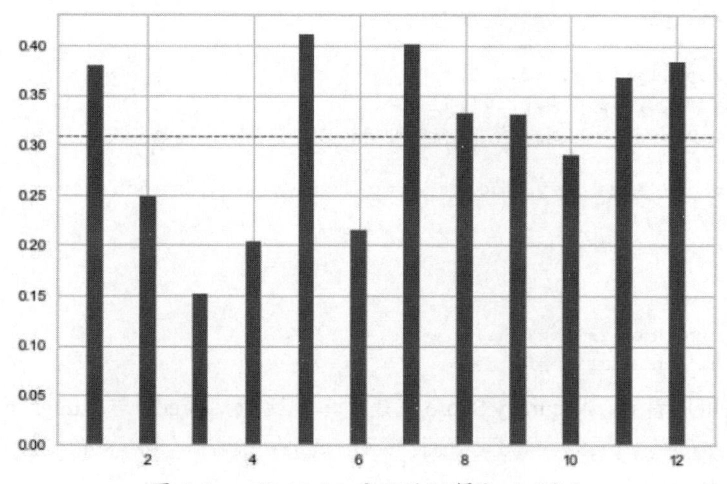

图 6-2　yellowbrick 交叉验证得分（回归）

6.3 性能度量

对学习器的泛化性能进行评估，不仅需要有效可行的实验估计方法，还需要有衡量模型泛化能力的评价标准，这就是性能度量。

性能度量反映了任务需求，在对比不同模型的能力时，使用不同的性能度量往往会导致不同的评判结果，这意味着模型的“好、坏”是相对的，什么样的模型是好的，不仅取决于算法和数据，还决定于任务需求。在 SKlearn 中有三种方法来评估模型的预测性能。

学习器的 score 方法（该方法是每个学习器的方法，在讲解每一类学习器时会给出说明）；通过使用 cross-validation 中的模型评估工具来评估；通过 scikit-learnmetrics 模块中的函数来评估模型的预测性能。

1. 分类问题

（1）准确率：分类正确的样本数占样本总数的比例，公式为：

$$A = \frac{\mathrm{TP}+\mathrm{TN}}{\mathrm{TP}+\mathrm{TN}+\mathrm{FP}+\mathrm{FN}}$$

式中，FP 表示实际为负但被预测为正的样本数量；TN 表示实际为负被预测为负的样本的数量；TP 表示实际为正被预测为正的样本数量；FN 表示实际为正但被预测为负的样本数量。

```
1. from sklearn.metrics import accuracy_score,precision_score,recall_score,f1_
score\
2.       ,fbeta_score,classification_report,confusion_matrix,precision_recall_
curve,roc_auc_score\
3.      ,roc_curve
4. from sklearn.datasets import load_iris
5. from sklearn.multiclass import OneVsRestClassifier
6. from sklearn.svm import  SVC
7. from sklearn.model_selection import train_test_split
8. from sklearn.preprocessing import label_binarize
9. import  numpy as np
10. import  matplotlib.pyplot as plt
11. def test_accuracy_score():
12.     y_true=[1,1,1,1,1,0,0,0,0,0]
13.     y_pred=[0,0,1,1,0,0,1,1,0,0]
14.      print('Accuracy  Score(normalize=True): ',accuracy_score(y_true,y_
pred,normalize=True))
15.      print('Accuracy  Score(normalize=False): ',accuracy_score(y_true,y_
pred,normalize=False))
16. test_accuracy_score()
```

运行结果：

```
Accuracy Score(normalize=True):  0.5
Accuracy Score(normalize=False):  5
```

由运行结果可以看到，Accuracy Score 就是简单地比较 y_predy 与 True 不同的样本个数。

```
accuracy_score(y_true,y_pred,normalize=True,sample_weight=None)
```

上述代码中参数的含义

y_true：样本集的真实标记集合。

y_pred：分类器对样本集预测的预测值。

normalize：如果为 True，就返回分类正确的比例 (准确率)，为浮点型；否则，返回分类正确的数量，为整型。

sample_weight：样本权重，默认每个样本的权重为 1。

返回值：如果 normalize 为 True，就返回准确率；如果 normalize 为 False，就返回正确分类的数量。

（2）精确率：

模型预测为正的样本中实际也为正的样本占被预测为正的样本的比例。计算公式为

$$P=\frac{\mathrm{TP}}{\mathrm{TP}+\mathrm{FP}}$$

```
1. def test_precision_score():
2.     y_true=[1,1,1,1,1,0,0,0,0,0]
3.     y_pred=[0,0,1,1,0,0,0,0,0,0]
4.     print('Accuracy Score: ',accuracy_score(y_true,y_pred,normalize=True))
5.     print('Precision Score: ',precision_score(y_true,y_pred))
6. test_precision_score()
```

运行结果：

```
Accuracy Score:  0.7
Precision Score:  1.0
```

由运行结果可以看到，准确率为 70%，但是精确率为 100%(此处预测为正类的样本中，它们的真实类别标记确实为正类)。

```
precision_score(y_true,y_pred,labels=None,pos_label=1,average='binary',sample_weight=None)
```

以上代码中参数的含义

y_true：样本集的真实标记集合。

y_pred：分类器对样本集预测的预测值。

pos_label：字符串或者整型，指定哪个标记值属于正类。

average：字符串，用于多类分类问题。

sample_weight：样本权重，默认每个样本的权重为 1。

返回值：精确率，即真实的正类中有多少比例被预测为正类。

（3）召回率：

在所有真实结果为正类的样本中预测结果也为正类的占比。也就是说，分类正确的正样本个数占真正的正样本个数的比例。公式如下：

$$R=\frac{\mathrm{TP}}{\mathrm{TP}+\mathrm{FN}}$$

```
1. def test_recall_score():
2.     y_true=[1,1,1,1,1,0,0,0,0,0]
3.     y_pred=[0,0,1,1,0,0,0,0,0,0]
4.     print('Accuracy Score: ',accuracy_score(y_true,y_pred,normalize=True))
5.     print('Precision Score: ',precision_score(y_true,y_pred))
6.     print('Recall Score: ',recall_score(y_true,y_pred))
7. test_recall_score()
```

运行结果：

```
Accuracy Score:  0.7
Precision Score:  1.0
Recall Score:  0.4
```

由运行结果可以看到，准确率为 70%，精确率为 100%，但是召回率为 40%(共 5 个正类，但是只成功预测了其中的两个)。

```
recall_score(y_true,y_pred,labels=None,pos_label=1,average=' binary' ,sample_weight=None)
```

以上代码中参数的含义

y_true：样本集的真实标记集合。

y_pred：分类器对样本集预测的预测值。

pos_label：字符串或者整型，指定哪个标记值属于正类。

average：字符串，用于多类分类问题。

sample_weight：样本权重，默认每个样本的权重为 1。

返回值：召回率，即真实的正类中，有多少比例被预测为正类。

（4）F1 值：

基于查准率与查全率的调和平均（harmonic mean），公式如下：

$$F_1 = \frac{2 \times P \times R}{P + R}$$

式中，P 代表精确率，R 代表召回率。

```
1. def test_f1_score():
2.     y_true=[1,1,1,1,1,0,0,0,0,0]
3.     y_pred=[0,0,1,1,0,0,0,0,0,0]
4.     print('Accuracy Score: ',accuracy_score(y_true,y_pred,normalize=True))
5.     print('Precision Score: ',precision_score(y_true,y_pred))
6.     print('Recall Score: ',recall_score(y_true,y_pred))
7.     print('F1 Score: ',f1_score(y_true,y_pred))
8. test_f1_score()
```

运行结果：

```
Accuracy Score:  0.7
Precision Score:  1.0
Recall Score:  0.4
F1 Score:  0.5714285714285715
```

由运行结果可以看到，准确率为 70%，精确率为 100%，召回率为 40%，F1 值为 0.5714285714285715。

```
f1_score(y_true,y_pred,labels=None,pos_label=1,average='binary',sample_weight=None)
```

以上代码中参数的含义

y_true：样本集的真实标记集合。

y_pred：分类器对样本集预测的预测值。

pos_label：字符串或者整型，指定哪个标记值属于正类。

average：字符串，用于多类分类问题。

sample_weight：样本权重，默认每个样本的权重为 1。

返回值：f1 值。

（5）Fbate 值：在一些应用中，对查准率和查全率的重视程度有所不同，会相应地添加权重，即 F_β。

$$F_\beta = \frac{(1+\beta^2)\times P\times R}{(\beta^2\times P)+R}$$

其中，β 用来度量查全率对查准率的相对重要性。当 β=1 时，退化为标准的 F1。

```
1. def test_fbeta_score():
2.     y_true=[1,1,1,1,1,0,0,0,0,0]
3.     y_pred=[0,0,1,1,0,0,0,0,0,0]
4.     print('Accuracy Score: ',accuracy_score(y_true,y_pred,normalize=True))
5.     print('Precision Score: ',precision_score(y_true,y_pred))
6.     print('Recall Score: ',recall_score(y_true,y_pred))
7.     print('F1 Score: ',f1_score(y_true,y_pred))
8.     print('Fbeta Score(beta=0.001): ',fbeta_score(y_true,y_pred,beta=0.001))
9.     print('Fbeta Score(beta=1): ',fbeta_score(y_true,y_pred,beta=1))
10.    print('Fbeta Score(beta=10): ',fbeta_score(y_true,y_pred,beta=10))
11.    print('Fbeta Score(beta=10000): ',fbeta_score(y_true,y_pred,beta=10000))
12. test_fbeta_score()
```

运行结果：

```
Accuracy Score:  0.7
Precision Score:  1.0
Recall Score:  0.4
F1 Score:  0.5714285714285715
Fbeta Score(beta=0.001):  0.9999985000037499
Fbeta Score(beta=1):  0.5714285714285715
Fbeta Score(beta=10):  0.402390438247012
Fbeta Score(beta=10000):  0.40000000239999994
```

由运行结果可以看到，当 beta 为 0.001、1、10、10000 时，Fbate 值依次为 0.9999985000037499，0.5714285714285717，0.402390438247002，0.40000000239999994。

```
fbeta_score(y_true,y_pred,beta,labels=None,pos_label=1,average='binary',sample_weight=None)
```

以上代码中参数的含义

y_true：样本集的真实标记集合。

y_pred：分类器对样本集预测的预测值。

beta：beta 值。

pos_label：字符串或者整型，指定哪个标记值属于正类。

average：字符串，用于多类分类问题。

sample_weight：样本权重，默认每个样本的权重为 1。

返回值：Fbeta 值。

（6）分类报告：

SKlearn 中提供了一个非常方便的工具，可以给出对分类问题的评估报告——

Classification_report() 方法能够给出精确率（precision）、召回率（recall）、F1 值（F1-score）和样本数目（support）。

```
1. def test_classification_report():
2.     y_true=[1,1,1,1,1,0,0,0,0,0]
3.     y_pred=[0,0,1,1,0,0,0,0,0,0]
4.     print( 'Classification Report: \n' ,classification_report(y_true,y_pred,
5.                 target_names=[‹class_0›,' class_1' ]))
6. test_classification_report()
```

运行结果：

```
Classification Report:
              precision    recall  f1-score   support
     class_0       0.62      1.00      0.77         5
     class_1       1.00      0.40      0.57         5
   micro avg       0.70      0.70      0.70        10
   macro avg       0.81      0.70      0.67        10
weighted avg       0.81      0.70      0.67        10
```

由运行结果可以看到，support 列给出了该类有多少个样本。对于 precision、recall、avg/total 行给出了该列数据的算术平均；对于 support 列，给出了该列的算术和 (其实就等于样本集的总样本数量)。

```
    classification_report(y_true,y_pred,labels=None,target_names=None,sample_
weight=None,digits=2,output_dict=False)
```

上述代码中参数的含义

y_true：样本集的真实标记集合。

y_pred：分类器对样本集预测的预测值。

labels：指定报告中出现哪些类别。

target_names：指定报告中类别对应显示出来的名字。

digits：用于格式化报告中的浮点型，保留几位小数。

sample_weight：样本权重，默认每个样本的权重为 1。

返回值：预测性能指标的字符串。

```
1. import numpy as np
2. import matplotlib.pyplot as plt
3. from sklearn import datasets, linear_model,ensemble
4. from sklearn.model_selection import train_test_split
5. # 使用 scikit-learn 自带的 digits 数据集
6. digits=datasets.load_digits()
7. # 分层采样拆分成训练集和测试集，测试集大小为原始数据集大小的 1/4
8. X_train,X_test,y_train,y_test=train_test_split(digits.data,digits.target,
9.                                                    test_size=0.25,random_
state=0,stratify=digits.target)
10. from yellowbrick.classifier import ClassificationReport
11. model = ensemble.RandomForestClassifier()
12. visualizer = ClassificationReport(model, support=True)
13. visualizer.fit(X_train, y_train)
14. visualizer.score(X_test, y_test)
```

运行结果（如图 6-3 所示）：

0.935	0.956	0.945	45
0.867	0.907	0.886	43
0.957	1.000	0.978	45
1.000	0.956	0.977	45
0.976	0.891	0.932	46
0.956	0.956	0.956	45
0.915	0.935	0.925	46
0.952	0.909	0.930	44
0.878	0.935	0.905	46
1.000	0.978	0.989	45

图 6-3 yellowbrick 分类报告

（7）混淆矩阵：

假设一个二分类问题，将关注的类别取名为正例（positive），则另一个类别为反例（negative），然后再将样例根据其真实类别与学习器预测类别的组合划分为真正例（true positive）、假正例（false positive）、假反例（false negative）和真反例（true negative）。令 TP、FP、TN、FN 分别表示其对应的样例数，则 TP+FP+TN+FN= 样例总数。分类结果的混淆矩阵（confusion matrix）见表 6-1。

表 6-1 分类结果的混淆矩阵

真实情况	预测结果	
	正例	反例
正例	TP（真正例）	FN（假反例）
反例	FP（假正例）	TN（真反例）

```
1.def test_confusion_matrix():
2.      y_true=[1,1,1,1,1,0,0,0,0,0]
3.      y_pred=[0,0,1,1,0,0,0,0,0,0]
4.      print('Confusion Matrix: \n',confusion_matrix(y_true,y_pred, labels=[0,1]))
5. test_confusion_matrix()
```

运行结果：

```
Confusion Matrix:
 [[5 0]
 [3 2]]
```

在运行结果中，5 表示真实标记为 0，预测标记为 0 的样本数量为 5；0 表示真实标记为 0，预测标记为 1 的样本数量为 0；3 表示真实标记为 1，预测标记为 0 的样本数量为 3；2 表示真实标记为 1，预测标记为 1 的样本数量为 2。

```
confusion_matrix(y_true,y_pred,labels=None,sample_weight=None)
```

以上代码中参数的含义：

y_true：样本集的真实标记集合。

y_pred：分类器对样本集预测的预测值。

labels：指定报告中出现哪些类别。

sample_weight：样本权重，默认每个样本的权重为 1。

返回值：分类结果的混淆矩阵。

```
1. import numpy as np
2. import matplotlib.pyplot as plt
3. from sklearn import datasets, linear_model,ensemble
4. from sklearn.model_selection import train_test_split
5. # 使用 scikit-learn 自带的 digits 数据集
6. digits=datasets.load_digits()
7. # 分层采样拆分成训练集和测试集，测试集大小为原始数据集大小的 1/4
8. X_train,X_test,y_train,y_test=train_test_split(digits.data,digits.target,
9.                                                    test_size=0.25,random_
   state=0,stratify=digits.target)
10. from yellowbrick.classifier import ConfusionMatrix
11. cm = ConfusionMatrix(model)
12. cm.fit(X_train, y_train)
13. cm.score(X_test, y_test)
```

运行结果（如图 6-4 所示）：

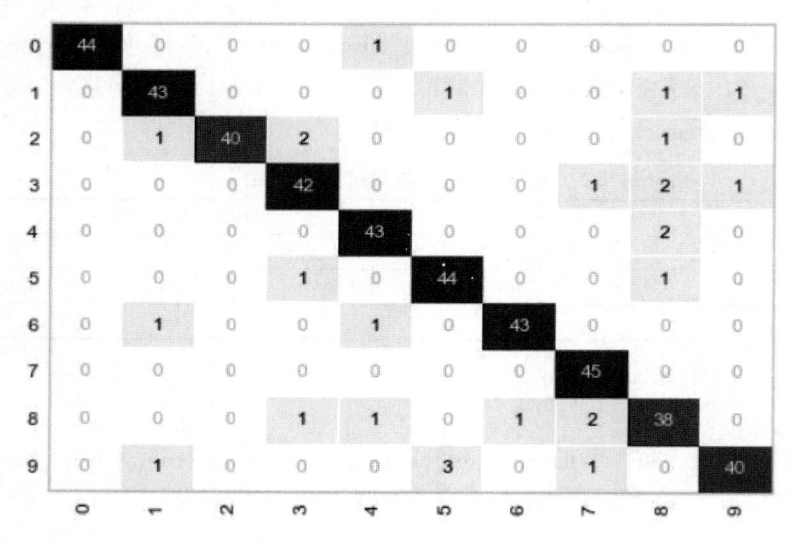

图 6-4　yellowbrick 混淆矩阵

（8）*P–R* 曲线：根据学习器的预测结果对样例进行排序，排在前面的是学习器认为“最可能”是正例的样本，排在最后的是学习器认为“最不可能”是正例的样本。按此顺序逐个把样本作为正例进行预测，每次可以计算出当前的准确率、召回率。以精确率为纵轴、召回率为横轴作图，就得到 *P–R* 曲线。

```
1. def test_precision_recall_curve():
2.     ### 加载数据
3.     iris=load_iris()
4.     X=iris.data
```

```
5.      y=iris.target
6.      # 二元化标记
7.      y = label_binarize(y, classes=[0, 1, 2])
8.      n_classes = y.shape[1]
9.      #### 添加噪声
10.     np.random.seed(0)
11.     n_samples, n_features = X.shape
12.     X = np.c_[X, np.random.randn(n_samples, 200 * n_features)]
13.
14.     X_train,X_test,y_train,y_test=train_test_split(X,y,
15.             test_size=0.5,random_state=0)
16.     ### 训练模型
17.      clf=OneVsRestClassifier(SVC(kernel=›linear›, probability=True,random_
         state=0))
18.     clf.fit(X_train,y_train)
19.     y_score = clf.fit(X_train, y_train).decision_function(X_test)
20.     ### 获取 P-R
21.     fig=plt.figure()
22.     ax=fig.add_subplot(1,1,1)
23.     precision = dict()
24.     recall = dict()
25.     for i in range(n_classes):
26.         precision[i], recall[i], _ = precision_recall_curve(y_test[: , i],
27.                                                             y_score[: , i])
28.         ax.plot(recall[i],precision[i],label=›target=%s›%i)
29.     ax.set_xlabel(‹Recall Score›)
30.     ax.set_ylabel(‹Precision Score›)
31.     ax.set_title(‹P-R›)
32.     ax.legend(loc=›best›)
33.     ax.set_xlim(0,1.1)
34.     ax.set_ylim(0,1.1)
35.     ax.grid()
36.     plt.show()
37. test_precision_recall_curve()
```

运行结果（如图 6-5 所示）：

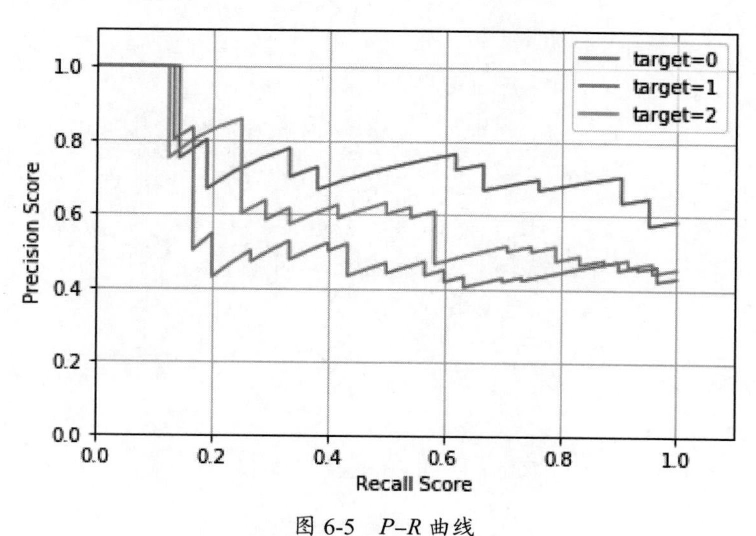

图 6-5　*P*–*R* 曲线

```
precision_recall_curve(y_true,probas_pred,pos_label=None,sample_weight=None)
```

以上代码中参数的含义

y_true：样本集的真实标记集合。

probas_pred：依次指定每个样本为正类的概率。

pos_label：正类的类别标记。

sample_weight：样本权重，默认每个样本的权重为 1。

返回值：一个元组，元组内的元素分别为 *P–R* 曲线的精确率列表，该列表是递增列表，列表第 *i* 个元素是当正 thres 类的阈值为 holds[i] 时的精确率；*P–R* 曲线的查全率列表。该列表是递减列表，列表第 *i* 个元素是当正 thres 类的阈值为 holds[i] 时的查全率；*P–R* 曲线的阈值列表，该列表是一个递增列表，给出了判定为正例时的 probas_pred 的阈值。

```
1. from sklearn import datasets, linear_model
2. from sklearn.model_selection import train_test_split
3. iris=datasets.load_iris() # 使用 scikit-learn 自带的 iris 数据集
4. X_train=iris.data
5. y_train=iris.target
6. # 分层采样拆分成训练集和测试集，测试集大小为原始数据集大小的 1/4
7. X_train,X_test,y_train,y_test = train_test_split(X_train, y_train,test_
   size=0.25,random_state=0,stratify=y_train)
8. from yellowbrick.classifier import PrecisionRecallCurve
9. model = ensemble.RandomForestClassifier()
10. visualizer = PrecisionRecallCurve(model)
11. visualizer.fit(X_train, y_train)
12. visualizer.score(X_test, y_test)
```

运行结果（如图 6-6 所示）：

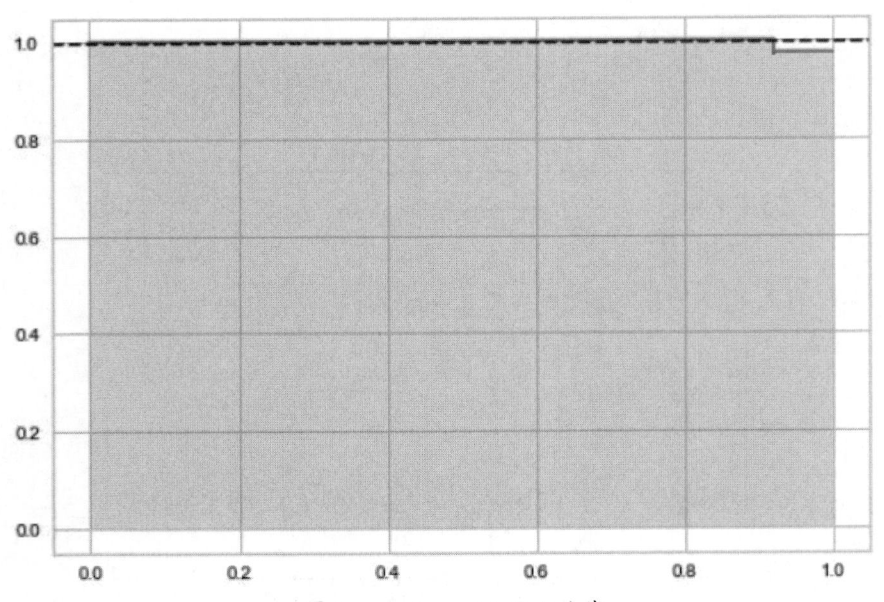

图 6-6 yellowbrick *P–R* 曲线

（9）ROC/AUC 曲线：

① ROC 曲线基于借助排序本身质量好坏来体现综合考虑学习器在不同任务下的“期望泛化性能”的好坏角度出发，研究学习器泛化性能的有力工具。ROC 全称为受试者工作特征（Receiver Operating Characteristic），ROC 曲线的纵轴是真正例率（True Positive Rate，TPR），横轴是假正例率（False Positive Rate，FPR），定义如下：

$$\mathrm{TPR}=\frac{\mathrm{TP}}{\mathrm{TP}+\mathrm{FN}} \qquad \mathrm{FPR}=\frac{\mathrm{FP}}{\mathrm{FP}+\mathrm{TN}}$$

式中，FP 表示实际为负但被预测为正的样本数量；TN 表示实际为负被预测为负的样本的数量；TP 表示实际为正被预测为正的样本数量；FN 表示实际为正但被预测为负的样本数量。

② AUC(Area Under ROC Curve) 为 ROC 曲线下的面积和，可通过它来判断学习器的性能。AUC 考虑的是样本预测的排序质量。给定 m^+ 个正例和 m^- 个反例，令 D^+ 和 D^- 分别表示正反例集合，定义排序损失 l_{rank}：

$$l_{rank}=\frac{1}{m^+m^-}\sum_{x^+\in D^+}\sum_{x^-\in D^-}(\Pi(f(x^+)<f(x^-))+\frac{1}{2}\Pi(f(x^+)=f(x^-)))$$

式中，$f(x^+)$，$f(x^-)$ 分别表示正例、反例的预测值。ROC/AUC 曲线代码实现如下：

```
1. import numpy as np
2. import matplotlib.pyplot as plt
3. from sklearn import svm, datasets
4. from sklearn.metrics import roc_curve, auc
5. from sklearn.model_selection import train_test_split
6. from sklearn.preprocessing import label_binarize
7. from sklearn.multiclass import OneVsRestClassifier
8. from scipy import interp
9. # 加载数据
10. iris = datasets.load_iris()
11. X = iris.data
12. y = iris.target
13. # 二元化标记
14. y = label_binarize(y, classes=[0, 1, 2])
15. n_classes = y.shape[1]
16. # 添加噪声点
17. random_state = np.random.RandomState(0)
18. n_samples, n_features = X.shape
19. X = np.c_[X, random_state.randn(n_samples, 200 * n_features)]
20. # 切分数据
21. X_train, X_test, y_train, y_test = train_test_split(X, y, test_size=.5,
22.                                                     random_state=0)
23. # 训练模型
24. classifier = OneVsRestClassifier(svm.SVC(kernel='linear', probability=True,
25.                                  random_state=random_state))
26. y_score = classifier.fit(X_train, y_train).decision_function(X_test)
27.
28. # 计算 ROC
29. fpr = dict()
30. tpr = dict()
```

```
31. roc_auc = dict()
32. for i in range(n_classes):
33.     fpr[i], tpr[i], _ = roc_curve(y_test[:, i], y_score[:, i])
34.     roc_auc[i] = auc(fpr[i], tpr[i])
35. fpr['micro'], tpr['micro'], _ = roc_curve(y_test.ravel(), y_score.ravel())
36. roc_auc['micro'] = auc(fpr['micro'], tpr['micro'])
37. # 绘图
38. plt.figure()
39. lw = 2
40. plt.plot(fpr[2], tpr[2], color='darkorange',
41.          lw=lw, label=›ROC curve (area = %0.2f) › % roc_auc[2])
42. plt.plot([0, 1], [0, 1], color='navy', lw=lw, linestyle='--')
43. plt.xlim([0.0, 1.0])
44. plt.ylim([0.0, 1.05])
45. plt.xlabel('False Positive Rate')
46. plt.ylabel('True Positive Rate')
47. plt.title('Receiver operating characteristic example')
48. plt.legend(loc='lower right')
49. plt.show()
```

运行结果（如图 6-7 所示）：

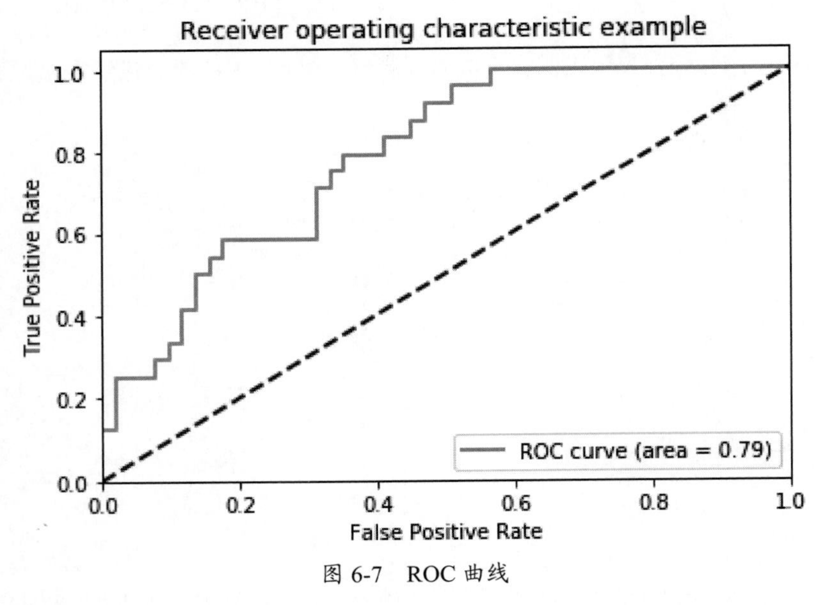

图 6-7　ROC 曲线

从运行结果可以看出，曲线下部所包围的面积占比为 0.79。其越接近 1，说明模型的训练结果越好。

```
1. from sklearn import datasets, linear_model
2. from sklearn.model_selection import train_test_split
3. iris=datasets.load_iris() # 使用 scikit-learn 自带的 iris 数据集
4. X_train=iris.data
5. y_train=iris.target
6. # 分层采样拆分成训练集和测试集，测试集大小为原始数据集大小的 1/4
7. X_train,X_test,y_train,y_test = train_test_split(X_train, y_train,test_
size=0.25,random_state=0,stratify=y_train)
8. from yellowbrick.classifier import ROCAUC
```

```
9.  model = ensemble.RandomForestClassifier()
10. visualizer = ROCAUC(model)
11. visualizer.fit(X_train, y_train)
12. visualizer.score(X_test, y_test)
```

运行结果（如图 6-8 所示）：

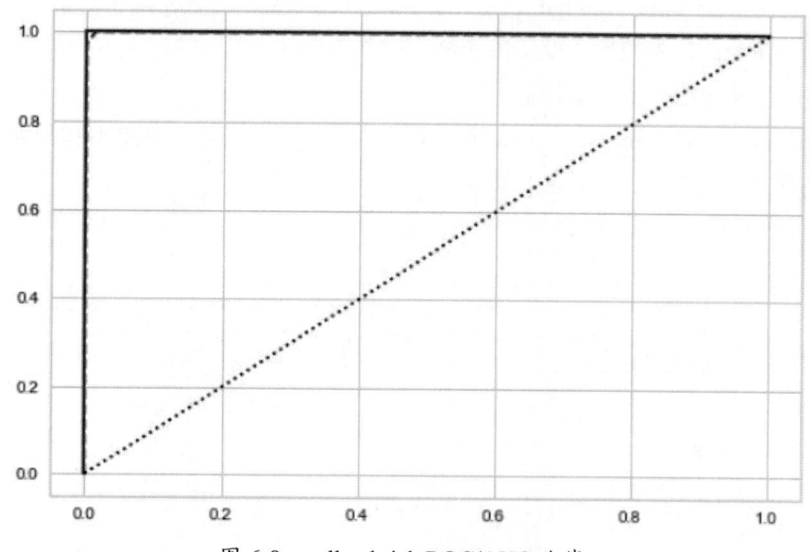

图 6-8　yellowbrick ROC/AUC 曲线

2. 回归问题

回归模型是机器学习中很重要的一类模型，不同于常见的分类模型。回归模型的性能评价指标跟分类模型也相差很大，基于 Sklearn 库计算回归模型中常用的评价指标主要包括平均绝对误差、均方误差、验证曲线、学习曲线等。

（1）平均绝对误差（Mean Absolute Error，MAE）用于评估预测结果和真实数据集的接近程度的程度，其值越小说明拟合效果越好。MAE 是最容易理解的回归误差指标。我们将为每个数据点计算残差，只取每个残差的绝对值，以使负残差和正残差不会被抵消。MAE 描述了残差的典型大小，虽然平均绝对误差能够获得一个评价值，但是并不知道这个值代表模型拟合是优还是劣，只有通过对比才能达到效果。

```
1.  from sklearn.metrics import mean_absolute_error,mean_squared_error
2.  def test_mean_absolute_error():
3.      y_true=[1,1,1,1,1,2,2,2,0,0]
4.      y_pred=[0,0,0,1,1,1,0,0,0,0]
5.      print( ‘Mean Absolute Error: ’ ,mean_absolute_error(y_true,y_pred))
6.  test_mean_absolute_error()
```

运行结果：

```
Mean Absolute Error:  0.8

mean_absolute_error(y_true,y_pred,sample_weight=None,multioutput='uniform_
average')
```

以上代码中参数的含义

true：样本集的真实值集合。

y_pred：回归器对样本集的预测值。

multioutput：指定对于多输出变量的回归问题的误差类型。'raw_values' 表示对每个输出变量计算其误差；'uniform_average' 表示计算其所有输出变量的误差的平均值。

sample_weight：样本权重，默认每个样本的权重为 1。

返回值：误差的绝对值的平均值。

（2）均方误差（Mean squared error，MSE）指标计算的是拟合数据和原始数据对应样本点的误差的平方和的均值，其值越小说明拟合效果越好。

```
1. def test_mean_squared_error():
2.     y_true=[1,1,1,1,1,2,2,2,0,0]
3.     y_pred=[0,0,0,1,1,1,0,0,0,0]
4.     print('Mean Absolute Error: ',mean_absolute_error(y_true,y_pred))
5.     print('Mean Square Error: ',mean_squared_error(y_true,y_pred))
6. test_mean_squared_error()
```

运行结果：

```
Mean Absolute Error:  0.8
Mean Square Error:  1.2
mean_squared_error(y_true,y_pred,sample_weight=None,multioutput='uniform_
average')
```

以上代码中参数的含义

true：样本集的真实值集合。

y_pred：回归器对样本集的预测值。

multioutput：指定对于多输出变量的回归问题的误差类型。'raw_values' 表示对每个输出变量计算其误差；'uniform_average' 表示计算其所有输出变量的误差的平均值。

sample_weight：样本权重，默认每个样本的权重为 1。

返回值：误差的绝对值的平均值。

```
1. from sklearn.linear_model import Lasso
2. from sklearn import datasets
3. from sklearn.model_selection import train_test_split
4. #使用 scikit-learn 自带的一个糖尿病病人的数据集
5. diabetes = datasets.load_diabetes()
6. # 拆分成训练集和测试集，测试集大小为原始数据集大小的 1/4
7. X, y = diabetes.data,diabetes.target
8. X_train,X_test,y_train,y_test = train_test_split(X, y,test_size=0.25,random_
state=0)
9. from yellowbrick.regressor import prediction_error
10. model = Lasso()
11. visualizer = PredictionError(model)
12. visualizer.fit(X_train, y_train)
13. visualizer.score(X_test, y_test)
```

运行结果（如图 6-9 所示）：

```
0.27817828862078753
```

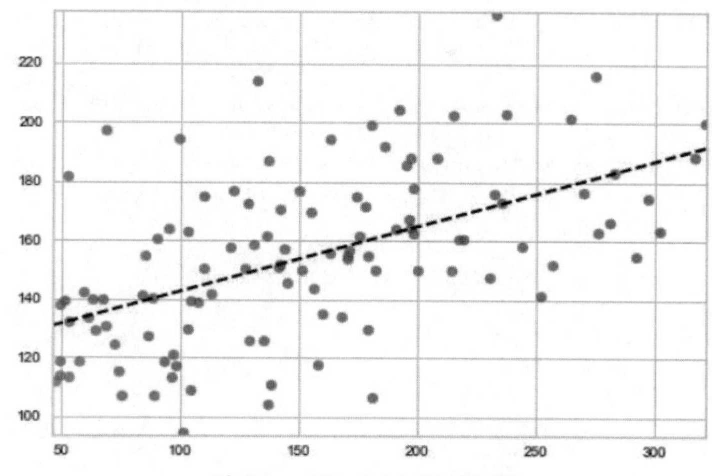

图 6-9　yellowbrick 预测曲线

（3）验证曲线。为了验证一个模型，我们需要分数函数，例如，分类器准确率。选择一个估计量的多个超参数的正确方式是网格搜索或类似的方法，这类方法选择在一个或多个验证集上具有最高分数的超参数。注意，如果我们根据一个验证分数优化超参数，那么这个超参数是有偏的，不再是一个好的泛化估计。为了得到一个适当的泛化估计，我们必须在另一个检验集上计算分数。然而有时候画出一个超参数对训练分数和验证分数的影响，找出估计量是否过度拟合或欠拟合是有帮助的。这个时候，我们可以使用 SKlearn 提供的 validation_curve() 方法。

```
1.  import matplotlib.pyplot as plt
2.  import numpy as np
3.  from sklearn.datasets import load_digits
4.  from sklearn.svm import LinearSVC
5.  from sklearn.model_selection import validation_curve
6.  def test_validation_curve():
7.      ### 加载数据
8.      digits = load_digits()
9.      X,y=digits.data,digits.target
10.     #### 获取验证曲线 ######
11.     param_name=›C›
12.     param_range = np.logspace(-2, 2)
13.      train_scores, test_scores = validation_curve(LinearSVC(), X, y, param_
name=param_name,
14.                 param_range=param_range,cv=10, scoring=›accuracy›)
15.     ###### 对每个 C ，获取 10 折交叉上的预测得分上的均值和方差 #####
16.     train_scores_mean = np.mean(train_scores, axis=1)
17.     train_scores_std = np.std(train_scores, axis=1)
18.     test_scores_mean = np.mean(test_scores, axis=1)
19.     test_scores_std = np.std(test_scores, axis=1)
20.     ####### 绘图 ######
21.     fig=plt.figure()
22.     ax=fig.add_subplot(1,1,1)
23.
```

```
    24.     ax.semilogx(param_range, train_scores_mean, label=›Training Accuracy›, c
olor='r')
    25.     ax.fill_between(param_range, train_scores_mean - train_scores_std,
    26.                                 train_scores_mean + train_scores_
std, alpha=0.2, color=›r›)
    27.     ax.semilogx(param_range, test_scores_mean, label=›Testing Accuracy›, col
or='g')
    28.     ax.fill_between(param_range, test_scores_mean - test_scores_std,
    29.                                 test_scores_mean + test_scores_
std, alpha=0.2, color=›g›)
    30.
    31.     ax.set_title(‹Validation Curve with LinearSVC›)
    32.     ax.set_xlabel(‹C›)
    33.     ax.set_ylabel(‹Score›)
    34.     ax.set_ylim(0,1.1)
    35.     ax.legend(loc=›best›)
    36.     plt.show()
    37. test_validation_curve()
```

运行结果（如图 6-10 所示）：

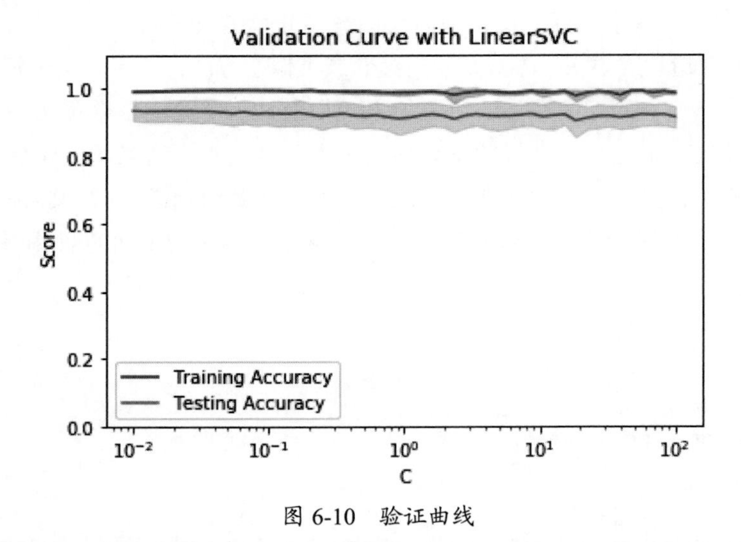

图 6-10 验证曲线

```
validation_curve(estimator,X,y,param_name,param_range,groups=None,cv='warn',scoring=None,n_jobs=None,pre_dispatch='all',verbose=0,error_score='raise-deprecating')
```

以上代码中参数的含义

estimator：学习器对象。它必须有 fit() 方法用于学习，predict() 方法用于预测。

X：训练样本集。

y：训练样本对应的标签集合。

param_name：字符串，指定了学习器需要变化的参数。

param_range：列表，指定了 param-name 指定的参数的取值范围。

cv：整型，*k* 折交叉生成器，一个迭代器，或者 None。

scoring：字符串，或者可调用对象，或者 None。

verbose：整型，它控制输出日志的内容。该值越大，输出的内容越多。

n_jobs：并行性，默认为 –1，表示派发任务到所有计算机的 CPU 上。

pre_dispatch：整型或者字符串，用于控制并行执行时，分发的总的任务数量。

返回值：返回元组，其元素依次如下：

train-scores：学习器在训练集上的预测得分的列表 (针对不同的参数值)，二维列表。

test_scores：学习器在测试集上的预测得分的列表 (针对不同的参数值)，二维列表。

```
1. from sklearn.tree import DecisionTreeRegressor
2. from sklearn import datasets
3. # 使用 scikit-learn 自带的一个糖尿病病人的数据集
4. diabetes = datasets.load_diabetes()
5. # 拆分成训练集和测试集，测试集大小为原始数据集大小的 1/4
6. X, y = diabetes.data,diabetes.target
7. from yellowbrick.model_selection import ValidationCurve
8. viz = ValidationCurve(
9.     DecisionTreeRegressor(), param_name=»max_depth»,
10.    param_range=np.arange(1, 11), cv=10, scoring=»r2»
11. )
12. viz.fit(X, y)
```

运行结果（如图 6-11 所示）：

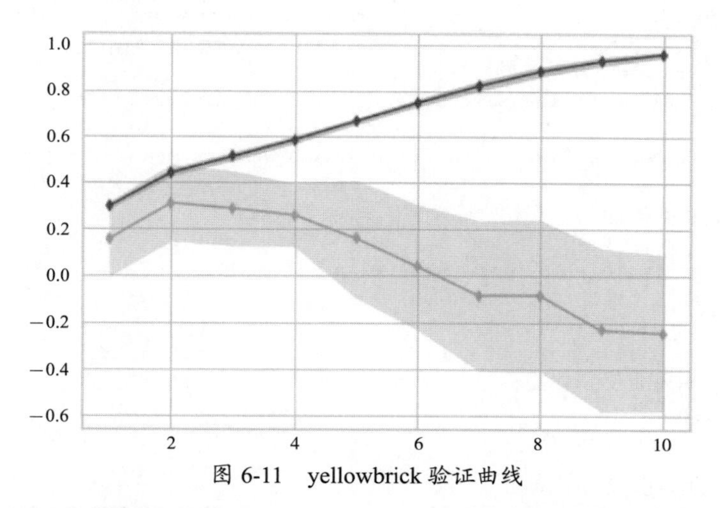

图 6-11　yellowbrick 验证曲线

```
ValidationCurve(ax=<matplotlib.axes._subplots.AxesSubplot object at 0x00000253C8B6D390>,
        cv=10, groups=None, logx=False, model=None, n_jobs=1,
        param_name='max_depth',
        param_range=array([ 1,  2,  3,  4,  5,  6,  7,  8,  9, 10]),
        pre_dispatch='all', scoring='r2')
```

（4）学习曲线用来显示对于不同数量的训练样本的估计器的验证和训练评分。它可以帮助我们发现从增加更多的训练数据中能获益多少，以及估计是否受方差误差或偏差误差的影响更大。如果你的数据多到使模型得分已经收敛，那么增加更多的训练样本也无济于事！改善模型性能的唯一方法就是换模型（通常也是换成更复杂的模型）。

```
1. import matplotlib.pyplot as plt
2. import numpy as np
3. from sklearn.datasets import load_digits
4. from sklearn.svm import LinearSVC
5. from sklearn.model_selection import learning_curve
6. def test_learning_curve():
7.     ### 加载数据
8.     digits = load_digits()
9.     X,y=digits.data,digits.target
10.    #### 获取学习曲线 ######
11.    train_sizes=np.linspace(0.1,1.0,endpoint=True,dtype=›float›)
12.    abs_trains_sizes,train_scores, test_scores = learning_curve(LinearSVC(),
13.            X, y,cv=10, scoring=›accuracy›,train_sizes=train_sizes)
14.    ###### 对每个 C ，获取 10 折交叉上的预测得分上的均值和方差 #####
15.    train_scores_mean = np.mean(train_scores, axis=1)
16.    train_scores_std = np.std(train_scores, axis=1)
17.    test_scores_mean = np.mean(test_scores, axis=1)
18.    test_scores_std = np.std(test_scores, axis=1)
19.    ####### 绘图 ######
20.    fig=plt.figure()
21.    ax=fig.add_subplot(1,1,1)
22.
23.    ax.plot(abs_trains_sizes, train_scores_mean, label=›Training Accuracy›, color='r')
24.    ax.fill_between(abs_trains_sizes, train_scores_mean - train_scores_std,
25.                                    train_scores_mean + train_scores_
std, alpha=0.2, color=›r›)
26.    ax.plot(abs_trains_sizes, test_scores_mean, label=›Testing Accuracy›, co
lor='g')
27.    ax.fill_between(abs_trains_sizes, test_scores_mean - test_scores_std,
28.                                    test_scores_mean + test_scores_
std, alpha=0.2, color=›g›)
29.
30.    ax.set_title(‹Learning Curve with LinearSVC›)
31.    ax.set_xlabel(‹Sample Nums›)
32.    ax.set_ylabel(‹Score›)
33.    ax.set_ylim(0,1.1)
34.    ax.legend(loc=›best›)
35.    plt.show()
36. test_learning_curve()
```

运行结果（如图 6-12 所示）：

```
learning_curve(estimator,X,y,groups=None,train_sizes=np.linspace(0.1,1.0,5),cv=
'warn',scoring=None,exploit_incremental_learning=False,n_jobs=None,pre_dispatch='al
l',verbose=0,shuffle=False,random_state=None,error_score='raise-deprecating')
```

以上代码中参数的含义

estimator：学习器对象。它必须有 fit() 方法用于学习，predict() 方法用于预测。

X：训练样本集。

y：训练样本对应的标签集合。

train_sizes：列表，指定了检查数据集的大小。

cv：整型，k 折交叉生成器，一个迭代器或 None。

scoring：字符串，可调用对象或 None。

verbose：整型。它控制输出日志的内容。该值越大，输出的内容越多。

n_jobs：并行性，默认为 –1，表示派发任务到所有计算机的 CPU 上。

pre_dispatch：整型或者字符串，用于控制并行执行时，分发的总的任务数量。

返回值：返回元组，其元素依次如下：

train_sizesabs：检查数据集大小组成的列表。

train_ scores：学习器在训练集上的预测得分的列表 (针对不同的检查数据集)，二维列表。

test_scores：学习器在测试集上的预测得分的列表 (针对不同的检查数据集)，二维列表。

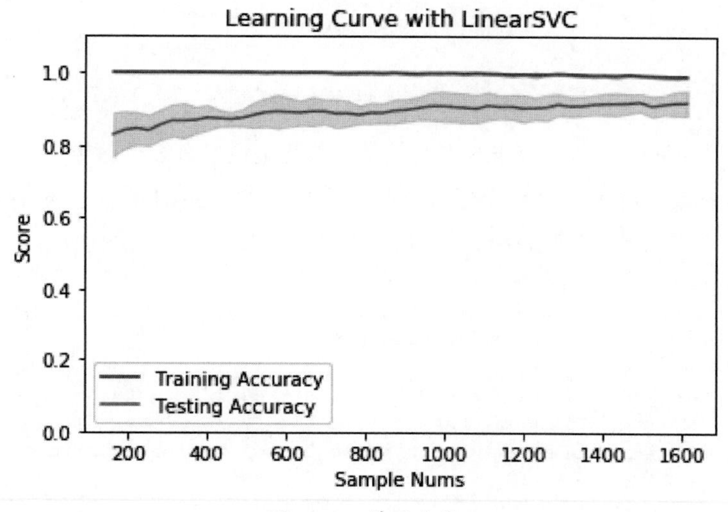

图 6-12　学习曲线

3. 聚类问题

（1）肘部法：K-means 是以最小化样本与质点平方误差作为目标函数，将每个簇的质点与簇内样本点的平方距离误差和称为畸变程度 (Distortions)。对于一个簇，它的畸变程度越低，代表簇内成员越紧密，畸变程度越高，代表簇内结构越松散。畸变程度会随着类别的增加而降低，但对于有一定区分度的数据，在达到某个临界点时，畸变程度会得到极大改善，之后缓慢下降，这个临界点就可以考虑为聚类性能较好的点。

```
1. from sklearn.cluster import KMeans
2. from sklearn.datasets import make_blobs
3. from yellowbrick.cluster import KElbowVisualizer
4. # 构造数据
5. X, y = make_blobs(n_samples=1000, n_features=12, centers=8, random_state=42)
6. # I 实例化类
7. model = KMeans()
8. visualizer = KElbowVisualizer(model, k=(4,12))
9. visualizer.fit(X)
```

运行结果（如图 6-13 所示）：

```
KElbowVisualizer(ax=<matplotlib.axes._subplots.AxesSubplot object at 0x000001F1657E0668>,
          k=None, metric=None, model=None, timings=True)
```

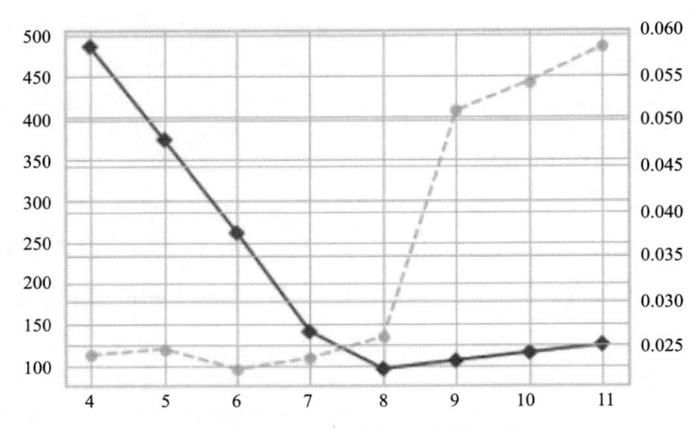

图 6-13 使用肘部法选择 K 值

从图 6-13 所示可以看到，最佳的 K 值为 8。也就是说，有 8 个簇重心。

（2）轮廓系数：对于一个聚类任务，我们希望得到的类别簇中，簇内尽量紧密，簇间尽量远离，轮廓系数便是类的密集与分散程度的评价指标。

```
1. from sklearn.cluster import KMeans
2. from yellowbrick.cluster import SilhouetteVisualizer
3. from sklearn.datasets import make_blobs
4. # 构造数据
5. X, y = make_blobs(n_samples=1000, n_features=12, centers=8, random_state=42)
6. model = KMeans(8, random_state=42)
7. visualizer = SilhouetteVisualizer(model, colors='yellowbrick')
8. visualizer.fit(X)
```

运行结果（如图 6-14 所示）：

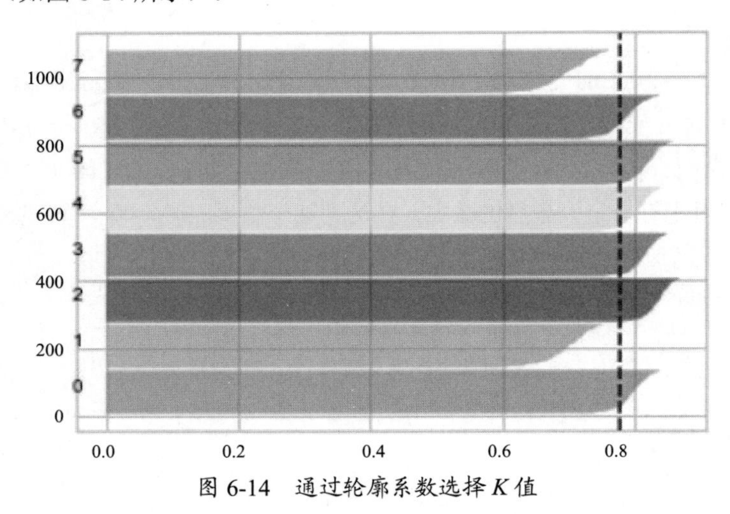

图 6-14 通过轮廓系数选择 K 值

```
SilhouetteVisualizer(ax=<matplotlib.axes._subplots.AxesSubplot object at
0x000001F165BD9C88>,
                model=None)
```

通过调整 K 值，可以发现 K 为 8 时，各簇均比较靠近红色虚线，即最佳 K 值。

（3）簇间距图：同轮廓系数，将簇间距以平面的形式进行展示，通过簇间距图可以直观地看出各个簇的样本数量及空间距离。

```
1. from sklearn.cluster import KMeans
2. from sklearn.datasets import make_blobs
3. # 簇间距离
4. from yellowbrick.cluster import InterclusterDistance
5. # 构造数据
6. X, y = make_blobs(n_samples=1000, n_features=12, centers=12, random_
state=42)
7. # 实例化类
8. model = KMeans(6)
9. visualizer = InterclusterDistance(model)
10. visualizer.fit(X)
```

运行结果（如图 6-15 所示）：

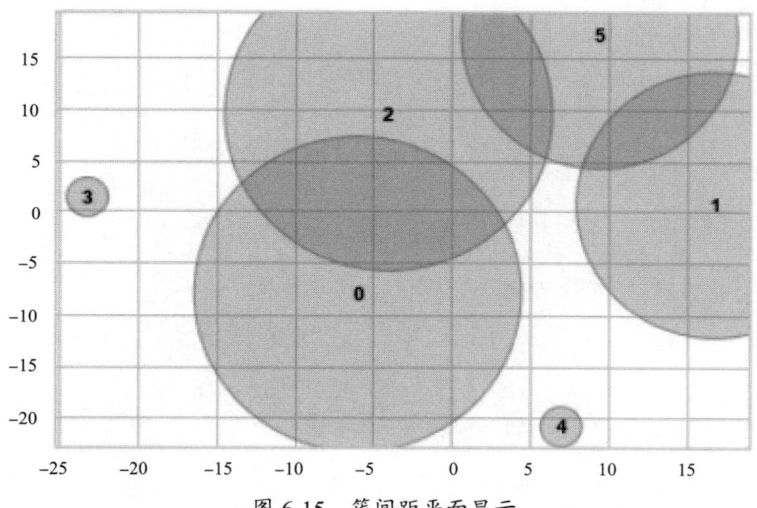

图 6-15　簇间距平面显示

```
InterclusterDistance(ax=<matplotlib.axes._subplots.AxesSubplot object at
0x000001F165C584A8>,
            embedding='mds', legend=True, legend_loc='lower left',
            legend_size=1.5, max_size=25000, min_size=400, model=None,
            random_state=None, scoring='membership')
```

图 6-15 所示有 6 个（0~5）簇中心。其中，圆的半径代表该簇的样本数量，部分簇在平面上是重叠的，实际上在三维以上空间，它们之间是离散的。

6.4　参数优化

超参数是用户定义的值，如 Ridge、Lasso 回归中的 alpha、KNN 中的 K。它们严格控制模型的拟合，这意味着，对于每个数据集，都有一组唯一的最优超参数有待发现。最基本的方法便是根据直觉和经验随机尝试不同的值。然而正如读者可能猜到的那样，当有许多超参数需要调优时，这个方法很快就会变得无用。

本小节将介绍两种自动超参数优化方法：网格搜索和随机搜索。给定一组模型的所有超参数的可能值，网格搜索使用这些超参数的每一个组合来匹配模型。更重要的是，在每个匹配中，网格搜索使用交叉验证来解释过拟合。在尝试了所有的组合之后，搜索将保留导致最佳分数的参数，以便可以使用它们来构建最终的模型。

1. 网格搜索

网格搜索是一种基本的超参数调优技术。它类似于手动调优，为网格中指定的所有给定超参数值的每个排列构建模型，评估并选择最佳模型。缺点：由于它尝试了超参数的每一个组合，并根据交叉验证得分选择了最佳组合，使得 GridsearchCV 非常慢。

```
1. from sklearn.datasets import load_iris
2. from sklearn.model_selection import GridSearchCV
3. from sklearn.neighbors import KNeighborsClassifier
4. from sklearn.model_selection import train_test_split
5. # 网格搜索
6. def test_GridSearchCV():
7.     ### 加载数据
8.     digits = load_digits()
9.     X_train,X_test,y_train,y_test=train_test_split(digits.data, digits.target,
10.                test_size=0.25,random_state=0,stratify=digits.target)
11.    # 先定义网格
12.    param_grid = [
13.        {
14.            ‹weights›:  [‹uniform›],
15.            ‹n_neighbors›:  [i for i in range(1, 11)]
16.        },
17.        {
18.            ‹weights›:  [‹distance›],
19.            ‹n_neighbors›:  [i for i in range(1, 11)],
20.            ‹p›:  [i for i in range(1, 6)]
21.        }
22.    ]
23.    knn_clf = KNeighborsClassifier()
24.    grid_search = GridSearchCV(knn_clf, param_grid)
25.    grid_search.fit(X_train, y_train)
26.    print('Best best estimator: {}'.format(grid_search.best_estimator_))
27.    print('Best socre: {: .2f}'.format(grid_search.best_score_))
28.    print('Best parameters: {}'.format(grid_search.best_params_))
29. test_GridSearchCV()
```

运行结果：

```
Best best estimator: LogisticRegression(C=0.01, class_weight=None, dual=False, fit_intercept=True,
            intercept_scaling=1, max_iter=100, multi_class='multinomial',
            n_jobs=None, penalty='l2', random_state=None, solver='lbfgs',
            tol=1e-06, verbose=0, warm_start=False)
Best socre: 0.97
Best parameters: {'C':  0.01, 'multi_class':  'multinomial', 'penalty':  'l2', 'solver':  'lbfgs'}
Detailed classification report:
              precision    recall  f1-score   support
           0       1.00      1.00      1.00        45
           1       0.87      0.98      0.92        46
```

```
           2       1.00      0.98      0.99        44
           3       1.00      1.00      1.00        46
           4       1.00      0.96      0.98        45
           5       0.96      0.98      0.97        46
           6       1.00      0.98      0.99        45
           7       1.00      1.00      1.00        45
           8       0.93      0.88      0.90        43
           9       1.00      0.98      0.99        45
   micro avg       0.97      0.97      0.97       450
   macro avg       0.97      0.97      0.97       450
weighted avg       0.97      0.97      0.97       450
```

由运行结果可以看到，最佳的参数为 C=0.01，penalty='12'，solver='lbfgs"，multi-class='multi'- nomial"，此时的学习器对预测集的测试准确率为 97%。还给出了最佳参数情况下对数概率回归模型的 Classification Report。

```
GridSearchCV(estimator,param_grid,scoring=None,fit_params=None,n_jobs=None,iid
='warn',refit=True,cv='warn',verbose=0,pre_dispatch='2*n_jobs',error_score='raise-
deprecating',return_trai_score='warn',)
```

（1）以上代码中参数的含义

estimator：学习器对象。它必须有 fit() 法用于学习，predict() 方法用于预测，score() 方法用于性能评分。

param_grid：字典或者字典的列表。每个字典都给出了学习器的一个参数。其中，字典的键就是参数名。

scoring：字符串，或者可调用对象或 None。它指定了评分函数，其原型是 scorer(estimator，x，y)。

fit_params：字典，用来给学习器的 fit() 方法传递参数。

iid：如果为 True，就表示数据是独立同分布的。

cv：整型，*k* 折交叉生成器，迭代器或 None。

refit：布尔值，如果为 True，就在参数优化之后使用整个数据集来重新训练该最优的 estimator。

verbose：整型，用来控制输出日志的内容。该值越大，输出的内容越多。

n_jobs：并行性。默认为 −1，表示派发任务到所有计算机的 CPU 上。

pre_dispatch：整型或者字符串，用于控制并行执行时分发的总的任务数量。

error_score：数值或者字符串 'raise'，指定当 estimator 训练发生异常时该如何处理。

（2）属性

grid_scores：命名元组组成的列表，列表中每个元素都对应了一个测试得分。

best_estimator_：学习器对象，代表根据候选参列表合筛选出来的最佳的学习器。

best_score_：最佳学习器的性能评分。

best_params：最佳参列表合。

（3）方法

fit([X,y])：执行参数优化。

predict(x)：使用学到的最佳学习器来预测数据。

predict_log_proba(X)：使用学到的最佳学习器来预测数据为各类别的概率的对数值。

predict_proba(X)：使用学到的最佳学习器来预测数据为各类别的概率。

score(X,y])：通过给定的数据集来判断学到的最佳学习器的预测性能。

2. 随机搜索

使用随机搜索代替网格搜索的动机是，在许多情况下，所有的超参数可能不是同等重要的。随机搜索从超参数空间中随机选择参数组合，参数在由 n_iter 给定的固定迭代次数的情况下进行选择。实验证明，随机搜索的结果优于网格搜索；缺点是它不能保证给出最好的参数组合。

```
1. def test_RandomizedSearchCV():
2.     ### 加载数据
3.     digits = load_digits()
4.      X_train,X_test,y_train,y_test=train_test_split(digits.data, digits.
target,
5.                   test_size=0.25,random_state=0,stratify=digits.target)
6.     #### 参数优化 ######
7.     tuned_parameters ={  ‹C›:  scipy.stats.expon(scale=100), # 指数分布
8.                         ‹multi_class›:  [‹ovr›,'multinomial']}
9.      clf=RandomizedSearchCV(LogisticRegression(penalty=›l2›,solver='lbfgs',
tol=1e-6),
10.                                tuned_parameters,cv=10,scoring=›accuracy›,n_
iter=100)
11.     clf.fit(X_train,y_train)
12.     print('Best best estimator: {}'.format(clf.best_estimator_))
13.     print('Best socre: {: .2f}'.format(clf.best_score_))
14.     print('Best parameters: {}'.format(clf.best_params_))
15.     print('Detailed classification report: ')
16.     y_true, y_pred = y_test, clf.predict(X_test)
17.     print(classification_report(y_true, y_pred))
18. test_RandomizedSearchCV()
```

运行结果：

```
Best best estimator: LogisticRegression(C=0.6767190517584313, class_weight=None,
dual=False,
            fit_intercept=True, intercept_scaling=1, max_iter=100,
            multi_class='multinomial', n_jobs=None, penalty='l2',
            random_state=None, solver='lbfgs', tol=1e-06, verbose=0,
            warm_start=False)
Best socre: 0.96
Best parameters: {'C':  0.6767190517584313, 'multi_class':  'multinomial'}
Detailed classification report:
               precision    recall  f1-score   support
           0        1.00      1.00      1.00        45
           1        0.87      0.98      0.92        46
           2        1.00      0.98      0.99        44
           3        0.94      1.00      0.97        46
           4        1.00      0.96      0.98        45
           5        0.98      0.93      0.96        46
           6        0.98      0.98      0.98        45
           7        0.98      0.93      0.95        45
```

```
           8       0.95      0.88      0.92        43
           9       0.93      0.96      0.95        45
   micro avg       0.96      0.96      0.96       450
   macro avg       0.96      0.96      0.96       450
weighted avg       0.96      0.96      0.96       450
```

由运行结果可以看到，最佳的参数为 C ≈ 0.68，multi-class='multinomial'，此时的学习器对预测集的测试准确率为 96%，最佳参数情况下的对数概率回归模型的 classification report。

```
    GridSearchCV(estimator,param_grid,scoring=None,fit_params=None,n_jobs=None,iid
='warn',refit=True,cv='warn',verbose=0,pre_dispatch='2*n_jobs',error_score='raise-
deprecating',return_trai_score='warn',)
```

（1）以上代码中参数的含义

estimator：学习器对象。它必须有 fit() 方法用于学习，predict() 方法用于预测，score() 方法用于性能评分。

param_distributions：字典或者字典的列表。每个字典都给出了学习器的一个参数，其中字典的键就是参数名。字典的值是一个分布类，分布类必须提供 rvs() 方法。通常可以使用 scipy.stats 模块中提供的分布类，比如 scipy.expon(指数分布)、scipy.gamma（gamma 分布）、scipy uniform(均匀分布)、randint 等。

n_iter：整型，指定每个参数采样的数量。通常该值越大，参数优化的效果越好。但是参数越大，运行时间也越长。

scoring：字符串，或者可调用对象，或者 None。它指定了评分函数，其原型是 scorer(estimator,x,y)。

fit_params：字典，用来给学习器的 fit() 方法传递参数。

iid：如果为 True，就表示数据是独立同分布的。

cv：整型，*k* 折交叉生成器，迭代器或 None。

refit：布尔值，如果为 True，就在参数优化之后使用整个数据集来重新训练该最优的 estimator。

verbose：整型，控制输出日志的内容。该值越大，输出的内容越多。

n_jobs：并行性，默认为 -1，表示派发任务到所有计算机的 CPU 上。

pre_dispatch：整型或者字符串，用于控制并行执行时分发的总的任务数量。

error_score：数值或者字符串 'raise'，指定当 estimator 训练发生异常时，如何处理。

（2）属性

grid_scores：命名元组组成的列表，列表中每个元素都对应了一个参列表合的测试得分。

best_estimator_：学习器对象，代表根据候选参列表合筛选出来的最佳的学习器。

best_score_：最佳学习器的性能评分。

best_params：最佳参列表合。

（3）方法

fit([X,y])：执行参数优化。

predict(x)：使用学到的最佳学习器来预测数据。

predict_log_proba(X)：使用学到的最佳学习器来预测数据为各类别的概率的对数值。

predict_proba(X)：使用学到的最佳学习器来预测数据为各类别的概率。

score([X,y])：通过给定的数据集来判断学到的最佳学习器的预测性能。

使用 RandomizedSearchCV 找到的最优参数，使用该参数的学习器在测试集上的预测准确率为 96%。使用 GridSearchCV 找到的最优参数，使用该参数的学习器在测试集上的预测准确率为 97%。此时 RandomizedSearchCV 的效果不如 GridSearchCV，但是 RandomizedSearchCV 采用随机采样，有无数的参数，更有可能找到最佳的参数 (GridSearchCV 只能选择有限的参数)。

6.5 模型持久化

在训练完 SKlearn 模型之后，最好有一种方法来将模型持久化以备将来使用，而无须重新训练。本节将介绍如何使用 Pickle、Joblib 来持久化模型。

1. Pickle 持久化

使用 Pickle 函数进行模型持久化的代码如下：

```
1.  from sklearn import svm
2.  from sklearn import datasets
3.  # 训练模型
4.  clf=svm.SVC()
5.  iris=datasets.load_iris()
6.  X,y=iris.data,iris.target
7.  clf.fit(X,y)
8.  # 保存、加载模型
9.  import pickle
10. # 保存模型
11. s = pickle.dumps(clf)
12. with open('svm.pkl','wb') as f:
13.     f.write(s)
14. f.close()
15. # 加载模型
16. with open('svm.pkl','rb') as f2:
17.     s2=f2.read()
18. f2.close()
19. clf2 = pickle.loads(s)
20. print(clf2.predict(X[0: 1]))
```

运行结果：

第 11 行，pickle.dumps() 将 obj 对象列表化并返回一个 byte 对象。

第 19 行，pickle.loads() 从字节对象中读取被封装的对象。

在运行文件根目录时，会产生一个 svm.pkl 文件，该文件保存着训练好的模型。

2. Joblib 持久化

使用 Joblib 函数进行模型持久化的代码如下：

```
1.  # 加载库
2.  from sklearn.externals import joblib
3.  # 保存模型
```

```
4. joblib.dump(clf, 'svm.m')
5. # 加载模型
6. clf2 = joblib.load('svm.m')
7. clf2.predict(X[0: 1])
8. print(clf2.predict(X[0: 1]))
```

运行结果：

第 4 行，joblib.dump() 将训练好的模型 obj 对象保存。

第 6 行，joblib.load() 从字节对象中读取训练好的模型。

本地保存模型训练结果在安全性和可维护性方面存在一些问题。需要注意，以下因素可能导致模型预测结果差错：不要使用未经 pickle 的、不受信任的数据，它可能会在加载时执行恶意代码；一个版本的模型可以在其他版本中加载，但结果未必一致。

本章小结

本章系统介绍了分类、回归、聚类问题的模型评估指标，以及针对模型质量进行参数优化，提高模型质量，最后将训练好的模型采用不同的方式持久化保存到本地。在对新的数据进行预测时，如果原始的训练模型对初始数据进行了变换，那么，新添加的预测数据也需要进行相应的变换，才可以得到正确的预测结果。接下来，我们将使用 SKlearn 系统地解决一些实际工程问题。

第 7 章 项目实践

7.1 工程应用场景

根据麦肯锡行业报告，在各行各业中，土木工程的信息技术化程度，位于所有行业的后列。有种说法，土木的部分技术差不多算是半工业化（从设计到施工大量依靠人力），信息化、智能化的参与不多。

究其原因，主要是因为土木工程要求安全第一，工程项目一旦落地至少要用几十年，在设计环节有标注、规范和传统经验限制，在施工阶段有着大量相对熟练、专业的人工。不过，随着近几年数值分析、BIM、装配式建筑的发展，越来越多的同行感受到了程序化的魅力，在科研领域已有不少的机器学习相关的论文发表。笔者根据工程项目建设的不同阶段，对机器学习的应用场景做一个完整归纳。

7.1.1 可行性研究阶段

项目建设的意义：可对区域人口分布、国民经济、交通量进行调查及预测；可使用机器学习线性、多元回归、时间列表进行预测。例如，2017 年在贵州省举行的“云上贵州”智慧交通大数据应用创新大赛。

走廊带选择、地质调绘：用无人机航拍路线走廊带，初步分析拆迁量、不良地质分布等概况。一旦确定路线走廊，落实土地征迁，就可以用航拍资料进行比对（相似度），可以作为第一手资料，避免各种矛盾。

可行性研究报告编写：利用已有项目的报告进行文本分析，自动生成模板，生成可行性研究报告（标准化、自动化）。

7.1.2 设计阶段

地质勘察：国内已有作者编写了 Geopython 库，可以用于地质调查和勘察领域。由于地质、岩土很多都是经验公式，且积累着大量的工程试验数据，完全可以使用机器学习的回归、分类算法。如边坡稳定性、膨胀土膨胀性分级、隧道围岩岩爆等级预测、隧道地下水环境负效应等级评价等。

结构计算：建筑领域可由 PKPM 软件直接生成工程计算图，然后在其上进行修改；桥梁、隧道、边坡等结构的计算分析可以由 Midas 软件或者其他软件生成；基坑计算可以使用理正岩土软件等。那么问题来了：同一细分领域的理论或规范都是一致的，然而不同的设计院、甚至同一设计院下不同的所，采用不同的软件，如果在垂直领域应用云计算，既可以避免各种盗版，也可以间接实现设计标准化。另外，如果设计上执行标准化，那么 BIM 的应用效果、效率将大大增加。

CAD 制图：业内流行这样一句话，图是需要多次修改、不断精确、细化才做出来的。一个项目被总工办、甲方、审查等来回提意见，反复修改。因此，可以采用工程类比法，使用机器学习算法对某一地区的历史设计图纸进行匹配，对设计说明进行自然语言处理，匹配项目的相似度；对不同地质条件下的 CAD 图（1∶500 或 1∶200）进行矢量化，然后提取像素点阵数据，进而进行大数据匹配。如，隧道设计人员大部分的时间都用在洞门位置及形式的确定上，假定在区域地质条件相近的情况下，能否通过洞口的地貌，直接调用数据库中的相似项目，生成工程图；更高级的操作就是将设计流程数据化，由机器自行确定洞门位置及形式，直接生成工程图。

7.1.3　施工阶段

随着人工成本的上升，智能机器化越来越有必要，现阶段 AI 应用在无人驾驶和医疗领域较多，随之机械设备智能化是未来的趋势，也将会更快应用到各个领域。如，隧道 TBM 掘进开挖与 AI 结合，实现自动定位、无人驾驶、精确开挖，将有效杜绝超挖、欠挖；超前锚杆、系统锚杆、喷射混凝土也不会出现野蛮施工、偷工减料等问题；二衬台车根据监测数据自动跟进，并实时监测模筑混凝土的浇筑密实度；盾构掘进地表沉降预测及控制，如图 7-1 所示。

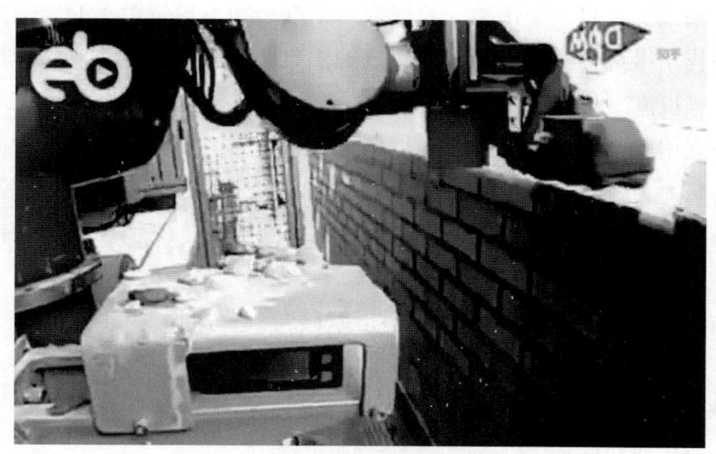

图 7-1　智能砌砖机械臂

7.1.4　监理监测

笔者多年前在某建筑施工工地，配合监理人员一起数钢筋，核查工人们是否按图施工。试想，如果用履带式机器人现场检测对比图纸（或无人机近距离拍摄，与设计图进行比较）可以快捷计算出结果。

检测领域应用场景应该是广泛的。如，结构应力、变形检测数据实时动态通过 Wi-Fi 传输到检测中心数据库，实时出具检测报告，无人为误判；路面裂缝识别；混凝土、钢结构损伤、缺陷识别。

7.1.5 运营维护

基于大数据分析，为运营事故提供参考方案，如视频事件检测，PLC 智能化控制等。如，在地理坐标定位的基础上，结合收费站云台摄像机抓拍车牌，在全国或某省范围内实现高速公路全程无杆系统（淘汰 ETC 系统），汽车车主在离开收费站 24h 内付费即可，若逾期支付，则收取利息并禁止欠费车辆再次上高速公路。

运营维护的其他应用场景：古建筑表面损伤程度的评价，并依据评价结果给出维护建议；对道路沥青路面性能进行的评价；冬季路面温度的预报；根据滑坡检测数据的滑坡稳定性的预警，以防止次生灾害威胁群众的生命财产安全。

7.2 边坡稳定性预测

边坡工程是包含众多随机性、复杂性和不确定性因素的复杂非线性动态开放系统，其稳定性受到具有随机性、模糊性、可变性等不确定性特点的地质因素和工程因素的综合影响，边坡稳定性与影响因素之间具有高度的非线性关系，边坡稳定性评价结果的正确与否直接关系到边坡工程的成败，对边坡稳定性作出准确、有效的预测预报是岩土工程领域亟待解决的关键课题之一。边坡稳定性分析的传统方法主要有力学理论解析方法和数值分析方法，但这些传统的方法都遇到了“机制不清楚”“参数给不准”和“模型给不准”等瓶颈问题，对复杂边坡的稳定性作出准确预测预报尚存在一定的困难。此外，传统的方法计算量大，计算过程冗长、烦琐，难以满足边坡的快速设计要求。

本节分析所采用的数据集为 67×7 边坡稳定性试验监测数据；前 6 列数据分别表示边坡的岩石重度、黏聚力、内摩擦角、边坡坡角、边坡高度、孔隙水压力比，最后一列中，“1”表示稳定，“-1”表示不稳定。这是一个典型的二分类问题。下面我们通过代码来实现边坡稳定性预测。

首先，我们先进行数据探索，查看数据的统计特征、分布、相关性等。

7.2.1 数据探索

数据信息加载收集代码如下：

```
1. # 加载库、数据集
2. import pandas as pd
3. df=pd.read_csv('data/slope.csv', header=None)
4. df.head()                # 数据前五行
5. df.shape                 # 数据行列数
6. df.info()                # 数据整体信息
7. df.describe()            # 描述性统计
8. df.groupby(6).size()     # 数据的分类分布
```

运行结果：

```
......
<class 'pandas.core.frame.DataFrame'>
RangeIndex: 67 entries, 0 to 66
Data columns (total 7 columns):
 #   Column  Non-Null Count  Dtype
---  ------  --------------  -----
 0   0       67 non-null     float64
 1   1       67 non-null     float64
 2   2       67 non-null     float64
 3   3       67 non-null     float64
 4   4       67 non-null     float64
 5   5       67 non-null     float64
 6   6       67 non-null     int64
dtypes: float64(6), int64(1)
memory usage: 3.8 KB
......
```

从第 6 行代码运行结果可以看出，67 行数据没有空值，前 6 行为浮点型，最后 1 行为整型，数据占用内存 3.8kB。

7.2.2　数据预处理

数据预处理代码如下：

```
1.  from sklearn.model_selection import train_test_split
2.  from sklearn.preprocessing import StandardScaler
3.  # 数据切分
4.  array = df.values
5.  X = array[:, 0:6].astype(float)
6.  Y = array[:, 6]
7.  validation_size = 0.2
8.  seed = 7
9.  X_train, X_validation, Y_train, Y_validation = train_test_split(X, Y, test_size=validation_size, random_state=seed)
10. # 数据标准化
11. sc = StandardScaler()
12. X_train = sc.fit_transform(X_train)
13. X_validation = sc.transform(X_validation)
```

一般情况下，土木工程实例中的试验数据（岩土物理、力学性质参数）都会剔除异常值。因此，预处理主要是对数据进行切分和标准化处理。

```
1.  from yellowbrick.features import Rank2D
2.  visualizer = Rank2D(algorithm='pearson')  # 皮尔森相关系数
3.  visualizer.fit(X, Y)
4.  visualizer.transform(X)
5.  visualizer.poof()
```

运行结果（如图 7-2 所示）：

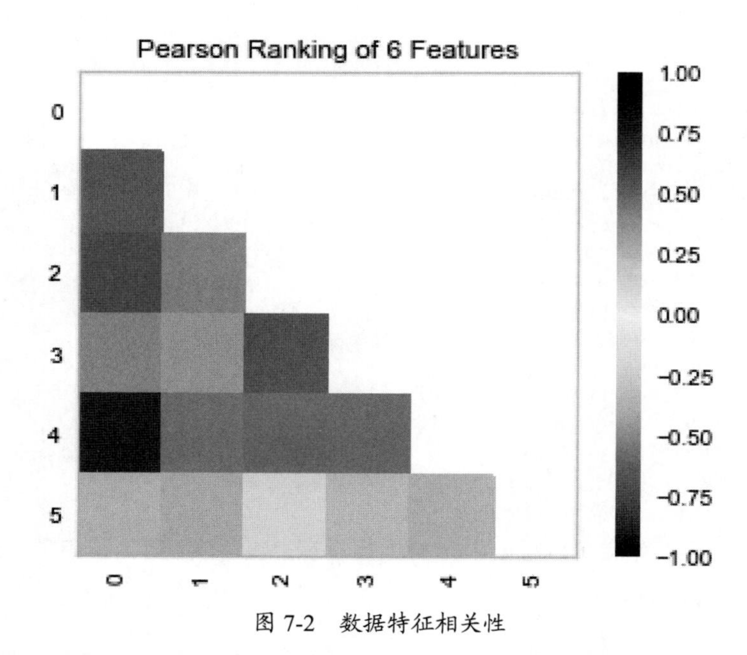

图 7-2　数据特征相关性

从运行结果可以看到，岩石重度与边坡坡角强相关（正），根据工程经验，岩石的重度越大，岩石的质量越好，其放坡的坡角也就越大；岩石的质量越好，孔隙越少，孔隙水压力越小，其关系为负相关。

```
1. from sklearn.ensemble import RandomForestClassifier
2. from yellowbrick.features.importances import FeatureImportances
3. model = RandomForestClassifier(n_estimators=10)
4. viz = FeatureImportances(model)
5. viz.fit(X, Y)
6. viz.poof()
```

运行结果（如图 7-3 所示）：

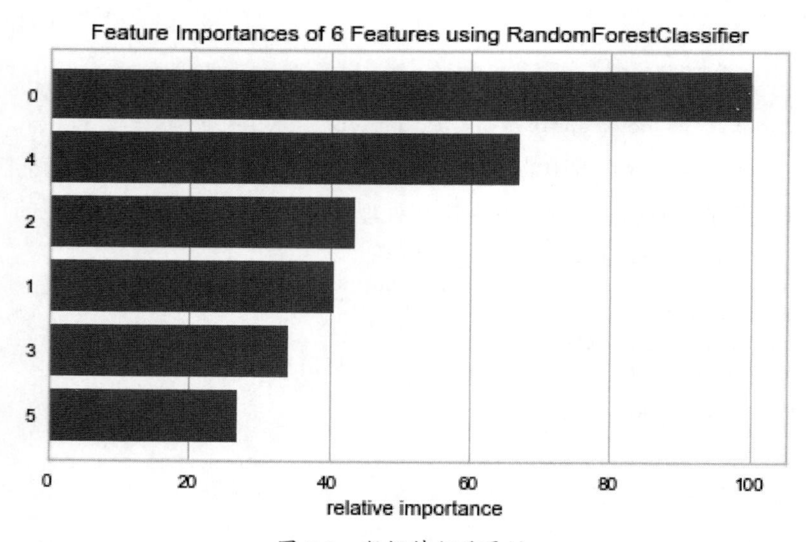

图 7-3　数据特征重要性

从运行结果可以看到，岩石重度重要性最大、边坡高度重要性最小。

7.2.3　模型选择

模型选择有单一模型和集成学习，具体分析如下。

1. 单一模型

单一模型代码如下：

```
1. from sklearn.linear_model import LogisticRegression
2. from sklearn.neighbors import KNeighborsClassifier
3. from sklearn.tree import DecisionTreeClassifier
4. from sklearn.discriminant_analysis import LinearDiscriminantAnalysis
5. from sklearn.naive_bayes import GaussianNB
6. from sklearn.svm import SVC
7. from yellowbrick.classifier import ClassificationReport
8. def test(model,name):
9.     visualizer = ClassificationReport(model)
10.     visualizer.fit(X_train, Y_train)
11.     print(name+' 得分: ',visualizer.score(X_validation, Y_validation))
12. models = {}
13. models['LR'] = LogisticRegression()
14. models['LDA'] = LinearDiscriminantAnalysis()
15. models['KNN'] = KNeighborsClassifier()
16. models['CART'] = DecisionTreeClassifier()  # 最佳
17. models['NB'] = GaussianNB()
18. models['SVM'] = SVC()
19. for key in models:
20.     model = models[key]
21.     test(model,key)
```

运行结果：

```
LR 得分:  0.5714285714285714
LDA 得分:  0.5714285714285714
KNN 得分:  0.5
CART 得分:  0.9285714285714286
NB 得分:  0.5714285714285714
SVM 得分:  0.6428571428571429
```

从运行结果可以看出，使用 DecisionTreeClassifier() 模型时得分最高：0.93。其报告代码如下：

```
1. model = DecisionTreeClassifier()
2. visualizer = ClassificationReport(model)
3. visualizer.fit(X_train, Y_train)
4. print(visualizer.score(X_validation, Y_validation))
5. visualizer.poof()
```

运行结果（如图 7-4 所示）：

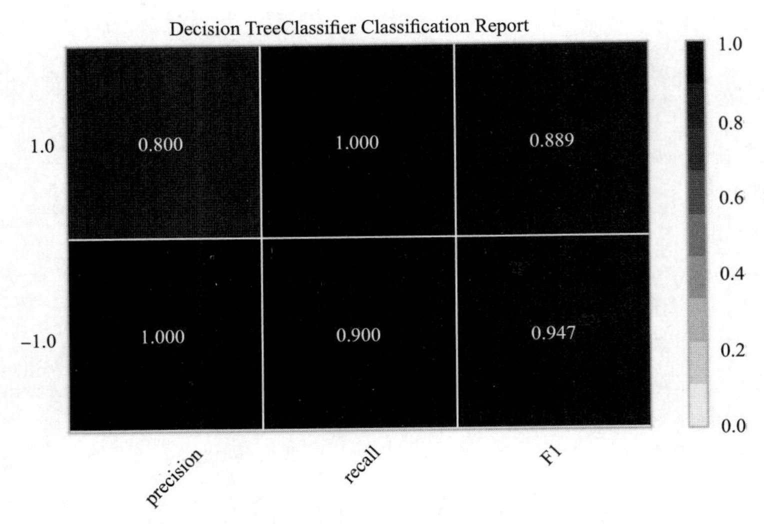

图 7-4 决策树分类报告

从分类报告中可以直观地看出，边坡稳定（1）和不稳定（-1）分类对应的精确度、召回率和 F1 值。

2. 集成学习

具体代码如下：

```
1. from sklearn.pipeline import Pipeline
2. from sklearn.ensemble import AdaBoostClassifier
3. from sklearn.ensemble import GradientBoostingClassifier
4. from sklearn.ensemble import RandomForestClassifier
5. ensembles = {}
6. ensembles['ScaledAB'] = Pipeline([('Scaler', StandardScaler()), ('AB', AdaBoostClassifier())])
7. ensembles['ScaledGBM'] = Pipeline([('Scaler', StandardScaler()), ('GBM', GradientBoostingClassifier())])
8. ensembles['ScaledRF'] = Pipeline([('Scaler', StandardScaler()), ('RFR', RandomForestClassifier())])  # 最佳
9. for key in ensembles:
10.     model = ensembles[key]
11.     test(model,key)
```

运行结果：

```
ScaledAB 得分： 0.8571428571428571
ScaledGBM 得分： 0.8571428571428571
ScaledRF 得分： 0.9285714285714286
```

从运行结果可以看出，使用 RandomForestClassifier() 时得分最高：0.93。

7.2.4 模型评估

模型评估同样包括单一模型和集成学习，具体操作如下：

1. 单一模型

单一模型代码如下：

```
1. param_grid = {'criterion':['gini'],'max_depth':[30,50,60,100],'min_samples_
```

```
leaf':[2,3,5,10],'min_impurity_decrease':[0.1,0.2,0.5]}
    2. model = DecisionTreeClassifier()
    3. kfold = KFold(n_splits=num_folds, random_state=seed)
    4. grid = GridSearchCV(estimator=model, param_grid=param_grid, scoring=scoring, cv=kfold)
    5. grid_result = grid.fit(X=X_train, y=Y_train)
    6. print('最优: %s 使用 %s' % (grid_result.best_score_, grid_result.best_params_))
    7. cv_results = zip(grid_result.cv_results_[ 'mean_test_score' ],
    8.                  grid_result.cv_results_['std_test_score'],
    9.                  grid_result.cv_results_['params'])
    10. for mean, std, param in cv_results:
    11.     print('%f (%f) with %r' % (mean, std, param))
```

运行结果（如图 7-5 所示）：

```
最优: 0.7735849056603774 使用 {'criterion': 'gini', 'max_depth': 30, 'min_impurity_decrease': 0.1, 'min_samples_leaf': 2}
    1. model = DecisionTreeClassifier(criterion= 'gini', max_depth= 30,min_impurity_decrease= 0.1, min_samples_leaf=2)
    2. model.fit(X=X_train, y=Y_train)
    3. test(model,'CART')
```

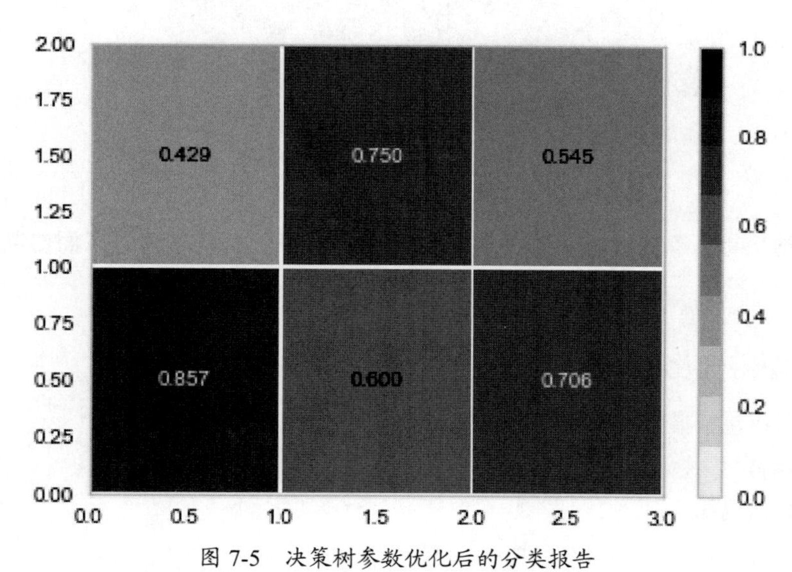

图 7-5　决策树参数优化后的分类报告

2. 集成学习

具体代码如下：

```
    1. from sklearn.model_selection import KFold
    2. from sklearn.model_selection import GridSearchCV
    3. num_folds = 10
    4. seed = 7
    5. scoring = 'accuracy'
    6. param_grid = {'n_estimators': [10, 50, 100, 200, 300, 400, 500, 600, 700, 800, 900]}
    7. # 梯度提升树
    8. model = RandomForestClassifier()
    9. # K 折交叉验证
    10. kfold = KFold(n_splits=num_folds, random_state=seed)
    11. grid = GridSearchCV(estimator=model, param_grid=param_grid, scoring=scoring, cv=kfold)
```

```
12. grid_result = grid.fit(X=X_train, y=Y_train)
13. print('最优: %s 使用 %s' % (grid_result.best_score_, grid_result.best_params_))
```

运行结果（如图 7-6 所示）：

```
最优: 0.7735849056603774 使用 {'n_estimators': 400}
```

```
1. model = RandomForestClassifier(n_estimators=400)
2. model.fit(X=X_train, y=Y_train)
3. test(model,'RFC')
```

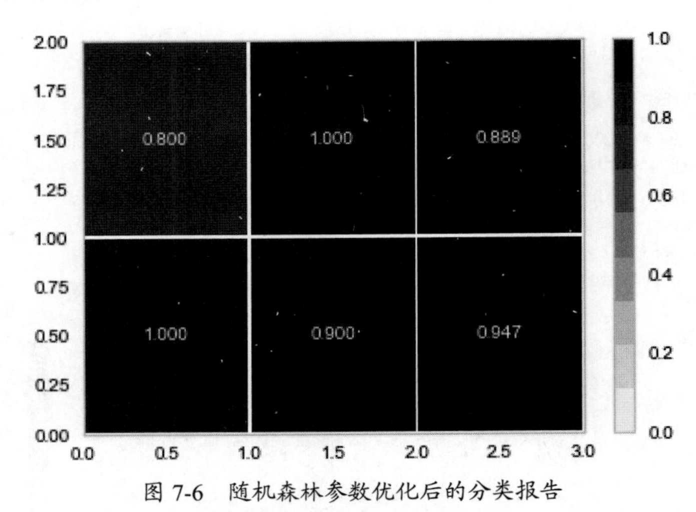

图 7-6 随机森林参数优化后的分类报告

由运行结果可以看到，随机森林参数优化后的结果优于决策树。下面对其进行持久化处理。

7.2.5 模型持久化

模型持久化包括模型保存和模型加载，具体操作如下：

1. 模型保存

模型保存代码如下：

```
1. from sklearn.externals import joblib
2. model_file = 'data/slope.m'
3. model = RandomForestClassifier(n_estimators=400)
4. model.fit(X=X_train, y=Y_train)
5. joblib.dump(model, model_file)
```

将训练好的模型用 joblib 库保存到运行目录 data 文件夹，文件名为 slope.m。

2. 模型加载

模型加载代码如下：

```
1. model2 = joblib.load(model_file)
2. result = model2.score(X_validation, Y_validation)
3. print('算法评估结果: %.3f%%' % (result * 100))
```

运行结果：

```
算法评估结果: 92.857%
```

由运行结果可以看到，采用未参加训练的数据进行验证，算法评估结果分数为 92.857%。

7.3 地质物探预测

在工程领域，如隧道超前地质预报、探矿等都需要用到地质雷达（超声波），根据声呐反射到不同物体表面后返回的不同数值判断地层的岩性、空洞或金属。本节分析所采用的数据集为 208×61 地质雷达测试数据：前 60 列数据表示声呐从不同角度返回的强度；最后一列 'R' 表示岩石，'M' 表示金属。这是一个二分类问题。下面通过代码来实现地质情况的超前预报。

7.3.1 数据探索

数据信息相关代码如下：

```
1. import pandas as pd
2. df=pd.read_csv('data/sonar.csv', header=None)
3. df.head()   # 数据前五行
4. df.shape  # 数据行列数
5. df.info()  # 数据整体信息
6. df.describe()   # 描述性统计
7. df.groupby(60).size() # 数据的分类分布
```

运行结果：

```
......
<class 'pandas.core.frame.DataFrame'>
RangeIndex: 208 entries, 0 to 207
Data columns (total 61 columns):
 #   Column  Non-Null Count  Dtype
---  ------  --------------  -----
 0   0       208 non-null    float64
 1   1       208 non-null    float64
 2   2       208 non-null    float64
 3   3       208 non-null    float64
......
60
M    111
R     97
dtype: int64
```

从第 5 行运行结果可以看出，208 行数据没有缺失值；最后一列说明分类为岩石 97 行，金属 111 行。

7.3.2 数据预处理

数据预处理代码如下：

```
1. from sklearn.model_selection import train_test_split
2. # 数据拆分
3. array = df.values
4. X = array[:, 0:60].astype(float)
5. Y = array[:, 60]
6. validation_size = 0.2
7. seed = 7
8. X_train, X_validation, Y_train, Y_validation = train_test_split(X, Y, test_
size=validation_size, random_state=seed)
9. # 数据标准化
```

```
10. from sklearn.preprocessing import StandardScaler
11. sc = StandardScaler()
12. X_train = sc.fit_transform(X_train)
13. X_validation = sc.transform(X_validation)
```

本节采用的数据集体量较小，数据降维、特征选择的必要性不大，即使是某一列数据（特征）的贡献接近 0，也可以加入分析的训练集。所以，数据预处理也仅是数据切分、标准化。

7.3.3 集成学习

接下来，我们需要确定哪个模型的预测效果最好。

1. 单一模型

具体代码如下：

```
1.  from sklearn.linear_model import LogisticRegression
2.  from sklearn.neighbors import KNeighborsClassifier
3.  from sklearn.tree import DecisionTreeClassifier
4.  from sklearn.discriminant_analysis import LinearDiscriminantAnalysis
5.  from sklearn.naive_bayes import GaussianNB
6.  from sklearn.svm import SVC
7.  from yellowbrick.classifier import ClassificationReport
8.  # 模型评估
9.  def test(model,name):
10.     visualizer = ClassificationReport(model)
11.     visualizer.fit(X_train, Y_train)
12.     print(name+' 得分：',visualizer.score(X_validation, Y_validation))
13. #       visualizer.poof()
14. # 单一评估算法
15. models = {}
16. models['LR'] = LogisticRegression()
17. models['LDA'] = LinearDiscriminantAnalysis()
18. models['KNN'] = KNeighborsClassifier()  # 最佳
19. models['CART'] = DecisionTreeClassifier()
20. models['NB'] = GaussianNB()
21. models['SVM'] = SVC() # 最佳
22. for key in models:
23.     model = models[key]
24.     test(model,key)
```

运行结果：

```
LR 得分：  0.7142857142857143
LDA 得分：  0.6904761904761905
KNN 得分：  0.8333333333333334
CART 得分：  0.6904761904761905
NB 得分：  0.7142857142857143
SVM 得分：  0.8333333333333334
```

从运行结果可以看出，KNN 和 SVM 训练结果的分都是 0.833。我们以 SVM（SVC）为例，查看它的分类报告。代码如下：

```
1.  model = SVC()
2.  visualizer = ClassificationReport(model)
3.  visualizer.fit(X_train, Y_train)
4.  print(visualizer.score(X_validation, Y_validation))
5.  visualizer.poof()
```

运行结果（如图 7-7 所示）：

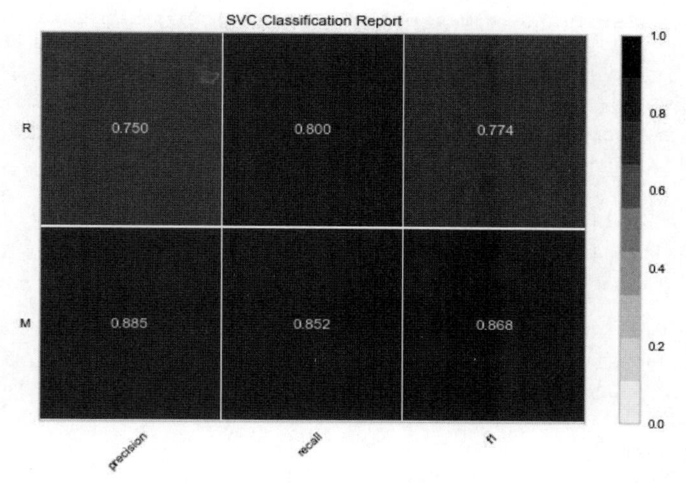

图 7-7　SVC 分类报告

从分类报告中可以直观看出声呐预测的岩性分类对应的精确度、召回率、F1 值。

2. 集成学习

具体代码如下：

```
1. from sklearn.pipeline import Pipeline
2. from sklearn.ensemble import AdaBoostClassifier
3. from sklearn.ensemble import GradientBoostingClassifier
4. from sklearn.ensemble import RandomForestClassifier
5. # 集成算法
6. ensembles = {}
7. ensembles['ScaledAB'] = Pipeline([('Scaler', StandardScaler()), ('AB', AdaBoostClassifier())])
8. ensembles['ScaledGBM'] = Pipeline([('Scaler', StandardScaler()), ('GBM', GradientBoostingClassifier())])
9. ensembles['ScaledRF'] = Pipeline([('Scaler', StandardScaler()), ('RFR', RandomForestClassifier())])
10. for key in ensembles:
11.     model = ensembles[key]
12.     test(model,key)
```

运行结果：

```
ScaledAB 得分:  0.7857142857142857
ScaledGBM 得分:  0.9047619047619048
ScaledRF 得分:  0.7857142857142857
```

从运行结果可以看出，使用 GradientBoostingClassifier() 时得分最高：0.90。

7.3.4　模型评估

然后，我们需要对模型进行评估，确定最高得分时模型的参数值。

1. 单一模型

具体代码如下：

```
1. param_grid = {'n_neighbors': [1, 3, 5, 7, 9, 11, 13, 15, 17, 19, 21]}
```

```
2. model = KNeighborsClassifier()
3. kfold = KFold(n_splits=num_folds, random_state=seed)
4. grid = GridSearchCV(estimator=model, param_grid=param_grid, scoring=scoring,
cv=kfold)
5. grid_result = grid.fit(X=X_train, y=Y_train)
6. print('最优：%s 使用 %s' % (grid_result.best_score_, grid_result.best_params_))
7. cv_results = zip(grid_result.cv_results_['mean_test_score'],
8.                  grid_result.cv_results_[‹std_test_score›],
9.                  grid_result.cv_results_[‹params›])
10. for mean, std, param in cv_results:
11.     print('%f (%f) with %r' % (mean, std, param))
```

运行结果：

```
最优：0.8493975903614458 使用 {'n_neighbors': 1}
0.849398 (0.059881) with {'n_neighbors': 1}
0.837349 (0.066303) with {'n_neighbors': 3}
0.837349 (0.037500) with {'n_neighbors': 5}
0.765060 (0.089510) with {'n_neighbors': 7}
0.753012 (0.086979) with {'n_neighbors': 9}
0.734940 (0.104890) with {'n_neighbors': 11}
0.734940 (0.105836) with {'n_neighbors': 13}
0.728916 (0.075873) with {'n_neighbors': 15}
0.710843 (0.078716) with {'n_neighbors': 17}
0.722892 (0.084555) with {'n_neighbors': 19}
0.710843 (0.108829) with {'n_neighbors': 21}
```

从运行结果可以看出，使用 KNeighborsClassifier() 时，用网格搜索发现在 'n_neighbors' 为 1 时，得分最高。

```
1. param_grid = {}
2. param_grid['C'] = [0.1, 0.3, 0.5, 0.7, 0.9, 1.0, 1.3, 1.5, 1.7, 2.0]
3. param_grid['kernel'] = ['linear', 'poly', 'rbf', 'sigmoid']
4. model = SVC()
5. kfold = KFold(n_splits=num_folds, random_state=seed)
6. grid = GridSearchCV(estimator=model, param_grid=param_grid, scoring=scoring,
cv=kfold)
7. grid_result = grid.fit(X=X_train, y=Y_train)
8.
9. print('最优：%s 使用 %s' % (grid_result.best_score_, grid_result.best_params_))
10. cv_results = zip(grid_result.cv_results_['mean_test_score'],
11.                  grid_result.cv_results_[‹std_test_score›],
12.                  grid_result.cv_results_[‹params›])
13. for mean, std, param in cv_results:
14.     print('%f (%f) with %r' % (mean, std, param))
```

运行结果：

```
最优：0.8674698795180723 使用 {'C': 1.5, 'kernel': 'rbf'}
0.759036 (0.098863) with {'C': 0.1, 'kernel': 'linear'}
0.530120 (0.118780) with {'C': 0.1, 'kernel': 'poly'}
0.572289 (0.130339) with {'C': 0.1, 'kernel': 'rbf'}
0.704819 (0.066360) with {'C': 0.1, 'kernel': 'sigmoid'}
0.746988 (0.108913) with {'C': 0.3, 'kernel': 'linear'}
0.644578 (0.132290) with {'C': 0.3, 'kernel': 'poly'}
0.765060 (0.092312) with {'C': 0.3, 'kernel': 'rbf'}
0.734940 (0.054631) with {'C': 0.3, 'kernel': 'sigmoid'}
......
```

从运行结果可以看出，使用 SVC() 时，用网格搜索发现在 'C' 取 1.5、'kernel' 取 'rbf' 时，得分最高。

2. 集成学习

集成学习代码如下：

```
1. from sklearn.model_selection import KFold
2. from sklearn.model_selection import GridSearchCV
3. num_folds = 10
4. seed = 7
5. scoring = 'accuracy'
6. param_grid = {'n_estimators': [10, 50, 100, 200, 300, 400, 500, 600, 700, 800, 900]}
7. model = GradientBoostingClassifier()
8. kfold = KFold(n_splits=num_folds, random_state=seed)
9. grid = GridSearchCV(estimator=model, param_grid=param_grid, scoring=scoring, cv=kfold)
10. grid_result = grid.fit(X=X_train, y=Y_train)
11. print('最优: %s 使用 %s' % (grid_result.best_score_, grid_result.best_params_))
```

运行结果：

```
最优: 0.8614457831325302 使用 {'n_estimators': 200}
```

从运行结果可以看出，使用 GradientBoostingClassifier() 模型时，用网格搜索发现在 'n_estimators' 取 200 时，得分最高。

7.3.5　模型持久化

模型持久化包括模型保存和模型加载两方面，具体操作如下：

1. 模型保存

代码如下：

```
1. from sklearn.externals import joblib
2. model_file = 'data/sonar.m'
3. model = SVC(C=1.5, kernel='rbf')
4. model.fit(X=X_train, y=Y_train)
5. joblib.dump(model, model_file)
```

将训练好的模型用 joblib 库保存到运行目录 data 文件夹，文件名为 sonar.m。

2. 模型加载

代码如下：

```
1. model2 = joblib.load(model_file)
2. result = model2.score(X_validation, Y_validation)
3. print('算法评估结果: %.3f%%' % (result * 100))
```

运行结果：

```
算法评估结果: 85.714%
```

由运行结果可以看到，采用未参加训练的数据进行验证，算法评估结果分数为 85.714%。

7.4　隧道岩爆分级预测

对传统隧道岩爆进行分级，一是通过工程类比、经验判据；二是利用数值分析，主要有剪切抗压强度比法、应力比法、临界深度法等。随着数据挖掘和深度学习技术的不断发展，全面考虑多个影响因素的非线性岩爆预测方法取得了良好的预测效果，是一种值得研究的方法。本节所采用的数据集中，每组数据由 4 列组成：X_1 围岩最大切向应力与岩石单轴抗压强度比（σ_θ/σ_c）；X_2 岩石单轴抗压强度与单轴抗拉强度比（σ_c/σ_t）；X_3 弹性能量指数（W_{et}）；X_4 爆烈分级。岩爆分为 4 个等级，即无岩爆（Ⅰ级）、弱岩爆（Ⅱ级）、中度岩爆（Ⅲ级）和强烈岩爆（Ⅳ级）。这是一个多分类问题。下面我们通过代码来实现隧道岩爆的分级预测。

7.4.1 数据探索

数据信息探索代码如下：

```
1. import pandas as pd
2. df=pd.read_csv('data/rockbrust.csv',encoding='gbk')
3. df.head() # 前5行
4. df.tail() # 后5行
5. df.shape # 行列数
6. df.info()  # 数据整体信息
7. df.describe()   # 描述性统计
8. df.groupby('x4').size() # 数据的分类分布
```

运行结果：

```
......
<class 'pandas.core.frame.DataFrame'>
RangeIndex: 104 entries, 0 to 103
Data columns (total 4 columns):
 #   Column  Non-Null Count  Dtype
---  ------  --------------  -----
 0   x1      104 non-null    float64
 1   x2      104 non-null    float64
 2   x3      104 non-null    float64
 3   x4      104 non-null    object
dtypes: float64(3), object(1)
memory usage: 3.4+ KB
......
x1 x2     x3
count      104.000000     104.000000     104.000000
mean       0.489038       22.625962      4.070192
std 0.216488       10.507353      1.897053
min 0.100000       6.700000       0.900000
25% 0.365000       14.775000      2.300000
50% 0.475000       20.700000      3.700000
75% 0.625000       28.900000      5.200000
max 1.410000       55.000000      10.900000
......
x4
Ⅰ     20
Ⅱ     28
Ⅲ     37
Ⅳ     19
dtype: int64
```

从第 6 行运行结果可以看出，104 行数据没有缺失值；从第 7 行可以看出前三列指标的统计概况（平均值、最大、最小值）等；第 8 行统计了各分类的数据量（行）。

7.4.2　数据预处理

数据预处理代码如下：

```
1. from sklearn.model_selection import train_test_split
2. # 数据拆分
3. array = df.values
4. X = array[:, 0:-1].astype(float)
5. Y = array[:, -1]
6. validation_size = 0.2
7. seed = 7
8. X_train, X_validation, Y_train, Y_validation = train_test_split(X, Y, test_
size=validation_size, random_state=seed)
9. # 数据标准化
10. from sklearn.preprocessing import StandardScaler
11. sc = StandardScaler()
12. X_train = sc.fit_transform(X_train)
13. X_validation = sc.transform(X_validation)
```

数据拆分和标准化可以有效提高训练的质量。使用 Yellowbrick 库进行可视化，可以直接使用字符串分类进行特征分析；使用 Matplotlib 或者其他可视化库，对非数字列进行预处理。

```
1. from sklearn.preprocessing import OrdinalEncoder, LabelEncoder
2. # 对非数字列进行编码
3. # X = OrdinalEncoder().fit_transform(X)
4. Y0 = LabelEncoder().fit_transform(Y)
5. set(Y),set(Y0)
运行结果：
({'Ⅰ', 'Ⅱ', 'Ⅲ', 'Ⅳ'}, {0, 1, 2, 3})
可以看到，岩爆分级由罗马数字字符串转化为阿拉伯数字。
1. from yellowbrick.features import Rank2D
2. visualizer = Rank2D(algorithm='pearson')  # 皮尔森相关系数
3. visualizer.fit(X, Y)
4. visualizer.transform(X)
5. visualizer.poof()
```

运行结果（如图 7-8 所示）：

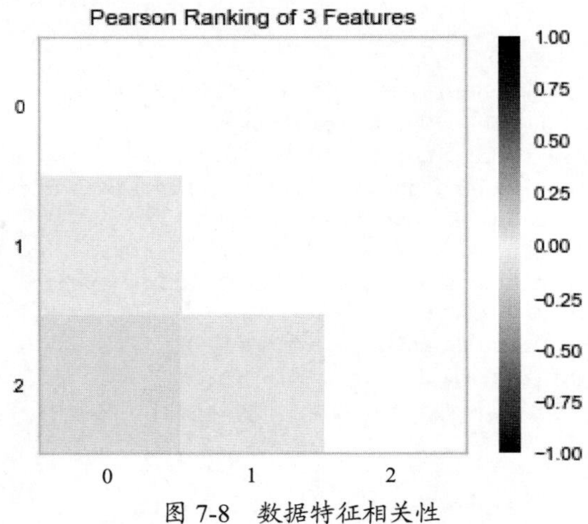

图 7-8　数据特征相关性

从运行结果可以看到，围岩最大切向应力与岩石单轴抗压强度比与弹性能量指数呈正相关，与岩石单轴抗压强度与单轴抗拉强度比呈负相关。

```
1. from sklearn.ensemble import RandomForestClassifier
2. from yellowbrick.features.importances import FeatureImportances
3. model = RandomForestClassifier(n_estimators=10)
4. viz = FeatureImportances(model)
5. viz.fit(X, Y)
6. viz.poof()
```

运行结果（如图 7-9 所示）：

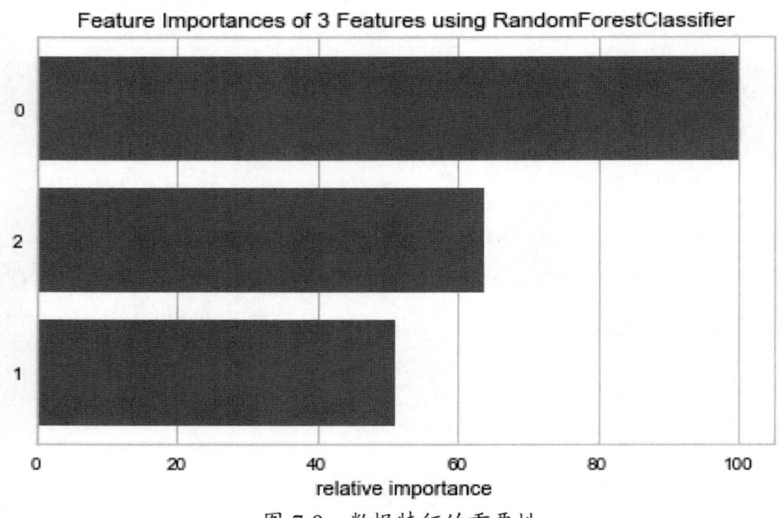

图 7-9 数据特征的重要性

从运行结果可以看到，在岩爆等级评定中，围岩最大切向应力与岩石单轴抗压强度比、弹性能量指数、岩石单轴抗压强度与单轴抗拉强度对评价结果的影响力依次降低。

7.4.3 集成学习

接下来，我们需要确定哪个模型的预测效果最好。

1. 单一模型

具体代码如下：

```
1. from sklearn.linear_model import LogisticRegression
2. from sklearn.neighbors import KNeighborsClassifier
3. from sklearn.tree import DecisionTreeClassifier
4. from sklearn.discriminant_analysis import LinearDiscriminantAnalysis
5. from sklearn.naive_bayes import GaussianNB
6. from sklearn.svm import SVC
7. from yellowbrick.classifier import ClassificationReport
8. def test(model,name):
9.     visualizer = ClassificationReport(model)
10.    visualizer.fit(X_train, Y_train)
11.    print(name+'得分：',visualizer.score(X_validation, Y_validation))
12.#    visualizer.poof()
13.models = {}
14.models['LR'] = LogisticRegression()
```

```
15. models['LDA'] = LinearDiscriminantAnalysis()  # 最佳
16. models['KNN'] = KNeighborsClassifier()
17. models['CART'] = DecisionTreeClassifier()
18. models['NB'] = GaussianNB()
19. models['SVM'] = SVC()
20. for key in models:
21.     model = models[key]
22.     test(model,key)
```

运行结果：

```
LR 得分： 0.6190476190476191
LDA 得分： 0.9047619047619048
KNN 得分： 0.7619047619047619
CART 得分： 0.8095238095238095
NB 得分： 0.8095238095238095
SVM 得分： 0.8095238095238095
```

从运行结果可以看出，LDA 训练结果得分是 0.9。

2. 集成学习

具体代码如下：

```
1. from sklearn.pipeline import Pipeline
2. from sklearn.ensemble import AdaBoostClassifier
3. from sklearn.ensemble import GradientBoostingClassifier
4. from sklearn.ensemble import RandomForestClassifier
5. # 集成算法
6. ensembles = {}
7. ensembles['ScaledAB'] = Pipeline([('Scaler', StandardScaler()), ('AB', AdaBoostClassifier())])
8. ensembles['ScaledGBM'] = Pipeline([('Scaler', StandardScaler()), ('GBM', GradientBoostingClassifier())])
9. ensembles['ScaledRF'] = Pipeline([('Scaler', StandardScaler()), ('RFR', RandomForestClassifier())])  # 最佳
10. for key in ensembles:
11.     model = ensembles[key]
12.     test(model,key)
```

运行结果：

```
ScaledAB 得分： 0.2857142857142857
ScaledGBM 得分： 0.7619047619047619
ScaledRF 得分： 0.7619047619047619
```

从运行结果可以看出，使用 GradientBoostingClassifier()、RandomForestClassifier() 时得分最高：0.90。

7.4.4　模型评估

然后，我们需要对模型进行评估，确定最高得分时模型的参数值。

1. 单一模型

具体代码如下：

```
1. from sklearn.model_selection import KFold
2. from sklearn.model_selection import GridSearchCV
3. num_folds = 10
```

```
4. seed = 7
5. scoring = 'accuracy'
6. param_grid = {'solver':['svd', 'lsqr', 'eigen']}
7. model = LinearDiscriminantAnalysis()
8. kfold = KFold(n_splits=num_folds, random_state=seed)
9. grid = GridSearchCV(estimator=model, param_grid=param_grid, scoring=scoring
, cv=kfold)
10.grid_result = grid.fit(X=X_train, y=Y_train)
11.print('最优: %s 使用 %s' % (grid_result.best_score_, grid_result.best_params_))
```

运行结果：

```
最优：0.9156626506024096 使用 {'solver': 'svd'}
```

从运行结果可以看出，使用 LinearDiscriminantAnalysis() 时，用网格搜索发现在 'solver' 为 'svd' 时，得分最高。

2. 集成学习

具体代码如下：

```
1. from sklearn.model_selection import KFold
2. from sklearn.model_selection import GridSearchCV
3. num_folds = 10
4. seed = 7
5. scoring = 'accuracy'
6. param_grid = {'n_estimators': [10, 50, 100, 200, 300, 400, 500, 600, 700, 800, 900]}
7. # 梯度提升树
8. model = RandomForestClassifier()
9. # K 折交叉验证
10.kfold = KFold(n_splits=num_folds, random_state=seed)
11.grid = GridSearchCV(estimator=model, param_grid=param_grid, scoring=scoring
, cv=kfold)
12.grid_result = grid.fit(X=X_train, y=Y_train)
13.print('最优: %s 使用 %s' % (grid_result.best_score_, grid_result.best_params_))
```

运行结果：

```
最优：0.8313253012048193 使用 {'n_estimators': 200}
```

从运行结果可以看出，使用 RandomForestClassifier() 时，用网格搜索发现在 'n_estimators' 为 200 时，模型最佳。

7.4.5 模型持久化

最后，我们需要保存已训练好的模型，以便下次预测直接加载调用。

1. 模型保存

具体代码如下：

```
1. from sklearn.externals import joblib
2. model_file = 'data/rockburst.m'
3. model = LinearDiscriminantAnalysis(solver='svd')
4. model.fit(X=X_train, y=Y_train)
5. joblib.dump(model, model_file)
```

将训练好的模型用 joblib 库保存到运行目录 data 文件夹，文件名为 rockburst.m。

2. 模型加载

具体代码如下：

```
1. model2 = joblib.load(model_file)
2. result = model2.score(X_validation, Y_validation)
3. print('算法评估结果：%.3f%%' % (result * 100))
```

运行结果：

```
算法评估结果：80.952%
```

由运行结果可以看到，采用未参加训练的数据进行验证，算法评估结果分数为80.952%。

7.5　混凝土强度预测

本节采用的是 Concrete Compressive Strength 数据集。该数据集中包含 1030×9 个数据，9 列分别为水泥、矿渣、粉煤灰、水、减水剂、粗骨料、细骨料含量（kg/m^3）、试件养护龄期 (天)、混凝土抗压强度（MPa）。这是一个典型的回归问题。下面我们通过代码来实现混凝土抗压强度预测。

7.5.1　数据探索

具体代码如下：

```
1. import pandas as pd
2. df=pd.read_csv('data/concrete.csv',encoding='gb18030')
3. df.head() # 数据前 5 行
4. df.shape # 数据行列数
5. df.info()  # 数据整体信息
6. df.describe()   # 描述性统计
```

运行结果：

```
......
<class 'pandas.core.frame.DataFrame'>
RangeIndex: 1030 entries, 0 to 1029
Data columns (total 9 columns):
 #   Column    Non-Null Count  Dtype
---  ------    --------------  -----
 0   cement    1030 non-null   float64
 1   slag      1030 non-null   float64
 2   ash       1030 non-null   float64
 3   water     1030 non-null   float64
 4   splast    1030 non-null   float64
 5   coarse    1030 non-null   float64
 6   fine      1030 non-null   float64
 7   age       1030 non-null   int64
 8   strength  1030 non-null   float64
dtypes: float64(8), int64(1)
memory usage: 72.5 KB
......
```

从第 6 行代码运行结果可以看出，第 1030 行数据没有空值，除第 8 列养护工期之外，其他均为浮点型，数据占用内存 72.5kB。

7.5.2 数据预处理

具体代码如下：

```
1. from sklearn.model_selection import train_test_split
2. # 数据拆分
3. array = df.values
4. X = array[:, 0:-1].astype(float)
5. Y = array[:, -1]
6. validation_size = 0.2
7. seed = 7
8. X_train, X_validation, Y_train, Y_validation = train_test_split(X, Y, test_size=validation_size, random_state=seed)
9. # 数据标准化
10. from sklearn.preprocessing import StandardScaler
11. sc = StandardScaler()
12. X_train = sc.fit_transform(X_train)
13. X_validation = sc.transform(X_validation)
```

对该数据集进行切分和标准化处理，可以提高训练质量，防止过拟合。

```
1. from yellowbrick.features import Rank2D
2. visualizer = Rank2D(algorithm=' pearson' )  # 皮尔森相关系数
3. visualizer.fit(X, Y)
4. visualizer.transform(X)
5. visualizer.poof()
```

运行结果（如图 7-10 所示）：

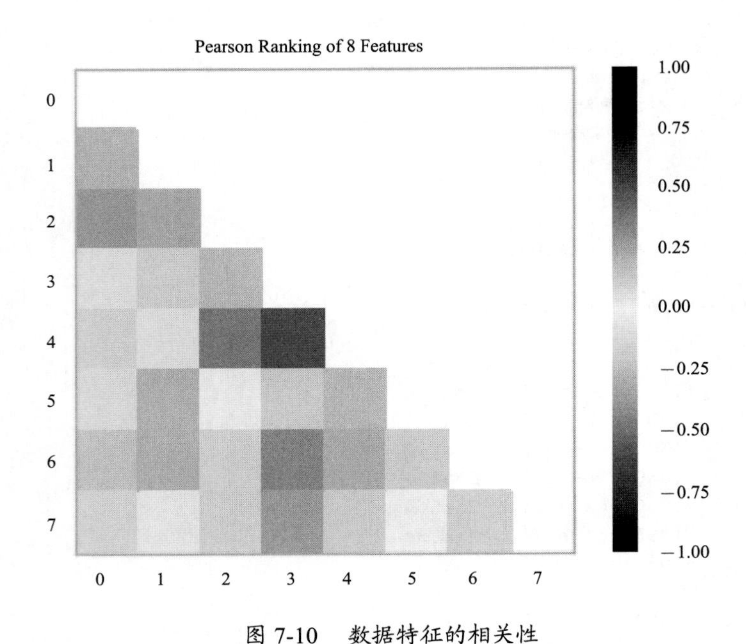

图 7-10 数据特征的相关性

从运行结果可以看到，减水剂与粉煤灰呈正相关；减水剂与水呈负相关；减水剂与矿渣无关系。

```
1. from sklearn.linear_model import Lasso
2. from yellowbrick.features.importances import FeatureImportances
```

```
3. labels = df.columns
4. viz = FeatureImportances(Lasso(), labels=labels, relative=False)
5. viz.fit(X, Y)
6. viz.poof()
```

运行结果（如图 7-11 所示）：

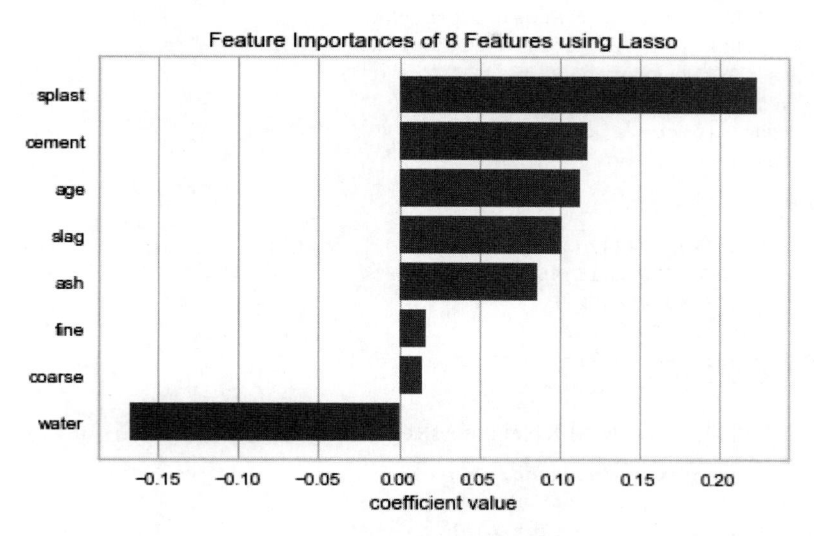

图 7-11　数据特征的重要性

从运行结果可以看到，减水剂和水泥对混凝土的强度影响较大，它们决定着水泥石强度与骨料表面的黏结强度；随着养护龄期增加，混凝土中的水化反应更充分，黏结强度更高。矿渣和粉煤灰都能部分替代水泥，节约成本，改善混凝土的和易性；但其会加大混凝土的收缩量，细度不达标时还可能造成泌水。粗细骨料自身的抗压强度很高，对混凝土强度的影响相对较小。除了参与化学反应的少量水之外，其他多余的水主要是增加混凝土和易性，这部分水与混凝土强度呈负相关，更进一步说明了减水剂的重要性。

7.5.3　模型选择

接下来，我们需要确定哪个模型的预测效果最好。

1. 单一模型

```
1. from yellowbrick.regressor import PredictionError
2. def test(model,name):
3.     visualizer = PredictionError(model)
4.     visualizer.fit(X_train, Y_train)
5.     print(name+' 得分: ',visualizer.score(X_validation, Y_validation))
6. #      visualizer.poof()
7. from sklearn import linear_model
8. from sklearn import neighbors
9. from sklearn import svm
10. # 标准化数据
11. from sklearn.preprocessing import StandardScaler
12. sc = StandardScaler()
13. X_train = sc.fit_transform(X_train)
```

```
14. X_validation = sc.transform(X_validation)
15. # 评估算法
16. models = {}
17. models['REG'] = linear_model.Ridge ()
18. models['LSO'] = linear_model.Lasso()
19. models['BR'] = linear_model.BayesianRidge()
20. models['EN'] = linear_model.ElasticNet()
21. models['KNN'] = neighbors.KNeighborsRegressor() # 最佳
22. models['SVR'] = svm.SVR()
23. for key in models:
24.     model = models[key]
25.     test(model,key)
```

运行结果：

```
REG 得分： 0.6379422092420244
LSO 得分： 0.5974558072515346
BR 得分： 0.6376288842449216
EN 得分： 0.5424268637712022
KNN 得分： 0.7563490770221599
SVR 得分： 0.6527833642810758
```

从运行结果可以看出，使用 KNeighborsRegressor() 模型时得分最高：0.756。

```
1. model = neighbors.KNeighborsRegressor()
2. visualizer = PredictionError(model)
3. visualizer.fit(X_train, Y_train)
4. print(' 得分： ',visualizer.score(X_validation, Y_validation))
5. visualizer.poof()
```

运行结果（如图 7-12 所示）：

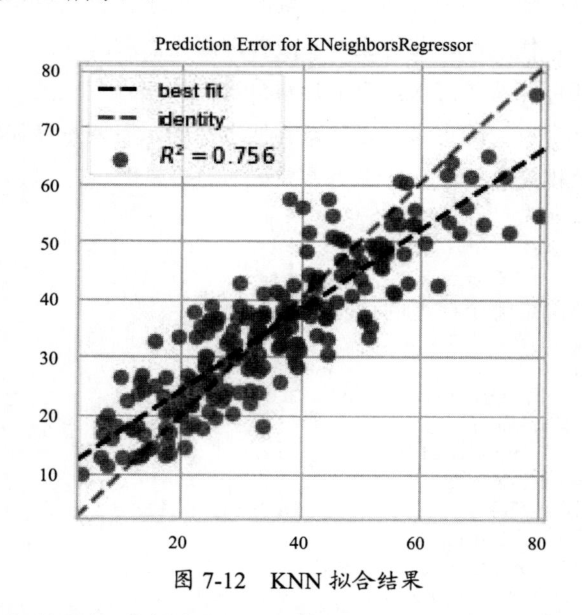

图 7-12　KNN 拟合结果

从运行结果可以直观看出 R^2 得分 0.756，以及最佳拟合曲线与验证数据之间的偏差。

2. 集成模型

```
1. from sklearn.pipeline import Pipeline
2. from sklearn.preprocessing import StandardScaler
```

```
    3. from sklearn.ensemble import AdaBoostRegressor
    4. from sklearn.ensemble import GradientBoostingRegressor
    5. from sklearn.ensemble import RandomForestRegressor
    6. ensembles = {}
    7. ensembles['ScaledAB'] = Pipeline([('Scaler', StandardScaler()), ('AB', AdaBo
ostRegressor())])
    8. ensembles['ScaledGBM'] = Pipeline([('Scaler', StandardScaler()), ('GBM', Gra
dientBoostingRegressor())]) # 最佳
    9. ensembles['ScaledRF'] = Pipeline([('Scaler', StandardScaler()), ('RFR', Rand
omForestRegressor())])
    10. for key in ensembles:
    11.     model = ensembles[key]
    12.     test(model,key)
```

运行结果：

```
ScaledAB 得分： 0.7785982641665851
ScaledGBM 得分： 0.9230060737589608
ScaledRF 得分： 0.8971606971518785
```

从运行结果可以看出，使用 GradientBoostingRegressor() 模型时，得分最高：0.923。因此，最终模型选集成学习算法 GradientBoostingRegressor()。

7.5.4 参数优化

然后，我们需要通过网格搜索确定最高得分时模型的参数值。

具体代码如下：

```
    1. from sklearn.model_selection import KFold
    2. from sklearn.model_selection import GridSearchCV
    3. num_folds = 10
    4. seed = 7
    5. scoring='r2'
    6. param_grid  = {'loss': ['ls', 'lad', 'huber', 'quantile'],
    7.               ‹min_samples_leaf›: [1, 2, 3, 4, 5],
    8.               ‹alpha›: [0.1, 0.3, 0.6, 0.9]}
    9. model = GradientBoostingRegressor()
    10. kfold = KFold(n_splits=num_folds, random_state=seed)
    11. grid = GridSearchCV(estimator=model, param_grid=param_grid,scoring=scoring,c
v=kfold)
    12. grid_result = grid.fit(X=X_train, y=Y_train)
    13. print('最优：%s 使用 %s' % (grid_result.best_score_, grid_result.best_params_))
```

运行结果：

```
最优 : 0.8989724184633737 使用 {'alpha': 0.9, 'loss': 'huber', 'min_samples_leaf': 3}
```

从运行结果可以看出，使用 GradientBoostingRegressor() 时，用网格搜索发现在 'alpha' 为 0.9、'loss' 为 'huber' 和 'min_samples_leaf' 为 3 时，得分最高。

```
    1. # 预测拟合曲线
    2. model = GradientBoostingRegressor(alpha=0.9,loss= 'huber', min_samples_
leaf= 3)
    3. visualizer = PredictionError(model)
    4. visualizer.fit(X_train, Y_train)
    5. print('得分：',visualizer.score(X_validation, Y_validation))
    6. visualizer.poof()
```

运行结果（如图 7-13 所示）：

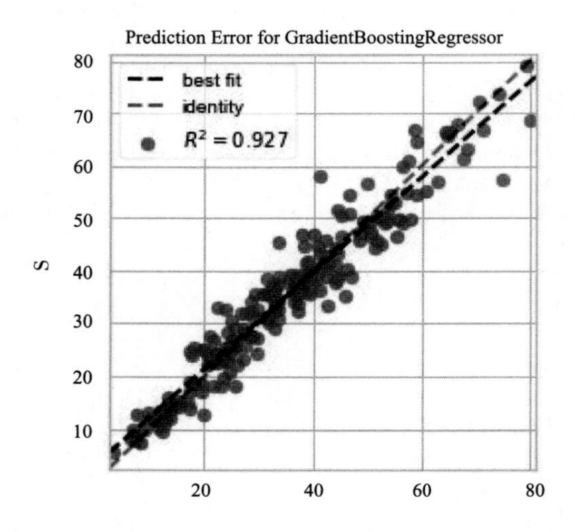

图 7-13　预测拟合曲线

具体代码如下：

```
1. # 残差分析
2. from yellowbrick.regressor import ResidualsPlot
3. model = GradientBoostingRegressor(alpha=0.9,loss= 'huber', min_samples_
leaf= 3)
4. visualizer = ResidualsPlot(model)
5. visualizer.fit(X_train, Y_train)
6. visualizer.score(X_validation, Y_validation)
7. visualizer.poof()
```

运行结果（如图 7-14 所示）：

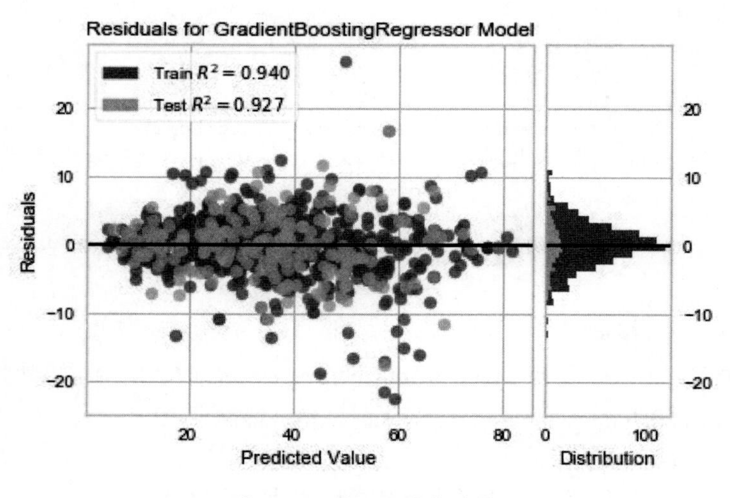

图 7-14　预测结果残差图

```
1. # 验证曲线
2. from yellowbrick.model_selection import ValidationCurve
```

```
3. model = GradientBoostingRegressor(alpha=0.9,loss= 'huber', min_samples_leaf= 3)
4. viz = ValidationCurve(
5.       GradientBoostingRegressor(loss= ‹huber›, min_samples_leaf= 3), param_
   name='alpha',
6.     param_range=np.arange(1, 10)/10, cv=10, scoring=›r2›)
7. viz.fit(X_train, Y_train)
8. viz.poof()
```

运行结果（如图 7-15 所示）：

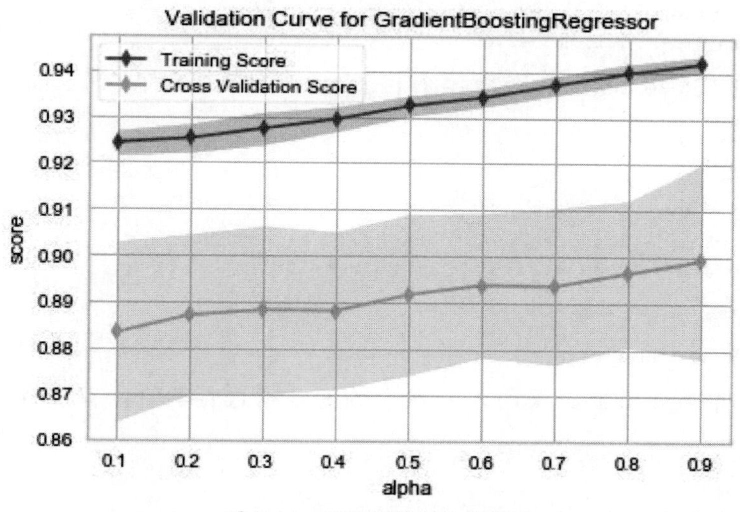

图 7-15　预测结果验证曲线

```
1. # 学习曲线
2. from yellowbrick.model_selection import LearningCurve
3. model = GradientBoostingRegressor(alpha=0.9,loss= 'huber', min_samples_
   leaf= 3)
4. viz = LearningCurve(model)
5. viz.fit(X_train, Y_train)
6. viz.poof()
```

运行结果（如图 7-16 所示）：

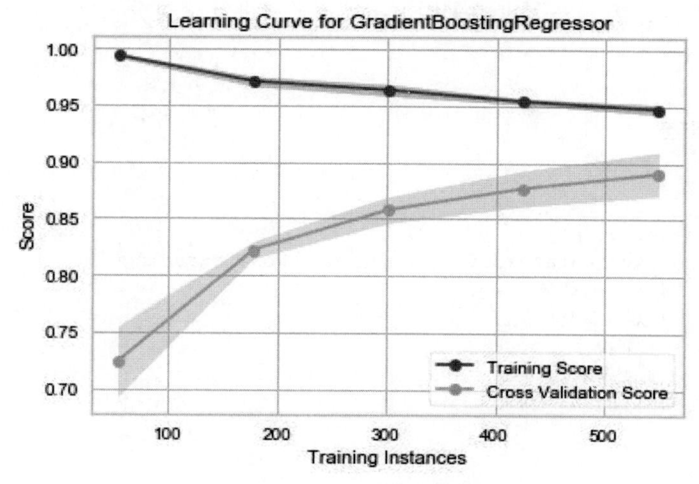

图 7-16　模型学习曲线

7.5.5 模型持久化

1. 模型保存

具体代码如下：

```
1. from sklearn.externals import joblib
2. model_file = 'data/concret.m'
3. model = GradientBoostingRegressor(alpha=0.9,loss= 'huber', min_samples_
   leaf= 3)
4. model.fit(X=X_train, y=Y_train)
5. joblib.dump(model, model_file)
```

将训练好的模型用 joblib 库保存到运行目录 data 文件夹，文件名为 concret.m。

2. 模型加载

具体代码如下：

```
1. model2 = joblib.load(model_file)
2. result = model2.score(X_validation, Y_validation)
3. print('算法评估结果：%.3f%%' % (result * 100))
```

运行结果：

```
算法评估结果：92.681%
```

由运行结果可以看到，采用未参加训练的数据进行验证，算法评估结果分数为 92.681%。

7.6 膨胀土膨胀性等级分类

目前，判定膨胀土的胀缩性等级的方法有很多种。采用单指标或少数几个指标进行评判的传统方法主要有风干含水率分类法、塑性图分类法等，但有时根据各个指标得出的评价结果互相矛盾，难以取舍，有很大的局限性和片面性。近年来发展的多指标综合评判法被证明是一种提高评判膨胀土胀缩准确性的有效途径。本节所采用数据集中，每组数据由 6 列组成：前 4 列分别为膨胀土的黏粒含量、粉粒含量、液限、塑限及塑性指数，第 6 列为膨胀性等级（3 级）。接下来，我们采用 K-mean 算法进行聚类分析，并将聚类的结果与真实分类进行比较。

7.6.1 数据探索

具体代码如下：

```
1. import pandas as pd
2. df=pd.read_csv('data/exsoil.csv',header=None,encoding='gbk')
3. df.head() # 前 5 行数据
4. df.tail() # 后 5 行数据
5. df.shape # 行列数
6. df.info()  # 整体信息
7. df.groupby(5).size() # 已知分为 3 类
```

运行结果：

```
......
```

```
<class 'pandas.core.frame.DataFrame'>
RangeIndex: 35 entries, 0 to 34
Data columns (total 6 columns):
 #   Column  Non-Null Count  Dtype
---  ------  --------------  -----
 0   0       35 non-null     float64
 1   1       35 non-null     float64
 2   2       35 non-null     float64
 3   3       35 non-null     float64
 4   4       35 non-null     float64
 5   5       35 non-null     int64
dtypes: float64(5), int64(1)
memory usage: 1.8 KB
......
```

从第 6 行代码运行结果可以看出，35 行数据没有空值，除第 6 列分类之外，其他均为浮点型，数据占用内存 1.8kB。

7.6.2　数据预处理

具体代码如下：

```
1. from sklearn.model_selection import train_test_split
2. # 数据预处理
3. array = df.values
4. X = array[:, 0:-1].astype(float)
5. Y = array[:, -1]
6. validation_size = 0.2
7. seed = 7
8. X_train, X_validation, Y_train, Y_validation = train_test_split(X, Y, test_
size=validation_size, random_state=seed)
9. # 数据标准化
10. from sklearn.preprocessing import StandardScaler
11. sc = StandardScaler()
12. X_train = sc.fit_transform(X_train)
13. X_validation = sc.transform(X_validation)
```

数据拆分和标准化可以有效提高训练的质量。本组数据训练集均为浮点型数据（采用聚类算法时，目标集仅参与比较，不参与训练），若训练集存在字符或者布尔型数据时，则需要对其进行预处理（数据变换）。

```
1. from yellowbrick.features import Rank2D
2. visualizer = Rank2D(algorithm=' pearson' )  # 皮尔森相关系数
3. visualizer.fit(X, Y)
4. visualizer.transform(X)
5. visualizer.poof()
```

运行结果（如图 7-17 所示）：

从运行结果可以看到，粘粒含量、液限与塑性指数呈正强相关；粉粒含量与塑性指数呈负强相关；粉粒含量与塑限相关性不大。

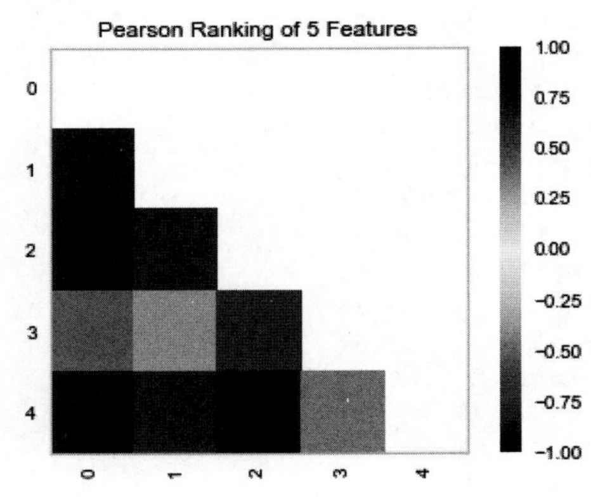

图 7-17　特征相关性

```
1. from sklearn.ensemble import RandomForestClassifier
2. from yellowbrick.features.importances import FeatureImportances
3. model = RandomForestClassifier(n_estimators=10)
4. viz = FeatureImportances(model)
5. viz.fit(X, Y)
6. viz.poof()
```

运行结果（如图 7-18 所示）：

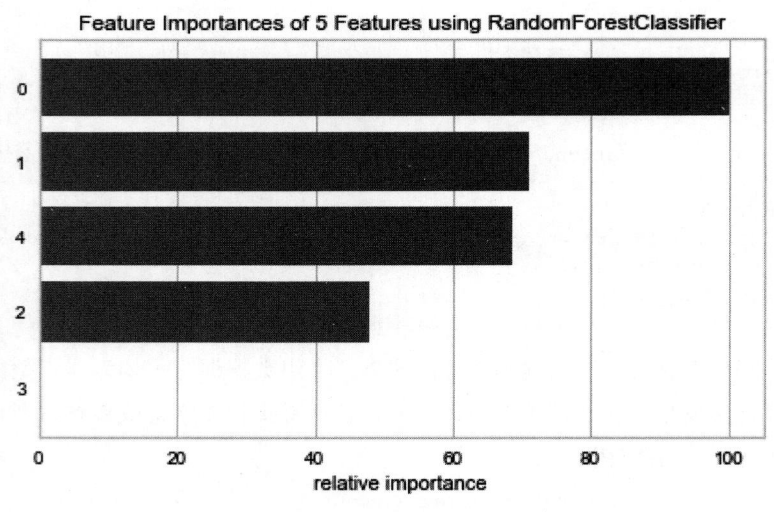

图 7-18　特征重要性

从运行结果可以看到，粘粒含量对膨胀性影响最大；塑限对膨胀性影响最小；粉粒含量、塑性指数的影响力基本相当。

7.6.3　分类簇数选择

具体代码如下：

```
1. # 肘部法确定分类簇数
2. from sklearn.cluster import KMeans
3. from yellowbrick.cluster import KElbowVisualizer
4. model = KMeans()
```

```
5.  viz = KElbowVisualizer(model, k=(2,6))
6.  viz.fit(X_train)
7.  viz.poof()
```

运行结果（如图 7-19 所示）：

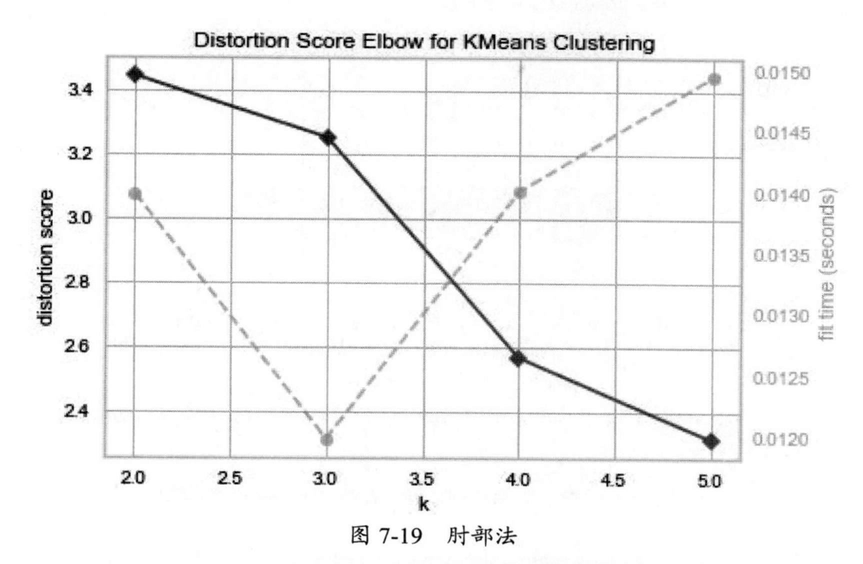

图 7-19　肘部法

由于数据集的数量太小，图 7-19 中所示的蓝色折线没有明显拐点。如果数据量足够多，我们就会看到在 K=3 时产生明显的拐点。

```
1.  # 分类轮廓
2.  from yellowbrick.cluster import SilhouetteVisualizer
3.  model = KMeans(2)   # k 分别取 2、3、4 运行
4.  visualizer = SilhouetteVisualizer(model, colors='yellowbrick')
5.  visualizer.fit(X_train)
6.  visualizer.poof()
```

运行结果（如图 7-20 所示）：

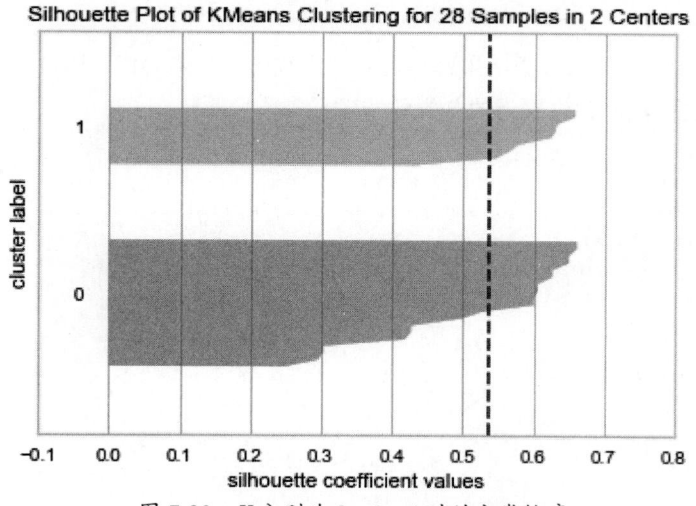

图 7-20　K 分别为 2、3、4 时的分类轮廓

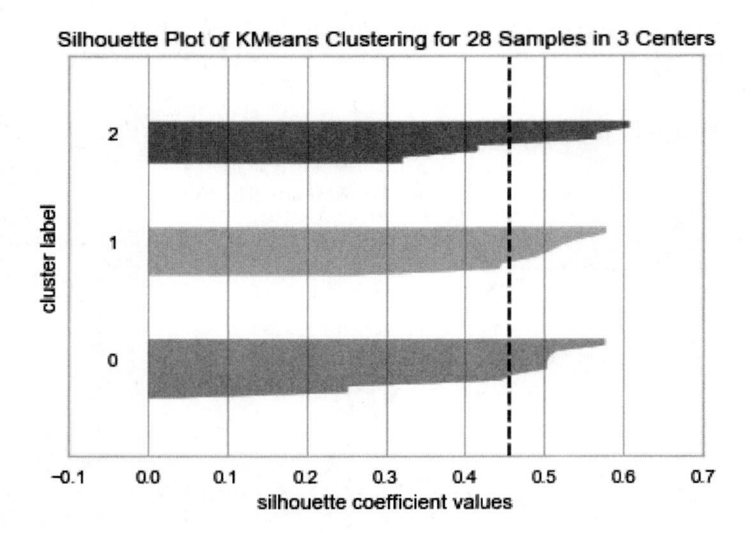

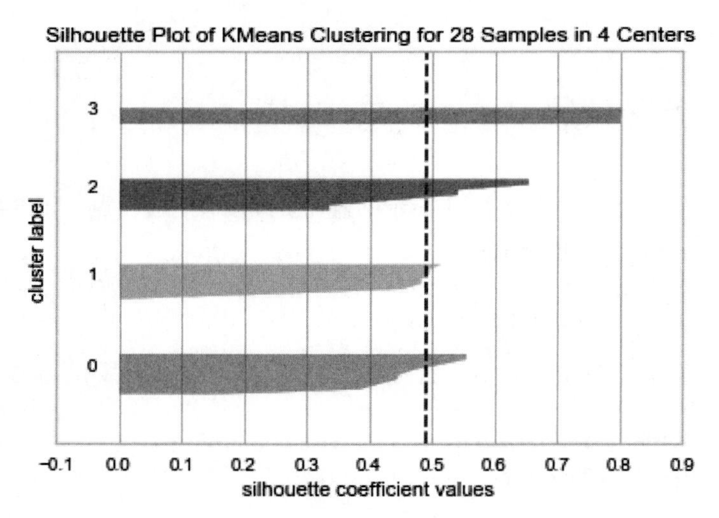

图 7-20　*K* 分别为 2、3、4 时的分类轮廓（续）

由图 7-20 可知，当每组分类结果都靠近红色虚线时，*K* 值为优。因此，可以看到当 *K*=3 时，结果最优，这与我们预先知道的分类数一致。

```
1. # 簇间距离
2. from sklearn.cluster import KMeans
3. from yellowbrick.cluster import InterclusterDistance
4. model = KMeans(3)
5. visualizer = InterclusterDistance(model)
6. visualizer.fit(X_train)
7. visualizer.poof()
```

运行结果（如图 7-21 所示）：

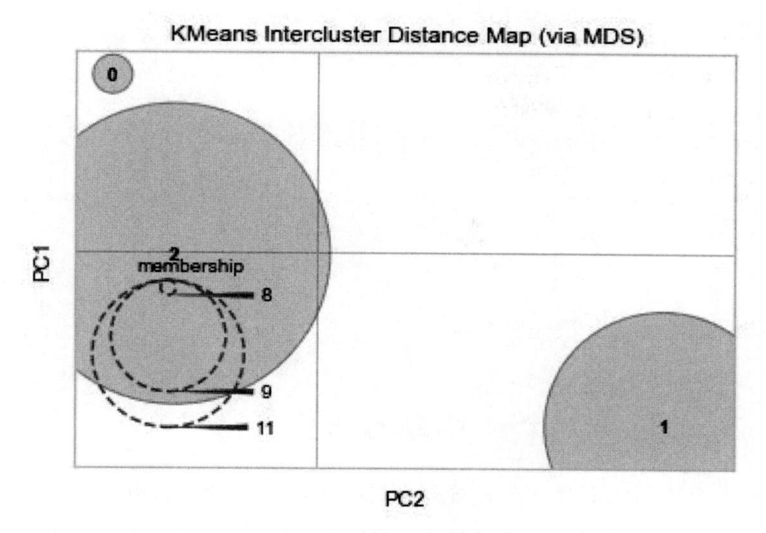

图 7-21　簇间距离图

图 7-21 所示显示了各簇中心在 2D 平面上的位置。各类的大小根据训练评分标准确定，其取决于成员实例数。注意，两个簇在 2D 平面中重叠，并不意味着它们在原始特征空间中重叠。

7.6.4　模型评估

具体评估代码如下：

```
1. from sklearn.cluster import KMeans
2. from sklearn.metrics import adjusted_rand_score
3. model = KMeans(3)
4. model.fit(X_train)
5. predicted_labels=model.predict(X_train)
6. labels_true=Y_train
7. print('ARI: %s'%adjusted_rand_score(labels_true,predicted_labels))
```

运行结果：

```
ARI: 0.8891170431211499
```

从运行结果可以看出，预测准确率为 0.8891170431211499。

7.6.5　模型持久化

1. 模型保存

具体代码如下：

```
1. from sklearn.externals import joblib
2. model_file = 'data/exsoil.m'
3. model = KMeans(3)
4. model.fit(X=X_train)
5. joblib.dump(model, model_file)
```

将训练好的模型用 joblib 库保存到运行目录 data 文件夹，文件名为 exsoil.m。

2. 模型加载

具体代码如下：

```
1. model2 = joblib.load(model_file)
2. predicted_labels=model.predict(X_validation)
3. labels_true=Y_validation
4. print('ARI: %s'%adjusted_rand_score(labels_true,predicted_labels))
```

运行结果：

```
ARI: 1.0
```

从运行结果可以看到，分类完全准确。

—— 本章小结 ——

本章通过对五个工程案例的分析，分别系统化解析了二分类、多分类、回归、聚类算法的应用。这些场景仅是地质岩土工程中的一些尝试，希望读者可以将机器学习应用在自己所熟悉的专业中。若在实践过程中遇到任何问题，可以联系笔者交流。